城市就像梦境，是希望与畏惧建成的，尽管她的故事线索是隐含的，组合规律是荒谬的，透视感是骗人的，并且每件事物中都隐藏着另一件……城市也认为自己是心思和机缘的产物，但是这两者都不足以支撑那厚重的城墙。对于一座城市，你所喜欢的不在于7个或是70个奇景，而在于她对你提出的问题所给予的答复。或者在于她能迫使你回答的问题，就像底比斯通过斯芬克斯之口提问一样。

生者的地狱是不会出现的；如果真有，那就是这里已经有的，是我们天天生活在其中的，是我们在一起集结而形成的。免遭痛苦的办法有两种。对于许多人，第一种很容易：接受地狱，成为它的一部分，直至感觉不到它的存在；第二种有风险，要求持久的警惕和学习：在地狱里寻找非地狱的人和物，学会辨别他们，使他们存在下去，赋予他们空间。

伊塔洛·卡尔维诺（Italo Calvino）《看不见的城市》

于是就有四种声音在鸣响：天空、大地、人、神。在这四种声音中，命运把整个无限的关系聚集起来。但是，四方中的任何一方都不是片面地自为地持立和运行的。在这个意义上，就没有任何一方是有限的。若没有其他三方，任何一方都不存在。它们无限地相互保持，成为它们之所是，根据无限的关系而成为这个整体本身。

马丁·海德格尔（Martin Heidegger）《荷尔德林的大地和天空》

浙江省哲学社会科学规划重点课题成果

生态城市美学

ecocity aesthetics

周膺　吴晶／著

浙江大学出版社
ZHEJIANG UNIVERSITY PRESS

目　录

序　言　生态城市和生态公民的美学识别

亨利·列斐伏尔（Henri Lefebvre）指出，20世纪资本主义发展的特征在于世界范围内工业社会向城市社会的转变。资本主义工业化进程对城市空间不断进行重构，而城市化则是资本建立其稳固基础的必然要求；同时，由于城市同样是日常生活、使用价值消费以及社会再生产的场所，作为区域性的具体地点，它是全球化矛盾最突出、最尖锐的地方。即使新哲学前景广阔，自然空间却正在消退，透明、中立、纯粹的城市空间幻象在逐渐趋向消亡。而自然空间过去是、现在依然是社会过程的起源和原始模式的基础。自然空间的消退不仅发生在物质环境中，同样也发生在人的思想中。因为，人类对于什么是自然、自然的原有状态等问题已不再关心，自然界的神秘力量也只是被转释为科幻的或迷信的世界，自然已经沦为各种社会系统塑造其特殊空间的原材料的产地。但是，人类不仅用眼睛、用理智，而且用感觉和身体来感受空间。这种感受越是详尽，就越能够清楚地意识到空间内部所蕴涵的矛盾。这些矛盾促成了抽象空间的拓展和另类空间的出现。因此，所谓城市革命实际上包含着差异之间的生产、空间之间的吸纳与兼容以及对自由时间的争取。最重要的是，在城市背景下，与资本主义体系相对立的“反空间”被生存、被捍卫，并最终得以发展。正是从这种所谓的城市的“空间缝隙”中，列斐伏尔看到了一种新政治的出现。他将空间划分为全球化空间、城市化空间与国家化空间三个层面，并认为城市不仅代表着地域与全球之间的中介，而且不断成为政治斗争和社会转化的场所。这些政治斗争对现有的权力压制构成了威胁，因为它们不再具有人为设定的意识形态的纯洁性，并且蕴涵着生成异质空间的潜在性。列斐伏尔要求人们从现代主义所谓的可读性、可视性和可理解性的谬误中解脱出来，并断言：我们已经步履蹒跚地走在了社会空间科学的边缘，这种科学决不是企图达至一种彻底的总体性、达至某种体系或综合，而是试图把原来风格的要素重新结合起来，并以清晰的区分来代替含混不清；把分割的元素重新结合起来，并对新的结合体重新加以分析。而社会空间的生产，始于"对自然节奏的研究，即对自然节奏在空间中固化的研究。这种固化是通过人类行为尤其是与劳动相关的行为才得以实现的，即始于社会实践所塑造的时空节奏"。[1]

[1] Henri Lefebvre, *The Production of Space*, Oxford: Wiley-Blackwell, 1992, P.166, P.117.

列斐伏尔所谓的社会空间科学很大程度上指的是城市生态学。当然其内涵涉及自然生态和社会生态。而有关生态的专门科学是生态学。生态学的概念产生于19世纪末。20世纪50年代以来，生态学吸收了数学、物理学、化学以及工程技术科学的研究成果，向精确定量方向发展，并形成了比较完整的理论体系。其学科分类也日益精细化。按所研究的生物类别，可分为微生物生态学、植物生态学、动物生态学、人类生态学等（甚至还可以再细分为昆虫生态学、鱼类生态学等）。按生物系统的结构层次，可分为个体生态学、种群生态学、群落生态学、生态系统生态学等。按生物栖居的环境类别，可分为陆地生态学和水域生态学。前者又可分为森林生态学、草原生态学、荒漠生态学等，后者则可分为海洋生态学、湖沼生态学、河流生态学等（还有更细的划分，如植物根际生态学、肠道生态学等）。生态学与非生命科学相结合的有数学生态学、化学生态学、物理生态学、地理生态学、经济生态学等，与生命科学其他分支相结合的有生理生态学、行为生态学、遗传生态学、进化生态学、古生态学等。应用性分支学科则有农业生态学、医学生态学、工业资源生态学、污染生态学（环境保护生态学）、城市生态学等。从中可以看到，这样的生态学发展理路是偏向于自然科学或工程技术的。但20世纪空前的生态危机则在警示我们：人类再也没有可能仅站在客观的立场上来研究生态系统了，而必须把自己也放进生态系统之内进行研究，以全面正确地评估和界定人类在整个地球生态系统中的作用与影响。由此，生态学也越来越成为自然科学和社会科学或人文科学相互融合的综合性学科。1988年，国际科学联合会（ICSU）提出国际地圈—生物圈计划（International Geosphere-Biosphere Programme，简称IGBP），构建了全球生态学。全球生态学以地球生命系统的基本功能、性质、循环、变化以及人类的干扰和保护为研究方向，将人类在内的拥有各种有机体和无机体的整个生物圈作为价值统一体来对待，摈弃了过去的研究偏重于自然科学或工程技术的缺陷，综合利用自然科学和社会科学或人文科学方法，重视引起生物圈变化的人类经济活动因素和人类历史、文化及哲学等因素的作用，将触角深入到人与自然关系的所有层面。人类认识自然的思维域界因此被拓展开来。

全球生态学的重要理论基础之一是盖亚假说（Gaia Hypothesis）。20世纪60年代初，正在美国国家喷气动力实验室工作的詹姆斯·E.拉伍洛克（James E. lovelock）接受了美国国家航空航天局（NASA）关于火星生命研究的课题。拉伍洛克随即提出盖亚假说，认为可观测到的行星的大气构成远离化学平衡态则可能存在生命，并据此推断火星和金星均不存在生命。后来的实验结果证明了这种推断。在古希腊神话中，盖亚是宇宙浑沌的女儿，是地球母亲，而其他许多神都是她的后代。地球母亲曾被长时间作为一个象征性、隐喻性或浪漫性的概念，盖亚假说则使其变成一个科学或哲学概念。盖亚假说认为，地球不仅容纳了千百万种生命有机体，而且它本身也是一个巨大的生命有机体。岩石、空气、海洋和所有的生命构成一个不可分离的系统。“当我们从外层空间向地球运动的时候，首先看到的是包围着盖亚的大气外围，然后看到的是诸如森林生态系统的边界，再看到的是灵活的动物和植物的皮，进一步是细胞膜，最后是细胞核和DNA。如果生命被定义为能够主动地维持低熵特性的自组织系统，那么，从每一个层次的边界之外来看，这些不同层次的系统都是活着的。”[1]盖亚假说至少包含五个方面的含义：一是地球上的各种生物有效地调节着大气的温度和化学构成；二是地球上的各种生物体影响生物环境，而环境又反过来影响生物进化，两者共同进化；三是各种生物与自然界之间主要由负反馈环连接，从而保持地球生态的稳定状态；四是大气能保持在稳定状态不仅取决于生物圈，而且在一定意义上是为了生物圈；五是各种生物调节其物质环境，以便创造各类生物优化的生存条件。尽管对盖亚假说仍存在不少争议，但它启示人类：包括人类在内的所有生物都是地球母亲的后代，人类既不是地球的主人，也不是地球的管理者，只是地球母亲的后代之一。要解决生态问题，既需要用系统或整体的观点和方法来认识人类生产和生活方式对生态环境的影响，更要以共同行动来加以保护。

1978年，在加拿大艾伯塔大学（University of Alberta）召开“环境的视觉质量讨论会”，结集出版的会议论文集名为《环境美学阐释文集》，最早提出环境美学（Environmental Aesthetics）的概念。[2]而1988年贾苏克·科欧（Jusuck Koh）发表的《生态美学》一文，最早提出“生

[1] James Lovelock, *The Ages of Gaia:A Biography of Our Living Earth*, New York:Bantan Books,1990,P.27.

[2] Barry Sadler & Allen Carlson, eds., *Environmental Aesthetics:Essays in Interpretation*, Victoria, B.C., Canada: Dept.of Geography, University of Victoria, 1982.

[1]Jusuck Koh, An Ecological Aesthetic, *Landscape Journal*, 1988,7(2).

[2]中国学术界认为生态美学是由中国学者在20世纪90年代最早提出来的，如刘精科《国内生态美学研究综述》（《中州大学学报》，2004年第4期）等许多文章所说，这不符合事实。

态美学”（Ecological Aesthetics，Eco-aesthetics）的概念。[1]环境美学或生态美学是列斐伏尔之社会空间科学或全球生态学的有意义的生发。[2]中国学者自20世纪90年代以来对生态美学开展了较为广泛而深入的研究，已出版相关专著20余部，发表学术论文500余篇。其中也开始了生态城市美学（Ecocity Aesthetics）的理论构建。中国的生态美学也是在对近几十年来出现的认识论美学、实践美学进行总结、反思、批判的基础上实现的美学理论超越，是现代主体论美学向后现代主体间论美学转向的理论成果，代表了当代美学发展的最新方向。它既是对中西美学传统的继承与突破，又是顺应时代发展的理论创新，也是中国学术和中国社会思潮融入世界大环境的一种表征。

生态城市美学是工业文明向生态文明转型时期提出的历史性学术命题和适应社会转型需要而发生的转型性理论，体现人类对城市和城市设计的古典认识论美学向后现代存在论美学转型的现实紧迫性与理论完备性的需要。在人类和城市面临极其严重的生态危机之时，人类迫切需要完善和强化生态审美意识，建设生态文明意义上的人文精神，以克服对城市的技术性或工程性处置态度和方式。在城市设计、建设和管理诸方面要引入生态城市美学这个维度，相关的学术研究如生态学、城市学和一般的美学研究等同样要引入这个维度。生态城市美学反对自然无价值的观点，主张自然生态具有独立的审美价值，从人与自然共生共存的关系出发探究美的本质，从自然生命循环系统和自组织形态着眼确认审美价值，坚持自然权力和可持续生存道德原则，以重建人与自然的亲和关系、亲缘关系。目前，生态城市美学研究主要在如下方面取得了一些进展：一是研究对象、范围以及范畴逐步明晰。对城市的认识以及与之相关的城市规划与设计理论由“空间论”转向“环境论”，并进一步发展为“生态论”，对城市美的界定也由“艺术美”转为“生态美”。二是基本确立生态存在论是生态城市美学的哲学基础。阿恩·奈斯（Arne Naess）的深生态学和马丁·海德格尔（Martin Heidegger）的存在论哲学是生态城市美学的哲学根基。生态城市美学突破了人类中心主义和主客二分的实践美学的束缚，深入思考人类存在、发展与生态环境之间的相互关系，将人类物质生活空间与艺术生活空间看作有机共生体，在生存智慧上进行深层次的思想解析。三是将生态城市美学归为后现代美学。以后现代时空、后现代哲学和后现代文化作为思想背景，把反主体、反人类中心主义和生态主义作为基本的价值基础，并在事实上成为后现代主义的文化精髓。四是将生态城市美学看作与生态学、生态哲学、生态文化以及城市设计和生态设计既相对应又深度相关的独立的学科。十分重视对吉尔·路易斯·勒内·德勒兹（Gilles Louis Réné Deleuze）、伊恩·伦诺克斯·麦克哈格（Ian Lennox McHarg）等人思想的研究与阐发。德勒兹非常重视生态共生、化生等问题，他提倡的生机论和一系列哲学、美学思想把人类与非人类（动植物、无机界）的空间关系构想为彼此链接、互动共生的生态圈和生物链，蕴含了比深生态学更为深刻的生态哲学和美学内涵。他提出的千高原、块茎、褶子、生成、游牧、辖域化—解辖域化—再辖域化和逃逸线等概念对生态城市美学研究具有极大的思想启迪意义。麦克哈格的人类生态规划思想则代表了生态城市设计的主旨。当然，目前的生态城市美学研究还是初创性的。其理论建构还缺乏完整性，学科范围也没有厘清，基本理论框架没有比较成熟的构建，范畴体系远没有完善，“城市生态美”这个核心概念还难以作充分的有效性界定，理论性与实践性仍不可作充分的估计。

本书作者于2001、2009年先后出版《现代城市美学》和《后现代城市美学》两部专著。尽管它们都可以说是城市美学领域的开山之作，有全新的论域，但作者在论说上仍然意犹未尽。原因是城市美学于我们太切近而又不为当下所重视，因而总在发生问题、总要发生问题。所以又继续了写作。本书是国内外第一部生态城市美学专著，期望对生态城市美学进行全面系统的理论建构。探索领域主要包括生态城市美学发生的背景、生态城市美学存在论、生态城市美学自然论、生态城市美学文化论、生态城市美学社会论、生态城市美学语言论、生态城市美学系统论、生态城市美学范畴论等。本书认为，生态美学是后现代思想成果，而在生态审美困境中生态城市美学实际上成为生态美学的核心。生态城市美学要求人类在城市关系中构建人与自然的平等、共生的关系，这种审美关系是马丁·布伯（Martin Buber）所说的“我与你”的关系。它从根本上消除人与自然的对立，恢复人与自然的亲和性和同一性。如大卫·雷·格里芬（David Ray Griffin）所说的“自然的返魅”，城市也要返魅，即在更高水平上对自然的回归，实现“人的自然化”。“人的自然化”包括两个方面：一是人的本性自然化，二是自然不因人的过度干预而本真化。奈斯用“生态自我”来突出强调人只有纳入人类共同体、大地共同体的关系之中才能“自我实现”。这种“自我实现”的过程是人不断扩大自我认同对象范围的过程。人不是与大自然分离的孤立个体，人的本性是由人与他人、与自然界中其他存在者的关系决定的。当人把其他存在者的利益视为自我的利益，方能达到所谓的“生态自我”境界。而只有在海德格尔所说的“天地神人四方游戏”的意义上才能使人的本真的存在得以走向澄明，回到与万物和谐相处的生态原位。就城市生活而言，这种关系是一种生态审美境界。自然美一直是美学研究中的一个难题，也是在很大程度上被忽视或回避的问题。格奥尔格·威廉·弗里德里希·黑格尔（Georg Wilhelm Friedrich Hegel）就将美学定义为艺术哲学，贬抑自然美。从生态美的角度来探讨自然美，是一种新的基础性理论建构。在流行美学中，自然美或者直接被看成“自然人化”的产物，或者被视为人的本质的对象化，依附于人而存在。而生态美意义上的自然美被纳入人与自然的关系结构中，具有基础性的地位。城市的生态美是人类面临的最重要的审美问题之一。城市设计与建设往往在生态城市美学的思维场域里展开，具有自然与人文、科学和艺术之间的两极张力。生态城市美学场域突破流行美学或者艺术哲学的视域自闭，而进入了人域互为开放的境域。它以形式节律特征反映内在的存在意义或生命意义，从有利于人类当前与永远美好生存的角度建立一种崭新的、包含自然维度的“生态人文主义”，是人文主义精神在当代的新发展。流行美学没有发觉信息对于物质和精神的沟通、生成和统一的存在性意义，生态城市美学意义上的美学形象和形式是由信息所表现的存在的量、结构或“序”。这种信息负载于物质，却又超越于特定物质而在不同的物质之间传播、贮存、建构和转换。它不仅表现为物质流和能量流的运动，而且也是信息流的交换和循环。生态城市美学是一种新的信息存在方式。

伊塔洛·卡尔维诺（Italo Calvino）在《看不见的城市》中解释佐贝伊德这座月光之下的白色城市的创建：

> 不同民族的男人们做了同一个梦，梦中见到一座夜色中的陌生的城市，一个女子，身后披着长发，赤身裸体地奔跑着。大家都在梦中追赶着她。转啊转啊，所有人都失去了她的踪影。醒来后，所有人都去寻找那座城市。没有找到城市，那些人却会聚到了一起，于是，大家决定建造一座梦境中的城市。每个人按照自己梦中追寻所经过的路，铺设一段街道，在梦境里失去女子踪影的地方，建造了区别于梦境的空间和墙壁，好让那个女子再也不得脱身。
>
> 这就是佐贝伊德城，那些人在这里定居下来，期待着终有一夜梦境再现。但是，无论在梦境还是在清醒时，谁也没有再见到那个女子。城里的街巷就是他们每天上班工作要走的路，与梦中的追逐再也没有什么关系。久而久之，连梦也忘了。
>
> 其他国家的人们也做过同样的梦，他们便来到这里，并且从佐贝伊德街巷中看到某些自己梦中的道路，于是就改变一些拱廊和楼梯的

位置，使它们更加接近梦里追赶那个女子的景况，让女子失踪的地方再也没有任何可逃遁的出路。

最早来的人们想不通，是什么吸引那些人来佐贝伊德，走进这个陷阱，这座丑陋的城市。[1]

[1]伊塔洛·卡尔维诺：《看不见的城市》，译林出版社，2006年，第45—46页。

一切现实的城市其实都如同月光下的佐贝伊德。那里的街巷互相缠绕，就像迷宫和线团一样。我们的梦想、欲望就在这些线团之中纠缠、追逐。而生态城市在目前倒是一个虚拟的城市——只要人类纠缠于没有止境的欲望，它的现实的能生性就仍然缺乏。

恩斯特·布洛赫（Ernst Bloch）致力于重构自然过程哲学，他认为今天已不再存在毫无中介的他在领域，无机界、有机界均处于普遍的联系之中，自然到处呈现出过渡和中间阶段。生物学中某些僵化的层次理论无非是陈腐的还原论图式，最终不得不让位于一种神秘的、整体论的自然哲学。像约翰·沃尔夫冈·冯·歌德（Johann Wolfgang von Goethe）的《浮士德》所云，这种自然哲学强调全体与万有的普遍联系：

瞧万物交织，合而为整，
相辅相成，相依为命！
钧天的诸力升降匆匆，
相互传递黄金的吊桶！
鼓着散发天香的翅膀，
从天空一直贯穿泉壤，
在万有中和鸣铿锵！[2]

[2]约翰·沃尔夫冈·冯·歌德：《浮士德》，上海译文出版社，1989年，第32页。中世纪神秘哲学所说的大宇宙包括三个相互密切联系的领域，即尘世界、天界、超天界。这三界之间势力的交替被比喻为黄金吊桶上下运行。黄金吊桶又被解作汲光之桶（Schöpfeimer des Lichts）。

从这一全体和万有的源泉中可以滋长出一种新的物质概念，它把机械的质量规定为生动的、萌发的力量组织，规定为冲动与效应的交换，并且为质的新事物的出现提供游戏空间和对立面空间。这种质的自然观的秘密在质的物质观的秘密之中。布洛赫的“自然”不是科学世界图景中所描述的那种同一物的永恒轮回，也不是实证主义所构想的那种僵死的、呆滞的自然，而是“能生的自然”、自我实现的自然，是一个不断新陈代谢、不断展现新形式和新阶段的过程。他在“未来参与”的意义上理解自然，把自然视为尚未全部、尚未完全显现的现实性和可能性的宝库，而每一个实现阶段又都产生前所未有的新的可能性。“现实的东西为可能性的海洋所围绕，而且一再从这片海洋中上升到一个新的可能性部分，特别是从无机自然的物质中很可能拥有这种无或全有。”[1]物质在虚无中发酵，在尚未中怀孕，在阵痛中分娩、充实和统摄一切。布洛赫把如此把握的质的物质图景称作“风景画或风景诗”，尽管它完全置身于物理学之外，但它又不完全置身于人类丰满的身体和自身的潜势之外。他断言，“在历史中，历史的活动者即劳动者是自我领会者；在自然中，自我领会者是所谓能生的自然或物质运动的主体，这几乎是一个鲜为人知的问题，尽管这个问题明显地与劳动者的自我领会相联系，并且与马克思的‘人化的自然’要求步调一致。”[2]

海德格尔在《荷尔德林和诗的本质》一文中指出：“人是谁呢？是必须见证他之所是的那个东西……但人要见证什么呢？要见证人与大地的归属关系。这种归属关系也在于：人是万物中的继承者和学习者。但这两者处于冲突之中。那个使冲突中的事物保持分离而同时又把它们结合起来的东西，荷尔德林称之为‘亲密性’（Innigkeit）。由于创造一个世界和世界的升起，同样由于毁灭一个世界和世界的没落，对这种亲密性的归属关系就得到了见证。人之存在的见证以及人之存在的本真实行，乃是由于决断的自由。决断抓获了必然性，自身进入一个最高要求的约束性中。”[3]当人由自然的动物演化为政治的动物或城市的动物以后，便开始丧失亲密性或约束性。霍尔姆斯·罗尔斯顿（Holmes Rolston）指出：“哲学作为传记的哲学，[4]其根源可追溯到苏格拉底……苏格拉底将自己的命运与雅典城过于紧密地连结在一起，以至于他对大多数生命形式都没能进行考察。他的传记忽略了生物学。他曾这样说：‘你看，我爱好学习，可乡村和树木不能教我任何东西，而城市中的人则能教我很多。’”[5]“但人也是一个地球居民；就像城邦一样，地球也是人的居住地。人应该是完整意义上的宇宙主义者；他既生活在一个宇宙、一个世界中，也生活在一个城邦、一个城市中。不论在环境的还是政治的意义上，一个没有家园的人都是一个可悲的人。我们要皈依于我们的生存之地，而不是仅仅把环境理解为我们的所有物（就像我们的人工制品那样）。人必定是土生土长的。伯朗宁（Browning）和苏格拉底一样地明智：我是地球上的土著居民/这种身份永不会变。”“新兴的城邦和那使人类成为造物中的佼佼者的文化都具有很高的价值；人们可能会因此而认为，人际伦理学是第一位的，种际伦理学是第二位的……[但]环境伦理学不是伦理学的边缘学科，而是伦理学的前沿学科。它不是派生型的伦理学，而是基础性的伦理学。那些对关心动物、植物、物种、生态系统和地表景观的行为嗤之以鼻的人，其实是很可怜的；他们很难超越其尘俗事务而看得更远；他们甚至不知道何处是

[1] Ernst Bloch, *Tuebingen Einleitung zur Philosophie*, Frankfurt/Main, 1996, S.239.

[2] Ernst Bloch, *Das Prinzip Hoffnung*, Frankfurt/Main, 1973, S.235.

[3] 马丁·海德格尔：《荷尔德林和诗的本质》，载马丁·海德格尔：《荷尔德林诗的阐释》，商务印书馆，2000年，第39页。

[4] “传记”在英文中作Biography，除指对某人一生活动的文字记载外，也可指其生命活动本身。

[5] 霍尔姆斯·罗尔斯顿：《哲学走向荒野》，吉林人民出版社，2000年，序言第1—2页。

自己的皈依家园。不能认为，人际伦理学是强制性的，环境伦理学是自愿选择型的；也不能认为人际伦理学需要的是正义，环境伦理学需要的是仁爱，正义和仁爱都是义务所需要的。那些想使其品性趋于成熟的道德代理人，既需要发展出一种文化伦理，也需要发展出一种环境伦理。”[1]“我要跟苏格拉底争论，因为我认为森林和自然景观能教给我们很多城市的哲学家所不能教的东西。同样，我认为神学家只致力于对上帝之城进行改造，是已从希望之乡——地球这座伊甸园——堕落了。因此，我的传记有一个从文化向自然的转向。更确切地说，我的职责是要引导文化正确地评价我们仍然栖居其中的自然，因为‘政治的动物’也还得服从生态规律。简单点吧，我是一个走向荒野的哲学家。”[2]格里芬、汉斯·昆（Hans Küng）等认为，人类要走向荒野，不能仅仅依赖于环境伦理或生态伦理的构建，还需要构建一种新宗教或新神学。因为，现代理性或现代科学很难回答我们面对的问题。“我们生存在世界中，世界也生存于我们之中。这个认识包含着许多奥秘。为什么自然律和道德律如此冲突？为什么我们的理性不赞同自然中的生命现象，而必然形成与其所见尖锐对立的认识？为什么它必须在自身中发现完全不同于支配世界的规律？为什么在它发挥善的概念的地方，它就必须与世界作斗争？为什么我们必须经历这种冲突，而没有有朝一日调和它的希望？为什么不是和谐而是分裂？等等。上帝是产生一切的力量。为什么显示在自然中的上帝否定一切我们认为是道德的东西，即自然同时是有意义地促进生命和无意义地毁灭生命的力量？如果我们已能深刻地理解生命，敬畏生命，与其他生命休戚与共；那么，我们怎样使作为自然力的上帝，与我们所必然想象的作为道德意志的上帝、爱的上帝统一起来？”这种宗教或神学思想的核心是对一切生命的敬畏。“有思想的人体验到必须像敬畏自己的生命意志一样敬畏所有生命意志。他在自己的生命中体验到其他生命。对他来说，善是保持生命、促进生命，使可发展的生命实现其最高的价值。恶则是毁灭生命、伤害生命、压制生命的发展。这是必然的、普遍的、绝对的伦理原理。”[3]但是，“后现代神学包含一种自然主义的有神论，它既与前现代和现代前期的超自然有神论不同，也与现代后期世界观的无神论自然主义不同。”[4]

人是栖息于自然和文化中的人，是历史地栖息于自然中的人；人也以个人身份栖息于自然中，每一个人都是作为地球上的道德监督者的人。“人的生命故事的一个主要特征就是，它总是以个人传记的形式表现出来……人类想诗意地栖居于其中的大自然，是这样一个大自然：它虽历经沧桑，但却把生命的过去、现在和未来整合成一幅有意义的故事图景。这

[1]霍尔姆斯·罗尔斯顿：《环境伦理学》，中国社会科学出版社，2000年，第450、455页。

[2]霍尔姆斯·罗尔斯顿：《哲学走向荒野》，吉林人民出版社，2000年，序言第2—3页。

[3]阿尔贝特·史怀泽：《敬畏生命》，上海社会科学院出版社，1992年，第21、9页。

[4]大卫·雷·格里芬：《后现代宗教》，中国城市出版社，2003年，第5页。

并不是要把大自然仅仅当作创作人类故事的工具，正如我们在生活中并不仅仅把同伴当作工具来对待。毋宁说，我们已经领悟了‘生命存在于共同体中’这一观念的最丰富的内涵；根据这一观念，所有的生命都对这个可以在其上诗意地栖居的地球作出了贡献。”[1]

威尔·金里卡（Will Kymlicka）和威利·诺曼（Wayre Norman）曾指出，20世纪70年代，政治哲学最重要的话题是社会正义，80年代讨论较多的是社群与社群成员身份，而90年代的焦点则是公民和公民身份。[2]巴特·范·斯廷博根（Bart van Steenbergen）也认为，公民、公民权利与公民身份问题是20世纪90年代西方学术界的热点话题，越来越多的社会难题和问题，如贫困、族群认同、跨国移民、女性问题以及生态问题等，似乎都可以通过公民身份的视角富有成效地加以分析。[3]作为风险社会的有力注脚，全球范围内持续升温的生态问题迫使人们从生态话语的角度来重新审视自己的身份与主体性问题，围绕生态问题而展开的国际对话与协商便成为识别并建构全球公民身份的极具代表性的话语渠道和修辞资源。尤其是当可持续性发展观已经无可争议地成为命名、阐释、表征和消解一切社会矛盾与政治矛盾的标准话语时，全球生态公民身份（Global Eco-citizenship）作为一个非常重要的概念浮出水面。“公民”原是一个政治壁垒内的概念，它的功能是对民族—国家的忠诚与责任，而“全球生态公民”则将全世界视为一体化的整体，其主体身份的建构机制在一定意义上体现为对普世精神的识别与确认、对全球共享伦理的尊重与拥护，以及对全球公共事务的敏感与参与。全球生态公民问题的研究也成为生态美学或生态城市美学研究的一个重要向度。

如果说区域生态运动致力于民族—国家所圈定的意识形态空间内寻求某种绿色身份，而全球生态运动则促使人们在地缘政治空间之外去重新确认自己的身份与标签，也就是去寻求一种超越民族—国家疆域系统之外的全球生态公民身份。从城市角度来说，就是超越城市系统之外的生态公民身份构建。全球生态公民身份意味着通过对自我属性和特征的重新想象与建构，使得整个世界因为某种经由生态话语所建构的共同的、普遍的价值、理想、生命、信仰和真理而联结在一起，每一个个体都能自觉而自主地守护并履行这份“天赋”的权利和责任。这种强大的身份认同力量超越了现有民族—国家地缘格局下由种族、国籍、宗教、阶级和性别等因素所造成的偏见与隔膜。比如就全球气候变暖问题而言，这一正在逼近的全球生态危机无疑赋予了世界角落中的每一个个体一种共同的权利和责任，每个人的生命前所未有地被联系在一起。而基于普世生态伦理所凝聚起来的

[1]霍尔姆斯·罗尔斯顿：《环境伦理学》，中国社会科学出版社，2000年，第480页。

[2]Will Kymlicka & Wayre Norman, Return of the Citizen: A Survey of Recent Work on Citizenship Theory, *Ethics*, vol.104, No.2(January 1994), P.352.

[3]巴特·范·斯廷博根：《公民身份的条件》，吉林出版集团有限责任公司，2007年，第1页。

身份识别与建构力量跨越了地缘政治空间内的种种偏见与歧视，全人类得以在由生态环境所构筑的“全球绿色公共领域”中达成和解与对话。当全球生态公民身份在个体的日常生活中得到识别和确认，并且作为稳定的核心价值体系支撑个体的行为实践时，个体实践也就上升为一个与世界对话和协商的全球公民行动，一种完全基于生态自觉而非政治压力的公共外交。

斯廷博根分析了理解全球生态公民概念的三种模式。第一种模式是扩展自由主义的公民身份。自由主义的公民身份理论认为，公民身份问题主要是一个权利享有者资格的问题。根据这一逻辑，可以把权利享有者的范围从当代人扩展到后代人以及动物。第二种模式是扩展共和主义的公民身份。共和主义的公民身份理论认为，公民身份不仅仅是一个权利和资格问题，同时也是一个关于公民的美德、责任和义务的问题；公民的首要特征是对共同体的认同、忠诚、责任与义务。“生态公民身份意味着这种责任向自然世界的延伸。”[1]共和主义的生态公民理论强调扩展责任范围的重要性，要求人类把自身视为自然生态系统的一个有机组成部分，并以负责任的态度积极参与自然的进化。第三种模式是扩展世界主义的公民身份。从某种意义上说，世界主义的生态公民身份理论是自由主义公民身份理论和共和主义公民身份理论的综合，它既关注生态公民的权利与责任，更强调生态公民身份的全球维度。

斯廷博根认为，目前主要存在两种类型的全球生态公民。第一种是作为全球改革者的生态公民。这种生态公民强调生态问题的全球维度，承认传统的民族国家体制的局限性，并认识到全球合作与联合国体制对于解决全球生态问题的重要性。因而主张改革现有的国际关系，加强并改善联合国在解决全球事务方面的功能与职能。但全球改革者把可持续性和可持续增长作为中心目标，认为通过技术创新和管理创新就能解决全球生态问题，具有明显的技术乐观主义特征。第二种是地球公民。如果说全球改革者关注的是对全球生态的管理与控制，那么，地球公民关注的则是对地球的关怀和关爱。地球公民强调地球作为养育者、作为栖息地、作为生命之根、作为生活世界的重要性，是对地球充满感激之情和责任意识的公民。在斯廷博根看来，扩展权利主体范围的模式“是否富有成效是值得怀疑的”，而扩展责任范围的模式似乎是更富有成效的。扩展责任范围的生态公民模式试图在参与的基础上与自然建立一种新型关系，但是单纯的责任扩展模式也是不充分的，只有把以参与为核心的责任观念与强调关怀地球的地球公民观念结合起来，才能真正建构起一种切实可行的生态公民理论。[2]

[1]巴特·范·斯廷博根：《公民身份的条件》，吉林出版集团有限责任公司，2007年，第167页。

[2]巴特·范·斯廷博根：《公民身份的条件》，吉林出版集团有限责任公司，2007年，第173页。

安德鲁·多布森（Andrew Dobson）在《公民与环境》一书中，则将斯廷博根所说扩展的世界主义生态公民身份理论表述为后世界主义公民身份理论。它有如下一些特征：一是强调责任而非权利，而且这些责任不是互惠性的。因而生态公民理论所理解的责任与自由主义和共和主义公民身份理论所理解的责任迥然有别。后两者所理解的责任主要是以契约为基础的互惠性的责任。二是认为不论是在公共生活领域还是在私人生活领域，人都应遵循某些公共的道德规范，因为人在私人领域的行为（如家庭的消费模式与个人的生活习惯）会对公共领域产生影响。自由主义与共和主义的公民身份理论则认为，公共的道德规范只适用于公共领域，不适用于私人领域。三是认为美德是公民身份的核心构成要素。自由主义的公民身份理论只要求公民遵守法律，认为美德对于自由社会来说是可有可无的东西。共和主义的公民身份理论虽然强调美德的重要性，但它所理解的美德主要是古希腊人所理解的美德，例如勇敢、正直、节制、对政治共同体的忠诚等。这些美德与军事活动有一定的联系，具有明显的阳刚特征；更为重要的是，这些美德主要是公共领域的美德。后世界主义公民身份理论所理解的美德（如公正、关怀、同情等）既包括公共领域的美德，也包括私人领域的美德；这些美德是阴柔性的，与军事活动无关。四是后世界主义公民身份理论所理解的公民是超越了国家界限的所有人，而自由主义与共和主义的公民身份理论所理解的公民主要是特定政治共同体的成员。作为生态公民，“我们不仅对彼此是陌生的，而且对彼此的生活地点以及生活年代都是陌生的。”[1]

[1] Andrew Dobson, *Citizenship and the Environment*, Oxford: Oxford University Press, 2003, P.106.

从生态文明方面来说，生态公民具有四个显著特征。第一，生态公民是具有生态人权意识的公民。强调个人权利不仅为作为个体的公民提供了自主的空间，还为作为权利主体的个人提供了一道保护性的道德屏障，使得个人能够免于他人或国家的干涉或伤害。由于每一个人都是基本权利的合法拥有者，因而，公民的基本权利又被称为普遍人权。人权的范围是逐步扩展的。第一代人权以政治权利为主体，包括生命权、自由权、财产权和安全权等；第二代人权以社会、经济和文化权利为主体，包括福利权、工作权和教育权等；第三代人权以集体权利为主体，包括生存权、发展权、和平权与生态权等。根据对人权扩展历程的这一理解，生态人权是第三代人权的重要内容。作为一项全新的权利，生态人权主要由实质性的生态人权与程序性的生态人权构成。实质性的生态人权主要包含两项合理诉求：一是每个人都有权利获得能够满足其基本需要的生态善物（如清洁的空气和饮用水、有利于身心健康的居住生态等），二是每个人都有权利不遭受危害其生存和基本健康的生态恶物（污染物等）的伤害。程序性的生态人权主要由生态知情权（即知晓生态状况的权利）和生态参与权（即参与生态保护的权利）两个部分组成。明确认可并积极保护自己和他人的这些生态人权，是生态公民的首要特征。第二，生态公民是具有良好美德和责任意识的公民。生态公民不是只知向他人和国家要求权利的消极公民，也是主动承担并履行相关义务的积极公民。从形式上看，生态公民负有的特定义务有三类：一是遵守已经确立的生态法规，二是推动政府制定相关生态法规，三是在公共生活与私人生活中主动实践生态文明的各项规范。从其性质上看，生态公民负有的义务具有非契约性（不基于公民之间的利益博弈）、非相互性（对后代的义务不以后代的回报为前提）、差异性（那些对生态损害较大的人负有较多的义务）等特征。第三，生态公民是具有世界主义意识的世界公民。生态问题的根源具有全球性，许多国家（特别是弱小的发展中国家）的生态问题都是由不公正的国际政治经济秩序引起的。同样，发达城市也往往是生态问题的根源所在。发达国家的消费取向和外交政策往往对发展中国家的生态状况造成严重的负面影响。任何一个国家或城市都不可能单独依靠自己的力量来应对全球生态恶化所带来的挑战。全球生态问题的解决必须采取全球治理的形式。全球治理的实现需要以全球意识的觉醒为前提。全球意识的核心是世界主义。世界主义是一种强调每一个人的平等价值、突现对每一个人的义务的价值观念。世界主义反对狭隘的民族主义，强调人类之间的团结、平等和相互关心，突现对全人类的认同和世界公民身份的重要性。国家边界在法律和道德上的重要性因此而受到挑战，国家或民族的界限不再是权利和责任的边界。在世界主义看来，不管我们生活在哪个国家、哪个城市，基于我们共同的人性，都属于同一个人类共同体。成为这个或那个政治共同体的成员，只是由出生的时间和地点所决定的偶然事实；作为人类的一员而存在，这才是一个更为基本和更为重要的事实。在确定人的价值和尊严时，国家界限并无决定性的道德意义。作为整体的人类才应当是我们认同的首要对象。[1]世界主义强调个人之世界公民身份的重要性，强调价值共享、相互尊重、普遍义务、彼此关心和团结互助的重要性。它要求我们把所有的人都当作自己负有义务的同胞来看待，并承担作为世界公民所具有的促进人类整体福利的责任。第四，生态公民是具有生态意识的公民。健全的生态意识是准确的生态科学知识与适当的生态价值观、美学观的统一。生态科学知识是生态意识的科学基础，生态价值观、生态美学观是生态意识的灵魂。只有树立了正确的生态价值观、生态美学观，人们才会有足够的道德动力去采

[1]彼得·辛格（Peter Singer）：《一个世界：全球化伦理》，东方出版社，2005年，第171—181页。

取行动，自觉地把生态科学知识应用于生态文明建设。

全球生态公民身份的识别与建构过程本质上意味着一种公共外交实践，其核心内容是在全球范围内培育一种被普遍接受的游戏规则。这里的游戏规则可以理解为一种生态自觉意识，即在生态反省与生态实践中所体现出来的生态主体意识和心态，任何信奉、维护并敬畏游戏规则的民族，必然得到他们的尊重与认可。如果说传统的公共外交更多地强调“走出去”这种带有明显宣传色彩和形象营销的政治做法，环境场域中国家或城市形象的建构则更多地强调基于生态自觉的身份识别与声誉积累。从社会资本理论的视角而言，社会资本的“富裕”程度（如民间参与网络高效与否、政治制度环境正义与否）直接影响公民的生态自觉和绿色行为，全球生态公民身份的识别与确认本质上意味着提升国家或城市形象的社会资本，因为其可以经由某种悄无声息的文化途径或舆论途径来影响他国的外交环境或其他城市的对外交流方式，进而增加政治或经济谈判的话语筹码。依照安东尼·吉登斯（Anthony Giddens）的观点，在全球公民社会进程中，衡量社会资本的核心指标体现为公共领域的属性与特点。然而，不得不面对的遗憾是，当下社会正在经历着尤尔根·哈贝马斯（Jürgen Habermas）所说的“公共领域的再封建化”这一历史尴尬。由于大众媒介与商业公关所设定的诸多权限规则极大地限制了公众进入公共领域的自由性和自主性，这使得社会的国家化和国家的社会化同步进行，公共领域逐渐失掉了其原来的公共论坛属性。尽管如此，令人欣慰的是，围绕全球生态公民身份问题所展开的全球对话与争议必然可以在全球范围内激活、生产并传播一个“替代性的公共空间”，即通过对公共舆论的影响以及公共话语的生产而在工业主义霸权话语空间之外建构一个“全球性反话语空间”。约翰·S. 德赖泽克（John S. Dryzek）将经由环境问题而建构的“替代性公共空间”称为“全球绿色公共领域”。由此可见，“全球绿色公共领域”的公共生产与公共传播，不仅意味着社会资本的积累途径，同时也意味着国家或城市形象的传播策略。从场域转换理论的视角而言，全球生态公民身份的识别与确认本质上体现为国际环境场域中的一种生态对话，全世界借由对全球生态公民身份的集体识别与确认而走得更近。由于不同场域（如政治场域、文化场域、社会场域、经济场域）之间不可避免地存在规格、标准、距离的差异，这便使得游走于不同场域之间的象征权力（或象征利润）的出现成为可能。一个被世界所认可的国家或城市形象能够以一种隐性的、复式的、匿名的、生产性的政治资本方式直接作用于国际政治场域的对话与博弈过程中，因为在“生态场域”（公共场域）中积累的信任与声誉可以无缝转化为“政治场域”（专业场域）中权力扩张的象征资本，而这正是当下多元范式和场域重叠条件下环境外交所潜藏的多元共赢现象。[1]

[1]杨通进：《生态公民论纲》，《南京林业大学学报》（人文社会科学版），2008年第3期；刘涛：《全球生态公民身份的识别与建构：公共外交视域下的国家形象传播》，《中国社会科学报》，2009年7月2日。

第1章　生态城市美学及其建构性

一、后现代状况与生态美学

近200多年来，人类文明以及受人类文明影响的生态系统发生了十分巨大的根本性改变。在大约1万年以前，亦即在人类历史99%的时段里，人类以采集和狩猎为基本生存方式，很自然地作为自然的一个组成部分进入生态循环。甚至直到大约4万年以前人类散布到各大陆，并且逐渐变成唯一能控制和开发各种陆地生态系统的动物，对生态系统的影响也极其有限。距今1万年前后的新石器革命发生后，人类发展了与以往完全不同的生存方式，这种新的生存方式建立在对自然生态系统巨大改变的基础之上：通过农业生产数量比此前多得多的食物。农业也使得人类群居生活演化为定居的、复杂的、分出等级的社会形态，使人口健康水平提高并得以大幅度增长。但农业社会已然埋下生态危机的种子。农业社会初期全球人口约为400万，在公元前5000年缓慢增加至500万，此后则每过1 000年就翻番，到公元前1000年时已经达到5 000万。[1]公元元年2.3亿，1000年2.7亿，1500年4.4亿，1700年6.0亿。[2]人口剧增使人类的垦殖范围大面积扩充，致使森林被大量砍伐，水土严重流失。从考古资料分析，森林植被破坏和水土流失是苏美尔文明、印度文明消亡的主要原因之一。希腊罗马文明的消亡也与之相关。柏拉图（Plato）在《克里底亚篇》中写道：“与当初的土地相比，如今留存下来的土地可以说就像一位病人留下的骨骼，所有松软

[1]克莱夫•庞廷：《绿色世界史：环境与伟大文明的衰落》，上海人民出版社，2002年，第42页。

[2]安格斯•麦迪森：《世界经济千年史》，北京大学出版社，2003年，第227页。

肥沃的土壤全都冲走了，只剩下一副贫瘠的空架子。在我们谈论的那个时代，这种荒凉的状况还没有开始。现在的高山都是光秃秃的，而在我们现今称作费留斯（Phelleus）平原的那个地方过去覆盖着许多肥沃的土壤，在山区则有大量的森林，至今仍能看到些森林的遗迹。"[1]柏拉图把这一切归咎于洪水泛滥，而事实上洪水灾害是人类大面积毁灭森林与大面积开辟垦殖系统所造成的。到18世纪，中国几乎所有的原始森林都被砍伐殆尽，所有高地整体上丧失了森林植被。几千年的农耕整体上破坏了黄河流域的天然植被，严重的水土流失使黄河文明跨越了生态临界点。何炳棣在《明初以降人口及其相关问题：1368—1958》一书中指出：16世纪，原产于美洲的农作物品种玉米和甘薯输入中国，这些作物和中国传统的以家庭为单位的精耕细作的农业方式相结合，极大地促进了中国的粮食生产能力，粮食产量稳步提高为大规模的人口增长创造了条件。中国的人口从14世纪末约6 500万增加到1600年（明万历二十八年）的约1.5亿。到18世纪末，超过3亿。玉米对明清时期移民开发的影响是多方面的。首先，玉米传入促进了明清时期对大面积丘陵山地的开发。长江流域、云贵高原和西北大片丘陵山地的开发导致了18世纪及19世纪初的"土地利用的重大革命"，由此而增加的农田总数是相当可观的。其次，玉米、甘薯的输入使得明清时期的中国移民走上了高山峻岭、走入了深山幽谷。他们继续向自然伸手，在土里刨食。和移民开发、玉米种植相伴而来的是大片的森林毁坏消失，紧接着产生了严重的水土流失问题。[2]宋代以后长江流域也开始遭受大规模的生态破坏。上游毁林开荒，下游围湖垦田，水患不断增多。尽管大范围垦殖破坏了自然生态系统，由于农业依靠的主要是人力资源，所使用的自然资源也是可再生的，所以就全球范围来说，这种对自然生态系统的干扰总体上仍在自然生态系统的限制范围之内，对大气和水循环的影响尚不很大。工业革命后的200多年间，人类开始广泛使用不可再生的、有限的矿物资源，极大地提高了生产率，由此又提高了人类的生活水平。据安格斯·麦迪森（Angus Maddison）《世界经济二百年回顾》报告，按1990年价盖—凯美元计算，1500—1820年间世界GDP年均增长0.33%，而人均仅增长0.04%；而1820—1992年间世界GDP增长约40倍，年均增长2.2%，人均则增长7倍，年均增长1.2%。1820—1992年间，世界人口由10.7亿增加到54.4亿，[3]而1999年增加到约60亿。据联合国人口基金会发布的《世界人口状况》（2008年）报告，2008年世界人口约67亿，预计2010年将突破70亿，2050年将增至92亿。工业化给自然生态系统造成了更为巨大、并且是不可逆的改变或破坏，完全突破了自然界循环或自我修复的极限。它一方面大

[1]柏拉图：《克里底亚篇》，载柏拉图：《柏拉图全集》第3卷，人民出版社，2003年，第352页。

[2]何炳棣：《明初以降人口及其相关问题：1368—1958》，生活·读书·新知三联书店，2000年，第310—317页。

[3]安格斯·麦迪森：《世界经济二百年回顾》，改革出版社，1997年，第1、11页。

量消耗不可再生资源，另一方面，又生产数量惊人的自然本身不可能自发进化出来的新物质。据一般估计，以现在的使用速度，以石油、煤炭、天然气为主的不可再生资源将在100年内耗尽。而工业产品既能满足不断膨胀的人口的需要，也能满足资本追求利润最大化的需要，在现代技术、现代制度和社会需要之间形成反馈机制。但在人类生活时间尺度下甚至历史时间尺度下，现代工业作为一个生态环节，阻断了物质和能量的有序动态循环，超出了自然生态系统的承受能力，也超出了人类的适应能力，使自然生态系统日趋恶化和不稳定，也严重威胁人类的生存和发展。受现代工业支配的农业则成为“石油农业”，它不仅生产了大量有害产品，而且更大规模地侵占和侵蚀土地。世界自然基金会《地球生命力报告》（2008年）指出，人类目前耗用地球资源的速度较地球能持续供应资源的速度快约三成，其中3/4人口居住的国家耗用资源的速度已超过其自然环境的承受能力。到2030年，需要两个地球的资源方能满足人类的需求。据伦敦动物学会（Zoological Society of London，简称ZSL）编制的《地球生命力指数》显示，其研究的1 686个物种约5 000个种群，自1970年以来减少接近30%。全球足迹网络（Global Footprint Network，简称GFN）报告，全球的生物承载力（为人类供应资源及吸收排放的土地面积）为人均2.1公顷，但目前人均生态足迹已多达2.7公顷。美国、巴西、俄罗斯、中国、印度、加拿大、阿根廷和澳大利亚8个国家的自然资源占全球总数超过一半，但人口数量和消费模式已令美国、中国和印度这3个国家的资源消耗速度超出其自然环境之所能供给。美国和中国的生态足迹最大，各占全球生物承载力约21%。美国的生态足迹是其国家生物承载力的1.8倍，中国为2.3倍，印度则为2.2倍。美国人均9.4公顷，若全球人均达到这个水平，则需要约4.5个地球的资源；中国人均2.1公顷，总量与1个地球的资源相当。因为过度消耗资源造成的气候变化正在成为最大的生态问题。全球约50个国家面临中度或严重缺水压力，受害国家的比重将因气候变化而继续上升。

1997年，《联合国气候变化框架公约》缔约方第三次会议通过旨在限制发达国家温室气体排放以抑制全球变暖的《京都议定书》。《京都议定书》规定，到2012年，所有发达国家的温室气体排放总量要在1990年的基础上降低5.2%。《京都议定书》于2005年2月16日正式生效，并已有150多个国家缔约。但由于其设定的“共同但有区别的责任”原则，要求作为温室气体排放大户的发达国家采取具体措施限制温室气体的排放，而发展中国家不承担有法律约束力的义务，遭到美国、澳大利亚等国家的反对，因而难以达到预期的目标。其症结在于，排放权被所有国家视同于发展权。

它不是被当作公共产品，而是类似于石油、资本、劳动力等私人产品和发展要素，成为国际社会的争夺空间。为应对后京都时代的挑战，自2007年的巴厘岛会议起，国际社会开始了新一轮谈判，并在2009年哥本哈根会议上达成新的减排协议。而自巴拉克·侯赛因·奥巴马（Barack Hussein Obama Ⅱ）执政以来，美国在能源政策方面发生极为重大的转折。奥巴马政府推出了能源新政组合拳：一是从2012年起对全国的温室气体排放和污染排放收费；二是构建覆盖4个时区的、以超导电网和智能电网为主的大电网，接入包括风能、太阳能等在内的各种可再生能源；三是在未来5年投入1 500亿美元用于能源新技术开发，进行大规模能源技术储备，同时刺激混合动力车的大规模使用。美国国会还通过碳排放限额与贸易法案，对没有碳排放限额的国家出口到美国的产品征收碳关税。2008年，英国出台了《气候变化法案》，成为世界上第一个以法律形式约束“碳预算”的国家。英国将通过发展提高能源利用效能技术以及再生能源、核能、碳捕集和封存等技术，在2020年以前将温室气体排放减少34%，到2050年进一步达到80%。英国政府还拟订了《清洁煤碳发展框架》，以期通过能源经济创新实现环境、经济和就业三重效益目标。在经济危机的当口，美国和英国启动新能源为代表的新技术革命，调整游戏规则，具有深远的战略意义。因为今后的经济竞争很大程度上将会是碳生产率竞争。

18世纪之前，全球城市人口只占总人口约3%。当时的城市只是政治中心和消费中心，而非生产中心。工业革命改变了城市性质，使其成为消费和生产的双重中心，并掀起了持续至今的巨大的城市化运动。1950年，全球城市化率约30%，2008年达到50%，预计2050年将上升到61%。中国2008年约45%，2010年将达到50%。全球有19个人口超过1 000万的超级大都市，其中亚洲11个、美洲6个、欧洲和非洲各1个。工业化和城市化导致严重的环境污染和生态破坏，城市环境容量普遍被突破、普遍丧失自净能力，市民的健康状况和生活质量普遍受到影响。城市建成区面积约占地球陆地面积的2%，但城市财富和产出与城市废弃物的排放都占到全球总量的70%—80%。比如，城市CO_2排放量占全球排放量的78%。英国伦敦曾成为有名的“雾都”。据史料记载，伦敦的杀人烟雾事件最早至少可以追溯到1837年2月的毒雾事件，这次事件造成200多人死亡。而1952年12月5日—9日发生的毒雾事件则造成多达1.2万人丧生。当时逆温层封锁了泰晤士河谷，伦敦上空集积了大量硫氧化物和颗粒物，引发连续数日的大雾天气，使得发病率和死亡率激增。5天内死亡4 000人，一周内因支气管炎、冠心病、肺结核和心脏病死亡人数分别为前一周的9.3倍、2.4倍、5.5倍和

2.8倍，肺炎、肺癌、流感及其他呼吸道病患者死亡人数也成倍增长。此后两个月内又有8 000多人陆续病死。这起事件引起民众和政府重视，直接推动1956年《洁净空气法》立法。这个法案授权地方议会控制指定区域的烟尘。但毒雾现象直到1965年以后才基本消除。第二次世界大战爆发后，洛杉矶飞机制造和军事工业迅速发展，很快成为美国第三大城市。20世纪40年代初，洛杉矶拥有汽车250万辆，每天消耗汽油1 600万升。由于汽油不完全燃烧、漏油挥发和尾气排放，每年5—10月间，在强烈阳光的作用下常会发生光化学反应，生成淡蓝色光化学烟雾。这种烟雾中含有臭氧、氧化氮、乙醛和其他氧化剂，在当地三面环山的地势中滞留不散，形成强大的持久性逆温层。自1943年至20世纪70年代，洛杉矶成为“美国的烟雾城”。1952年12月，全市65岁以上的老人因污染死亡400多人；1955年9月，短短两天之内又死亡400余人。近几年，中国已成为世界城市污染最严重的国家，CO_2、NO_2、COD以及颗粒物排放均居世界第一。

2008年11月13日联合国环境规划署（UNEP）发表的《大气褐云：亚洲区域评估》指出，由燃烧化石和生物燃料所形成的大气褐云（Atmospheric Brown Clouds，简称ABC）与温室气体一道对亚洲的气候、环境、健康等造成重大影响。1995—1999年间，一群科学家在印度洋展开实验和研究，发现印度洋、南亚、东南亚和中国南部上空存在一个面积相当于美国大陆大小、厚度约3km的褐色云团，命名为“亚洲褐云”（Asian Brown Clouds）。此说甫一提出，各种针对亚洲环境的指责与非议随之而来。然而，进一步研究发现，这种现象并非为亚洲独有，美洲、欧洲和非洲等也同样存在。因此，2003年在中国学者的建议下，“亚洲褐云”更名为“大气褐云”。一般灰霾天气以城市为中心，而成片的褐云则成为区域性问题。目前全世界已有13个大城市被定义为褐云覆盖的热点城市，即曼谷、北京、开罗、达卡、卡拉奇、加尔各答、拉各斯、孟买、新德里、汉城、上海、深圳和德黑兰。大气褐云含有大量的工农业和生活污染带来的煤烟颗粒、微小金属颗粒和其他颗粒，对光线、气候、空气、冰川等会产生广泛影响，危及公众健康和经济发展。1950—1990年间，中国日光强度每10年下降3%—4%，1970年之后达到高峰。印度1960—2000年间每10年下降2%，而在1980—2004年间则翻了一番。中国的发达地区灰霾天气不断加重，大气颗粒物的排放总量一直维持较高水平，空气质量未达到国家二级标准的城市占2/3。2008年世界银行发布的《世界发展指标2006》显示，在所调查的110个人口超过百万的城市中，如果按照悬浮微粒来排名，空气污染最严重的前20个城市中中国占了13个。其排序为：新德里、开罗、加尔各答、天津、重庆、勒克瑙、坎普尔、雅加达、沈阳、郑州、济南、兰州、北京、太原、艾哈迈达巴德、成都、鞍山、武汉、南昌、哈尔滨。而其实临汾、阳泉、大同、石嘴山、三门峡、金昌、石家庄、咸阳、株洲、洛阳等城市的空气污染更为严重。一些沿海城市由于发展重工业和化学工业，近几年的污染程度也在不断加重。2007年1月19日，长江三角洲地区曾遭遇罕见的重霾污染。其中上海市区的能见度小于600m。褐云中包含多种毒性湿剂、致癌物质和微粒，其中包括宽度小于2.5μm的可吸入颗粒物。中国每年因城市大气污染而造成的呼吸系统门诊病例35万个，急诊病例680万个。每年有几十万人因此死亡。肺癌已成为中国城市爆发率最高的癌症病例。中国工程院院士、广州呼吸疾病研究所所长钟南山指出，他在接诊过程中发现，50岁以上的广州人哪怕没有肺部疾病，手术开出的肺都是黑黑的，“如果是红红嫩嫩的，那肯定不是广州人”。“一颗红心，两叶黑肺”——“广州式黑肺”十分普遍。其实“广州式黑肺”几乎存在于中国所有发达城市。据估计，与褐云相关的可吸入颗粒物所造成的经济损失大约分别占中国和印度GDP的3.6%和2.2%。褐云和气候变暖很可能会改变原有的东亚季风模式，并导致中国“北旱南涝”的局面进一步加剧。过去半个世纪，中国和印度的极端降雨天气即超过100mm的天数明显增加，超过150mm的大暴雨降雨天数则翻了一番。为大多数亚洲河流提供水源的冰川，即印度—库什—喜马拉雅—西藏冰川受到巨大影响，正在以更快的速度融化。自1950年以来，冰川已经缩小了5%，而中国近4.7万座冰川在过去1/4世纪里缩减了3 000km^2。[1]

[1] 陈冰：《从ABC到霾》、贺莉丹：《城市空气污染调查：广州怎么了》，《新民周刊》，2009年1月第4期。

当代生态危机突出表现在大气污染、温室效应、臭氧层破坏、土地荒漠化、水质污染、海洋污染、森林等绿色屏障锐减、物种灭绝、工业废弃物猛增、人口爆炸等10个方面。城市因人口和产业的过度集聚而成为高污染源，是多种污染负效应的集中爆发区。城市的过分膨胀导致对能源、水资源、森林资源等自然资源的极大消耗。城市污染物的排放不仅使大气和水体整体质量下降，更导致城市局部气象条件的改变，造成热岛效应。光化学污染、噪音污染、交通拥堵则严重干扰正常的生产生活。高密度建筑物的集中建设和过量的地下水抽取，导致地面沉降和地质灾害。癌症、艾滋病、肥胖症、心血管疾病、精神性疾病则因此不断蔓延。如果说农业文明引起的生态危机还是局部性的话，自工业革命以来爆发的当代全球生态危机则具有全局性、全面性、持续性、快捷性和不可逆性。全球生态危机，特别是城市生态危机，对包括人类在内的一切生命体构成巨大的存在威胁，由此深刻地触动了人类的思想观念。生态危机的思想根源是现代主义观念。格里芬指出：“现代性的持续危及我们星球上的每一个幸存者。随着人们对现代世界观与现代社会中存在的军国主义、核主义和生态灾难的相互关系的认识的加深，这种意识极大地推动人们去考核查看后现代世界观的根据，去设想人与人、人类与自然界及整个宇宙之间关系的后现代方式。”[1]现代主义观念的特征是基础主义、理性主义和人类中心主义，后现代主义思想则对现代主义的主体意识、发展意识和生态意识进行深刻反思、强烈反拨与全面解构。其中最为根本的集中在生态意识上。其主要特点表现为：一是强调人的创造性和倡导多元主义，以“后现代个体”取代“现代主体”；二是重视生态环境的保护，反对人类中心主义；三是提倡发展稳态经济，反对“增长癖”。

[1]大卫·雷·格里芬：《后现代精神》，中央编译出版社，1998年，第238页。

虽然西方史学家往往把15世纪以来的文艺复兴、宗教改革和地理大发现作为现代性的开端，但是，这一编年史上的概念把握不具有完全的代表性。在哲学和思想史上，往往将18世纪启蒙运动作为现代性的开端。在启蒙时代，现代性矛盾开始完全凸现，而种种解决这些矛盾的尝试亦随之出现。现代性矛盾的积累及其解决的不断尝试，构成了现代性问题的基本语境。伊曼努尔·康德（Immanuel Kant）指出：“启蒙运动就是人类脱离自己加之于自己的不成熟状态。不成熟状态就是不经别人的引导，就对运用自己的理智无能为力。当其原因不在于缺乏理智，而在于不经别人的引导就缺乏勇气与决心去加以运用时，那么这种不成熟状态就是自己加之于自己的了。Sapere aude!要有勇气运用你自己的理智!这就是启蒙运动的口号。”[2]启蒙思想所推崇的是理性精神、人的主体性以及乐观的社会进化论。但是，现代性决不仅仅是“理性”就能全部概括的，启蒙运动绝非一个纯粹的科学运动或主要是科学运动，而是对一切文化领域中的文化的全面颠覆，它带来了世界关系的根本性移位和欧洲政治的完全更改。现代性从一开始就有另外一条发展线索，那就是个体对世界剧烈变动的感受，这是一条沿着感性发展的线索。现代性的这一线索通常被称为文化的现代性或审美的现代性。马泰·卡林内斯库（Matei Calinescu）指出，有经济社会和美学概念上的两种现代性，即社会的现代性和文化的现代性，或曰启蒙的现代性和审美的现代性，它们共同构成自反性现代性，使社会存在与其文化之间造成紧张。在《自反性现代化：现代社会秩序中的政治传统》一书中，乌尔里希·贝克（Ulrich Beck）、吉登斯、斯科特·拉什（Scott Lash）三位著名的社会思想家深入讨论了今天社会理论和文化理论中的“自反性现代化”的涵义，触及当代社会的政治、传统和美学等层面。在现代化的过程中，现代社会日益分化为工具认识领域、道德实践领域和审

[2]伊曼努尔·康德：《答复这个问题：“什么是启蒙运动？”》，载伊曼努尔·康德：《历史理性批判文集》，商务印书馆，1990年，第22页。

美实践领域以及个体信仰领域等。所谓社会现代化，就是指这些领域各自在分离状态或统一状态下的现代转型。可惜的是，作为一个美好乌托邦的社会现代化，其结果并没有像人们所想象的那样，使人作为个体和共同体在社会和思想层面上得到彻底解放，反而使社会在分化这条道路上越走越远，最终造成不同程度的社会分裂。现代化因此在某种程度上成了社会单面化和思想平面化的同义词。审美现代性虽然受到启蒙精神的恩惠，却反对启蒙的现代性。审美现代性是对社会巨变的两种反应：感觉层次上社会环境的变化和自我意识的变化。一方面，现代世界的巨变和文化变迁打破了旧有的时空秩序和整体意识，人们对社会环境的感应能力陷于迷乱；另一方面，宗教信仰的泯灭，以及关于人生大限、死后万事空的新意识造成了自我意识的危机。事实上，这是两种体验世界的方式。信仰上的虚无造成文化传统的脱节，人上升到神的位置之后却难以把握自我。审美现代性对现存的文化规范和价值持批判和否定态度，尊重人的个体感性和差异，抗议理性的狂傲扩张，迫切寻求超越，为个体生命在失去彼岸世界的支撑后寻求此岸的支撑。现代性的这种性格造成了它进退两难的困境："现代主义一定要不断抗争，但决不能完全获胜；随后，它又必须为着确保自己不成功而继续奋斗。"[1]马克斯·韦伯（Max Weber）曾指出：现代性一方面造成了社会生活的合理化、管理的科层化，提高了发展速度和效率；另一方面，又不可避免地造成了压制和服从，使得合理化变成僵死的"铁笼"。现代性迫使它的文化站在自己的对立面，从而孕育后现代文化。后现代主义在很大程度上是从审美现代性发源的，或者说深深植根于审美现代性。让—弗朗索瓦·利奥塔（Jean-Francois Lyotard）指出："现代性是在一种永恒的重写中被书写，并将自己镌刻在自身当中。"[2]这种"重写"并不是在现代性死去之后才开始的，而是早在它的初期阶段就已经开始了。[3]后现代主义致力于构建现代主义未竟的事业即真正的平等自由乃至万物平等的生态主义新社会。

就"后现代状况"界说而言，存在阶段说和反省说两种不同的观点。阶段说以为"后现代"是"现代"之后的一个新时代（后工业时代、信息社会等），后现代主义则是适应新时代的新变化而应运而生的理论；反省说以为"后现代"是一种思想状态和态度，即对自启蒙运动以来形成的现代认知范式的文化反省和批判。利奥塔在《后现代状态：关于知识的报告》一书中将后现代定义为："最发达社会里的知识状态（Mood）"和"针对元叙事的怀疑态度"。[4]利奥塔认为，自启蒙运动以来的"宏大叙述"已失去可信性，历史学的"元叙述"发生了危机，亦即有关完整的历

[1]丹尼尔•贝尔：《资本主义文化矛盾》，生活·读书·新知三联书店，1989年，第93页。

[2]让—弗朗索瓦•利奥塔：《重写现代性》，《国外社会科学》，1996年第2期。

[3]邢荣：《现代性的内在矛盾》，《哲学动态》，2002年第5期。

[4]Jean-Francois Lyotard, *The Postmodern Condition: A Report on Knowledge*, Minneapolis:University of Minnesota,1984,P.xxiv.

史概念的说明、完整的历史知识都发生了危机。历史研究出现了“原子化”“微观化”等变化。利奥塔指出，后现代不是一个新时代，不是一个时间概念，“而是对现代性自称拥有的一些特征的重写，首先是对现代性将其合法性建立在通过科学和技术解放人类的视野基础上的宣言的重写。”[1]这种重写意味着从科学、文学、艺术到社会规范等一系列文化与社会境遇中的“游戏规则的改变”，人类应当重新探寻“现代”科学认知、叙事话语、社会规范的转换与确认问题。利奥塔将这种转变称为“现代性”向“后现代性”的转变。利奥塔所指证的“后现代”实际是“后现代性”（Post-modernity）或“后现代主义”（Post-modernism）。米歇尔·福柯（Michel Foucault）也将“现代”理解为“一种态度”，而不是一个历史时期或一个时间概念。福柯指出：“我不明白，为什么我们不能把现代性更多地看作是一种态度，而不是一段历史时期。所谓‘态度’，我指的是一种与现时性发生关联的模式，一种由某些人做出的自愿选择。总之，是一种思考、感觉乃至行为举止的方式，它处处体现出某种归属关系，并将自身表现为一项任务。无疑，它有点像是希腊人所说的精神气质（Ethos）。因此我认为，对我们来说，更有启示意义的不是致力于将‘现代’与‘前现代’或‘后现代’区分开来，而是努力探明现代性的态度如何自其形成伊始就处于与各种‘反现代性’态度的争战之中。”[2]但是，从历史的角度来看，“后现代”与“现代”确实有一种内在的时序关系，后现代的内在时间性不能截然否定。后现代与后工业社会相对应，后工业社会是继工业社会后的新的历史时期。它以信息、知识和创意为经济社会发展的资本或动力源，与受“资源魔咒”制约的工业模式迥然相异。

后现代思想成为一种现实形态是在20世纪60年代以后。西方发达国家自这时起逐渐摆脱资源依赖型的工业经济，用文化资本或社会资本构筑新经济体，并由此倡导可持续发展和尊重万有生命的社会思想。21世纪以来，许多后发国家的较发达地区，主要是部分城市，也基本完成工业化，社会形态显出后现代特征，与之相应的社会意识也表现得非常明显。发达国家的后现代思想是对资本主义恶人性化和反自然工具理性的直接反应，而后发国家更多的是对后者的反应。自20世纪90年代的信息革命以来，发达国家的后现代化已是一种普遍的社会状况，并收获了十分丰富的思想成果和理论成果。相比之下，后发国家的后现代化主要还停留在“态度”上，甚至只是少数人的态度，其中的较发达城市也只是进入了后现代化的门槛。但可以预想，在21世纪，人类社会将全面完成后现代化。

当代最著名的环境史学家之一唐纳德·沃斯特（Donald Worster）指

[1]让-弗朗索瓦·利奥塔：《后现代性与公正游戏：利奥塔访谈录》，上海人民出版社，1997年，第165页。

[2]米歇尔·福柯：《什么是启蒙》，《国外社会科学》，1997年第6期。

出，像许多流行口号一样，可持续发展缺乏新的建构性内容。尽管这个口号似乎已被广泛接受，但广泛接受的基础却是以牺牲很多实质性内容为代价的。可持续发展社会这一概念的问题在于它往往依赖于技术革新，不可避免地将我们引回到使用狭隘的经济语言而将生产作为判断的标准，从而追求不断提高的物质生活水平。这些恰恰是环境保护主义曾经想要反对的。环境保护主义要讨论伦理和美学，而不是资源和经济。它优先考虑动植物世界的生存而不论其经济价值，珍惜自然为我们带来的、超出物质享受的审美的愉悦。在1993年出版的《自然的财富：环境史及其生态想象》一书中，沃斯特曾提出自然的文化史与文化的生态史两个概念。“自然的文化史是撰写在岁月的长河中，人们对自然系统的理解及其变化。另一方面，文化的生态史，则是探求不断变化的生态环境对文化的影响。我们当然需要自然的文化史，不同时期的不同文化看待自然世界的方式不同，从而影响到人们的行为、政策和价值观念。这是历史学家研究得最好的部分，也是环境史研究中比较容易的部分。困难的部分则是思考并接受文化的生态史。文化的生态史总被误解为环境决定论，或者某些很讨厌的事情。我们不应该将环境史仅局限于自然的文化史。自然的文化史与文化的生态史都很重要。”沃斯特在2003年出版的《尘暴：20世纪30年代的南部大平原》中文版序言中指出，在很长一段时间里，尘暴总被说成是“上帝的行为”，人类则是其无辜的牺牲者；其实，尘暴的部分原因是由于人类的愚蠢，因为人类摧毁了大平原的自然生态。他进而把它放到美国甚至世界资本主义发展的时空背景中进行研究，认为这场灾难与其说是自然灾害，还不如说是资本主义文化的罪过。与其他学者相比，沃斯特的研究凸显出白人到来前后发生在美国南部大平原上剧烈的生态变化。而这场由白人主导的改天换地的生态革命，对印第安人来说固然完全是一次毁灭性灾难，对急功近利的白人而言也同样是一场大悲剧，因为生态秩序的崩溃使得白人最终也成为受害者。而且，这场伴随着自由放任的资本主义经济发展而出现的生态悲剧，并不限于大平原和北美洲大陆，而是随着资本主义的全球化扩张逐渐蔓延到了世界的各个角落。沃斯特提醒第三世界国家，不要迷信美国，不要盲从和追随美国的生产和生活模式，以免重蹈美国的覆辙。不过，沃斯特在这本书中将受到人类活动强烈影响的所谓“第二自然”或“人造环境”排除在研究的视野之外，极力倡导一种农业生态史模式，反对所谓的城市环境史研究，认为后者不是新事物，也不是环境史，而是旧的城市史的范畴。但他后来改变了看法。在1988年出版的《地球的终结：关于现代环境史的一些观点》一书中，他把环境史分为自然、生产方式和文化三个层次（Level），将自然和文化都看作是环境史领域的活跃角色，而"生产方式"后来被他修正为"景观"——自然和文化相遇的中间地带或场所即景观，所指的是人类生活的地方和生活的方式。在绝大多数情况下，景观就是人为改造的自然环境。景观可以是进行生产的农场或矿井，或者是消费产品的城市，也可以是一整个经济系统。在那里，自然与文化不断进行着互动。沃斯特尽管也强调对科学进行历史的理解、在环境史研究中发展对科学的尊重，增加可持续发展的实在内容，但对自然总体上采取的是一种后现代主义的审美态度。他在谈到"荒野"这个环境史上充满争议的概念时指出：荒野是人类几乎没有或者很少影响的地方，是那些没有公路、没有农业、没有人类定居的地方。保护荒野是一种在面对自然时的自我约束和谦卑的行动。保护荒野不会伤及穷人的利益，它在经济上可能不会对穷人有帮助，但也不会伤害穷人的利益。这些穷人的问题的根源不在保护荒野，而是失业、缺少教育、经济不平等和健康不佳。正是这些社会因素影响了他们的生活。关心荒野的绝大多数人也关心穷人。如果我们不能关心大象、森林或鸟类的利益，只能考虑弱势群体的利益并为此而努力，这看起来难道不奇怪吗？"荒野"是生态伦理、生态美学上的绝对，但无论如何，它构成了生态城市美学的参照系统。[1]

二、生态美学思想及其演进

生态思想或生态美学思想发源很早。西方的古希腊思想家、中国的先秦思想家即有丰富的表述。但现代或后现代意义上的生态学、生态美学思想产生于工业革命初期。

根据沃斯特的研究，现代意义上的生态学思想发源于18世纪。其早期阶段即形成两大传统：一是以英国牧师、博物学家吉尔伯特·怀特（Gilbert White）为代表的对待自然采取"阿卡狄亚式态度"的田园式浪漫主义传统；[2]二是以瑞典博物学家卡尔·冯·林奈（Carl von Linné）为代表的帝国式生态学思想传统。前者以生命为中心，后者以人类为中心。沃斯特将它们归于"异端的"和"基督教的"两大传统。所谓"异端的"主要是指万物有灵论的思想，它认为人类与自然界处于"充满活力的精神交往之中"；而所谓"基督教的"的则是指基督教通过推翻异端的"万灵论"而建立起来的以人为中心的自然观。

怀特倡导人类过一种简单和谐的生活，使之与其他有机体能和平共存。怀特毕业于牛津大学奥瑞尔学院（Oriel College），1751年回到家乡塞尔

[1]高国荣：《美国著名环境史学家唐纳德·沃斯特教授访谈录》，《世界历史》，2008年第5期；张一帅、贾珺、梅雪芹、夏明方：《沙尘暴、〈尘暴〉与环境史："唐纳德·沃斯特的〈尘暴〉与环境史研究"座谈会纪要》，史学评论网（http://historicalreview.jianwangzhan.com），2004年1月12日。

[2]阿卡狄亚（Arcadia）是古希腊的一个高原区，后人喻为具有田园牧歌式的淳朴风尚的地方。

波恩（Selborne）生活。此后20多年里，他每天都从宗教事务中抽出足够的闲暇时间在教区周围旅行，并将所见所闻写给他的朋友们。最后形成一部有关野生动物、季节和古迹的书信集，于1789年结集出版，名为《塞尔波恩的自然史》。这部书事实上成为英美自然史学说的奠基之作，也为现代生态学研究提供了最早的、如果不是创新的也是最有代表性的思想。怀特的这部书笔调简洁明快，富有美感，一出版便成了人们最喜爱的英文书籍之一，至今已印了100多版；而“吉尔伯特·怀特和塞尔波恩崇拜”则在英美世界长时间流行。怀特将塞尔波恩看作一个复杂的处在变换中的统一的生态整体，这个整体具有丰富的多样性，其中大部分并不和谐一致的动物都可以相互利用。这种整体论思想与后来的生机论、有机论具有极大的相关性。约翰·巴勒斯（John Burroughs）采用亨利·柏格森（Henri Bergson）的生机论哲学观点提出自然生机论思想，用在所有有机体里所固有的一种创造性的、不能预示的、有机的能量云替代那种流行的“对生命和意识的物理化学说明”，从而“改变科学并使其精神化”。巴勒斯还希望将生机论扩展到把自然当作一个唯一的实体——“一个巨大的和真正的、潜在的生命一起跳动的有机体”的认识上去。阿尔弗雷德·诺思·怀特海（Alfred North Whitehead）、路德维希·冯·贝塔朗菲（Ludeig von Bertalanffy）的生命有机论系统论思想与怀特的思想也是非常一致的。《瓦尔登湖》的作者、博物学家亨利·大卫·梭罗（Henry David Thoreau）在他的日常生活范围里——他的个人经济体系中——同样也在他的家乡康科德（Concord）的漫游中，以一种独特的个人所有的严谨态度使浪漫主义理想具体化了。梭罗于1837年刚进大学时就曾言，他要将《圣经》中关于一周工作6天休息1天的教义，改为工作1天休息6天。他在瓦尔登湖的生活经历实现了这一愿望。他在那里仅花28美元多一点就建起了栖身的小木屋，而每星期花27美分就足以维持生活。为维持这样简朴的生活，他只须工作6个星期就可以挣足1年的生活费用，剩下的46个星期去做自己喜欢做的事情。他没有将这宝贵时光浪费掉，而是把它奉献给了写作和自然研究。梭罗和怀特一样，坚持人类必须学会使自己去适应自然的秩序、而不是寻求推翻自然或者改变自然的观点。他提出值得每一个后来人深思的问题：“是地球要由人的手来改善，还是人打算生活得自然一些，从而也安全一些。”他认为，一种只有简单需求的生活是唯一能够使森林回归新英格兰和“使自然恢复到某种程度”的种子。如果这种简朴的种子能洒在他同乡的脑子里，它就会使那些行为模式——不断升级的、期望着剥夺土地并使其变成一个农场和城市的人造世界——发生改变。他情愿让人和任何生命拥有对地球产品同样多的权利，而反对人在自然意识上的控制权。

基督教的“人类中心主义”源于上帝创造人与万物、而万物为人所用的思想。基督教认为只有人才有永存不灭的“理性灵魂”，而动物和植物的“觉魂”和“生魂”则非精神性的实体，它们随生命消亡而俱灭。自然的主要功能就是满足人类的需求。在极端的情况下，自然被看作是魔鬼威胁、肉欲以及必须被有力抑制的动物本能的来源。现代西方科学自其产生起即深刻地受这种基督教传统的影响。受这种影响发展起来的生态学思想构成了反阿卡狄亚的生态学传统，沃斯特称之为“帝国式的自然观”。它比基督教更强调要保证人类对地球的支配权——经常以纯粹的世俗利益的名义提出——这是现代人类活动的重要目标之一。1735年，林奈出版名著《自然系统》，奠定了通过两个拉丁文词对动物、植物、矿石进行分类、命名的基础。1749年，林奈又出版了《自然的经济体系》一书，指出在上帝创造的世界中每一个物种都有其“被指派的位置”。人及其在自然的经济体系中的野心是林奈模式的主要内容。在基督教神学的框架里，尽管人类和其他物种一样都处于神圣系列的次要地位，但人类也占据着一个负有使命和荣誉的特殊地位。按照林奈的看法，人类必须精神饱满地担负起造物主交给他的任务：利用和他一起的物种，从而与他本身的优越地位相称。而且这个责任必然要扩大到消灭那些讨厌而无用的物种、增加那些对他有用的物种等更大的范围，而这是一项“大自然留给自己的无法很好完成”的工作。人生来就是要赞美和效法造物主的，他不是因为要成为逍遥自在的旁观者才来履行义务的，而是要使大自然的产物增殖到使人类经济体系富足的程度。林奈以一种热诚的类似弗朗西斯·培根（Francis Bacon）对人类事务的劝诫那样的态度坚信，“对大自然这个光荣圣殿的虔诚信仰”，应该联想到一种积极的至高无上的宗教热情。而从他对那个错综复杂的人为的经济规律的科学研究中得出的结论是：“所有的东西生来都是为人服务的”，因而，在“赞美造物主的产品”的过程中，人们还能够期望去享受那些他所需要的使他的生活舒适愉快的一切东西。培根给世界提出了一个可能的人造乐园，这个乐园通过科学和人类的管理而变得丰饶。他曾预言，人类将在那个乌托邦乐园里恢复一种尊严和崇高的地位，并且重新得到他一度在伊甸园中所享有的高于一切其他动物的权利。在阿卡狄亚式的自然主义者恭敬地奉为生命范例的地方，培根式的英雄却是“能动科学”的人，忙着研究如何改造自然和改善人类的地位。理性是他们用来赢得胜利的武器——它不仅被看作是思想的批评能力，而且也是在“积极主动的科学”中所表现出来的一种进攻性的力量。在18世纪的欧洲大陆，可以明显地感觉到培根的影响。例如，在法国，德尼·狄德罗（Denis Diderot）、马奎斯·德·孔多塞（Marie Jean Antoine Nicolas de Caritat，Marquis de Condorcet）、乔治—路易·勒克莱尔·德·布封（Georges-Louis Leclerc，Comte de Buffon）等全都争先鼓吹思想统治物质、人类统治自然王国历史的到来。培根用自信的口气宣称："将人类帝国的界限，扩大到一切可能影响到的事物。"

1835年，查尔斯·罗伯特·达尔文（Charles Robert Darwin）游历了南美洲厄瓜多尔的魔鬼群岛加拉帕戈斯群岛（Galápagos Islands。又名科隆群岛，Archipiélago de Colón），为其奇特的因生物竞争所导致的毁灭、冲突、败坏和恐怖景象所震惊。这个群岛虽然位于赤道上，但由于气候多样化，又被汪洋大海阻隔，形成了十分奇异而独特的生态系统。据初步调查，这里生活着700多种地面动物、80多种鸟类和许多昆虫，其中以巨龟和大蜥蜴最闻名。海狮、海豹、企鹅等寒带动物也常在这里出现。在这些动物中，当地特有的种属占很大比例，而且在各个岛屿上都有不同的变异性亚种，适应性进化的性征特别明显。这给达尔文以巨大的启发，他由此发明了自然选择原理。达尔文认为，生命乃从低级到高级自然演变的结果，所有生物之间具有一定的亲缘关系。现代生物从远古少数原始类型按照自然选择的规律逐渐进化而来。自然是一个复杂的联系网，没有一种个体、有机物或物种能够独立地生活于这个网络之外。抽象地说，这是一个位置（Place）的体系或者小生境（Niches）的体系。自然的经济体系从来都不是一个尽善尽美的系统，没有一个物种能够在其中占据一个特别的位置，任何时刻每个位置会出现哪种物种是难以被预测的，并且这个位置迟早会被替换。每经过一种替换，老居民会被剔出，其最终命运是消亡。在位者以一种不寻常的坚韧性维护着其位置，并进而打败其他竞争者的挑战。但是即使具有此种能力者，也只能获得暂时的安全。在进化过程中，一个物种的变异被证明是比较成功的，那么他就会渐渐地取代另外一个物种的位置。达尔文主义内含一种矛盾：一方面是占主流的支配自然的维多利亚道德观，是"帝国式的自然观"的极致，其极端发展为社会达尔文主义。社会达尔文主义用生物界自然选择和生存竞争规律来解释社会现象，认为社会机体同生物有机体的变化过程以及进化规律相似，人类历史就是生存斗争、适者生存的历史。人类同生物一样有优等劣等之分，社会的不平等和阶级的划分是因为个人的天赋不同。另一方面是来自阿卡狄亚式浪漫主义的生物中心论。达尔文从未动摇过一种信念，他相信存在一个活的生物共同体，它永远都是人类最终的家。一切生命体都是"一丘之貉"，人类与自然界是在一个共同的星球上旅行的“诸兄弟同仁”。达尔文终其一生都带有加拉帕戈斯忧郁。他晚年曾强调，加拉帕戈斯是他所有思想的起源，也是他的巨著《物种起源》的起源。他的学说使自然界成为一个远比以前有着更多麻烦和不愉快的地方，而达尔文以后的生态学和经济学一样、甚至是比经济学更加忧郁的科学。

1866年，达尔文主义的追随者恩斯特·海克尔（Ernst Haeckel）在《有机体普通形态学》一书中首先创用了“生态学”（Oecologie，1893年国际植物学大会改为Ecology）一词，他给生态学下的定义是研究生物与其环境相互关系的科学。海克尔认为，地球上活的有机物构成了一个单一的经济统一体，组合成为一个家族，或者是一个亲密的家庭，它们相互之间存在着冲突，同时也在互相帮助。罗德里克·弗雷泽·纳什（Roderick Frazier Nash）曾指出，从一开始，生态学关注的就是“共同体”（Community）、“生态系统”（Ecosystem）和“整体”（Holism）。对19世纪的生物地理学影响最大的，除达尔文外就是亚历山大·冯·洪堡（Alexander von Humboldt）。洪堡在《宇宙》等著作中提出生物地理学意义上的整体观，认为生物是社会生物，它们聚集为在组成上呈现出彼此完全不同面貌的各种社会。洪堡指出，这种看问题的方法在美学上和科学上都是一样的：把一片森林作为一个整体来观看欣赏，与研究和说明它的组成有着同等重要的意义。洪堡的追随者最终也分化出海克尔意义上的生态学派。19世纪末期的代表人物约翰内斯·尤金纽斯·布洛·瓦尔明（Johannes Eugenius Bülow Warming）等人将生态学转化为一门具有自身特点又有实质内涵的科学。瓦尔明的《植物生态学：植物群落研究介绍》一书界定了生态学的概念，提出生态演替理论，奠定了现代生态学的理论基础。弗雷德里克·克莱门茨（Frederick Clements）后来在其基础上发展了生态演替顶级理论。他在《植物演替：植被发展的探讨》一书中指出，一个地区的全部演替都将会聚为一个单一、稳定、成熟的植物群落或顶级群落。这种顶级群落的特征只取决于气候。只要给以充分的时间，演替过程和群落所造成的环境改变将克服地形位置和母质差异的影响。克莱门茨虽然把人也当作一种生态群落，但他没有估计到作为美国边疆拓荒者的白人是一种颠覆自然规律的外来者、破坏者和掠夺者——他们带来了20世纪30年代的“尘暴”。

生态学在道德上的双重性深深地影响了自然保护运动。1920年以前，自然保护的理论和实践是以功利主义意识主导的；1945年以后，则变成以生态学为依据的保留政策。在这两个阶段之间延伸出一个决定性的转变阶段：一个辩论的、专业反省的时代；在某种程度上，也是个人信仰转变的时代。西奥多·罗斯福（Theodore Roosevelt）担任美国总统期间，推行了一种功利的进步主义保护政策，即对国家领土内的自然资源进行人为管理。这种政策的主要设计者是林务官吉福德·平肖（Gifford Pinchot）。平肖在其自传《开疆拓土》中给资源保护所下的定义是："为了人类的永恒利益开发地球资源的政策。"他把进步农业的传统带到了公共土地的管理上，特别是对于森林的管理上，使得"效益"和"生产力"成为自然保护中占主导地位的价值观。曾经也是林务官的奥尔多·利奥波德（Aldo Leopold）对平肖式的资源保护政策进行了历史性反思，提出大地伦理学思想——最早的生态伦理学。他在其名著《沙乡年鉴》中指出，新伦理学要求改变两个决定性的概念和规范：一是伦理学的概念必须扩大到对自然界本身的关心，尊重所有生命和自然界。其《像山一样思考》一文指出，一件事趋向于保护生物共同体的完整、稳定和美感时，则它是正确的，否则就是错误的。二是道德上的"权利"概念应当扩大到自然界，赋予其永续存在的权利。自然界是人类生存的根源，而不是资源。为此，他提出"自然共同体"概念。他说，大地伦理学只是扩大了共同体的边界，把土地、水、植物和动物包括在其中，或把这些看作是一个完整的集合——大地。人只是大地共同体的一个成员，而不是土地的统治者，人类要尊重土地。完全以经济私利为基础的大地利用是难以奏效和持久的，人类"对于过多的物质享受要有一点健全的厌恶"。与利奥波德同时代的查尔斯·埃尔顿（Charles Elton）、A. G. 坦斯利（A. G. Tansley）以及后来的新生态学家，从生态系统能量或营养—动力分析不大可能走向利奥波德的"自然共同体论"。"自然共同体论"的最大的思想支撑似乎在生态学之外。

20世纪30年代以后，西方生态学已经不再是经济学向整个生命世界的延伸，而是逐步变成大自然相互依存的哲学理论。这一转变被认为始于怀特海的有机过程哲学。怀特海在《科学与当代世界》一书中指出，人与自然关系的真正现实是完全彻底的患难与共，科学家所采用的分析方法存在着道德上的恶果。曾先后担任富兰克林·德拉诺·罗斯福（Franklin Delano Roosevelt）政府农业部长、副总统的亨利·阿加德·华莱士（Henry Agard Wallace）曾说，今天非常需要一个《相互依存宣言》，就如同1776年非常需要一个《独立宣言》一样。康韦·劳埃德·摩尔根（Conway Lloyd Morgan）提出物质、生命和人类意识三个层次的层创进化理论；威廉·莫顿·惠勒（William Morton Wheeler）从生态学方面给予了深入论证。按照层创进化论的观点，事物在发展进化过程中，因新因素的介入不仅会增加数量，而且会因新组合而发生质的变化，从而构成新事物（Emergent）。惠勒指出，没有真正离群索居的有机物，所有的生物都是群居性的。这些层创进化的群集层次可能全都是一个类型组成的大小群落，也可能是有机物集合体，它们共同联结在生物群落、生态群落和达尔文的生命网中。这事实上是对怀特海相关性理论的印证。而在怀特海自英国定居美国时，城市学家刘易斯·芒福德（Lewis Mumford）在他的苏格兰老师帕特里克·格迪斯（Patrick Geddes）的生态学思想影响下，鼓吹“有机组织的理想”，以期能够恢复美国人的公共道德。[1]

[1]唐纳德•沃斯特：《自然的经济体系：生态思想史》，商务印书馆，1999年。

现代生态学的阿卡狄亚式思想传统与帝国式思想传统实际上代表了美学（伦理学、哲学）和科学两种传统。它们也可以追溯到比基督教发源更早的古希腊罗马时期。古希腊哲学家色诺芬（Xenophon）在其《回忆录》里论证说，大自然有一种可以觉察得到的计划和设计，众神为了人的利益而精心安排了所有事物，低级动物完全是为了人的缘故才产生出来和生长着的。普罗泰戈拉（Protagoras）提出著名的“人是万物的尺度”的观点。亚里士多德（Aristoteles）在《政治学》一书中也说，各种植物是为了各种动物而生长出来的，而大自然又是为了人的缘故才创造出了各种动物。基督教的兴起以及它被罗马帝国在公元4世纪时采纳为国教，使得以犹太教为代表的古代神话和宗教所宣扬的上帝赋予人类为了自己的利益可以开发和支配自然的权力的观念被传承下来。托马斯·阿奎那（Thomas Aquinas）把许多古典思想（尤其是亚里士多德的思想）融合到一起，提供了这方面最为连贯、最具逻辑性的表述。他论证说，有着一种从最不重要之物一直到上帝的存在层级，而这样一个整体计划唯有上帝才知道。人类占据了一种在各种动物之上的独特位置，他们对自然界的支配就是这种逻辑性的神的计划中的一部分——理性的创造物理应统治非理性的创造物。同样，人类通过开辟耕地和使用世界上各种资源从而改变自然的工作，被视为这个神的计划中驯服野性的一个部分，是一个改进自然的持续过程的一部分。16世纪的宗教改革运动在这方面非但未做改变，而且还通过重新强调《圣经》文本的重要性对其进一步加以强化。作为这个运动的领袖之一，约翰·加尔文（Jean Chauvin）坚定地支持这样一种观点：上帝用了6天时间使得这个世界为人的到来而完美，上帝为了人而创造了所有东西。后来这种观念进而发展为一种高度以人类为中心的世界观，对于后来的欧洲思想有着深远而持久的影响，甚至也成为文艺复兴时期人文主义思想的核心。16世纪以来非宗教思想发展得越来越快以后，人类超越其他生物的思想仍一直占统治地位，并成为近现代科学的基本理念。与这种观念相反对的阿卡狄亚式思想同样也有很早的发源。古希腊的斯多葛学派（The Stoics）以及马库斯·图留斯·西塞罗（Marcus Tullius Cicero）即强调自然世界审美的和功利的两个方面。他们认为，自然世界的美丽让人看着愉悦，所以应当保护。斯多葛学派的思想家主张人应当顺应自然而生活。古希腊诗人西奥克利特斯（Theocritus）描写西西里牧人生活的诗歌开创了田园文学。在他的影响下，罗马诗人维吉尔（Virgil）确立了作为一种特定文学形式的"田园诗"模式。田园诗进一步发展，在文艺复兴时期成为欧洲文学最重要的诗学形式。在犹太教和基督教中也有一些例外，其中的一些思想家对人类在世界上的特殊地位提出挑战。犹太教思想家摩西·迈蒙尼德（Moses Maimonides）指出："不能相信所有的存在都是为了人的缘故。相反，所有其他的存在也都有着他们自己的缘故，而不是为了其他什么事物的缘故。"圣方济各（San Francesco）把所有的创造物都视为平等物，认为它们都是上帝计划的一部分，而不是为了人类的功利目的而放置在那里的。[1]

[1]克莱夫·庞廷：《环境与伟大文明的衰落》，上海人民出版社，2002年，第157—167页。

中国传统文化中的生态美学思想不能与西方的阿卡狄亚式思想简单比附，但也有其客观价值所在。中国传统文化更多强调的是人伦之间的裁夺，有关自然的表述一般多为人伦关系的比附，不过也不乏一些可取的生态思想态度。作为"五经"之首的《周易》，提出一种二项生成中普遍联系的宇宙论模式。它采取"观物取象"的诗性直观方式，将万物之"生"理解为世界的本体，强调对自然天道的敬畏与追随。以孔子为代表的儒家思想言说"天人合一""参赞化育""大其心以体天下之物"（张载《正蒙·大心》），这种思想有夸大人的能量之嫌，也缺乏实践层面的操作性，但毕竟强调了人的自然性。以老子和庄子为代表的道家思想提倡"道法自然""无为""澄怀观望"以及"慈""俭""知足"等思想，是一种永恒的生态审美态度和生态生活方式。中国古典艺术和文论具有十分丰富的以自然怡情悦性的成分，尽管有"主观性自然"之嫌，也还是一种生态审美方式。

阿卡狄亚式思想传统最终穿透现代主义成为后现代主义的主流思想。后现代主义的总体特征是生态审美的。当然，除了自然生态审美外，还包括社会生态审美。后现代主义为生态美学的产生奠定了必要的前提。按照托马斯·伯里（Thomas Bury）的观点，后现代文化体现的是一种生态时代的精神。"在具体化的生态精神出现之前，人类已经经历了三个早期的文化—精神发展阶段：首先是具有撒满教（Shamamic）宗教形式的原始部落时代（在这个时代自然界被看作神灵们的王国）；其次是产生了伟大的世界宗教的古典时代（这个时代以对自然的超越为基础）；再次是科学技术成了理性主义者的大众宗教的现代工业时代（这个时代以对自然界实施外部控制和毁灭性的破坏为基础）。直到现在，在现代的终结点上，我们才找到了一种具体化的生态精神（同自然精神的创造性的沟通融合）。”[1] 后现代主义坚持生态系统整体观，认为人是自然生态系统的有机组成部分，人与自然事物也不是主体与客体的关系，而是主体与主体的关系，即既有区别又平等的主体间性关系。后现代主义反对人类中心主义对非人类生命的内在价值的否定，坚持非人类中心生态伦理学，认为自然万物同人类一样既具有工具价值，也具有内在价值。J. M. 费里（J. M. Ferry）根据理性的发展与表现形式将现代化分为三种发展方向及三种形式：根据科学客观性这一现代概念实现的社会现实理性化为“第一方面的现代化”。这种现代化主要指的是由技术进步带来的经济发展。它是由第一次产业革命引起的。第二方面的现代化即根据政治与伦理法律化的现代概念实现的社会现实理性化。这方面的现代化意味着整个社会关系甚至国际关系将逐渐服从于正式的法律准则，它与民主方面量的进步之间存在着必然的联系。依此类推，假定第三种从美学角度提出的现代化，它与科学技术受到震荡的经济革命和法律、道德受到震荡的政治革命无关，却与改变人际关系和人对世界如科学、政治、传统、文化以及本人和他人的看法的“文化革命”有关。今天，美学因素可从“新的需要”“新的社会运动”的兴起中找到，也可以从普遍重视生活质量、重视人际关系的真实可靠以及强调重新发现其他事物、强调人与自然的新关系等社会现象中找到。而且，围绕重新评价文化、人种、宗教和地区的属性，正在形成一种新的趋势。我们可以把这些社会性、真诚可靠性和建立群社的需要解释为反对失去人性的、追求物质享受的、技术化的、人丧失其地位的社会。“‘美学原理’可能有一天会在现代化中发挥头等重要的历史作用；我们周围的环境可能有一天会由于‘美学革命’而发生天翻地覆的变化：‘美好的生活’这个原理已成为一股不可抗拒的潮流。低租金住房，城市的污染和危害，城市人口集中化和乡村衰落等现象仅仅成为人们的一种不愉快的回忆而已；人与人之间的关系可能更自由、无拘束和浪漫……生态学以及与之有关的一切，预示着一种受美学理论支配的现代化新浪潮的出现。这些都是有关未来环境整体化的一种设想，而环境整体化不能靠应用科学知识或政治知识来实现，只能靠应用美学知识来实现。鉴于实现科学、伦理学和美学这三方面的现代化都是经过从理论到实践、从知识到行动这一过程，因此可以说它们的表现形式是一样的，即‘应用’。我们把应用科学规律称之为‘技术

[1] 大卫·雷·格里芬：《后现代精神》，中央编译出版社，1998年，第81页。

应用’（Techné），把应用司法准则称之为‘实践’，把应用美学思想称之为‘创造’（Poiésis，或‘制作’）。”[1]赫伯特·马尔库塞（Herbert Marcuse）提倡“新感性”——主张以人的感性来制衡理性的奴役，并将人的感性视为人的深层本能结构和自然主体性，强调通过人的灵性、激情、想象、无意识等感觉力量的发挥进行艺术创造，从而构成一种颠覆和破坏旧世界的力量；他认为人的感性的审美解放才是发达工业社会中勇敢面对科技主导的物化力量对人的异化并最终实现“人的解放”的前提条件。他曾借怀特海的话说：“理性的作用，乃是高扬艺术之生命。”这种新感性是生态后现代主义的，也是生态美学的。[2]

[1]J. M. 费里：《现代化与协商一致》，《国外社会科学》，1987年第6期。

[2]赫伯特·马尔库塞：《审美之维》，广西师范大学出版社，2001年，第84页。

三、生态城市美学的建构性

后现代是同以往任何时代不同的历史时期或历史状态，其基本特征是主体性的消解与生态性的还原。现代性的危机主要表现在：作为现代性之总原则的“主体性”由于主客二元对立走向了极端化与绝对化，主体性变成了统治性，人的解放走向新的奴役，从“主体性的凯旋”走向“主体性的黄昏”；关于历史进步的价值理想并没有普遍实现，自由、平等、博爱、民主、人权等成为新的意识形态与权力话语；人道主义（人本主义、人文主义）异化膨胀为人类中心主义和极端个人主义，在对环境和他人的征服中蜕变为“人道主义的僭妄”；作为现代性支柱的理性主义正在异化为科学主义的独裁与技术乐观主义的狂妄，理性万能的神话日趋破产，工具理性的独断遗忘了交往理性的意义，使以金钱化和官僚化为特征的经济、政治系统对生活世界构成了殖民，由此引发人生意义和社会理想的失落。自20世纪初以来，不少思想家对“普遍理性”表示怀疑。精神分析学、现象学和存在哲学、后结构主义语言学的发展加深了这种怀疑，随后自60年代开始出现有明确标识的后现代主义思想和学派。从对功用的不同理解出发，一般可将其存在形态划分为三种：第一，激进的后现代主义。代表人物是福柯、雅克·德里达（Jacques Derrida）、利奥塔、保罗·卡尔·费耶阿本德（Paul Karl Feyerabend）等。主要特征是否定性，侧重于对旧事物的摧毁，对现代工业文明的批判，因而带有否定主义、虚无主义、怀疑主义和悲观主义色彩。第二，建构性的后现代主义。代表人物是理查德·罗蒂（Richard Rorty）、大卫·卡曾斯·霍伊（David C. Hoy）、格里芬等。最大特征在于建构性，面对现代主义的危机既不是“袖手旁观”，更不是一味地否定，而是侧重于积极寻求解决办法，重新建构世界的“蓝图”，重新建构人与世界、人与人的关系，因而摆脱了否定主义的困境，带有更强的建构性、积极性和乐观性。第三，庸俗的后现代主义。代表人物是弗雷德里克·詹姆逊（Fredric Jameson）等。它是对前两种形态的简单化理解，视后现代的策略为目的，用比较单一的原因解释后现代的产生及其内涵。坚持现代主义与后现代主义之间的二元对立，既不相信后现代批判元叙事的解放力量，也不相信重新走向一种后现代的先锋观念。[1]

[1]周膺：《后现代城市美学》，当代中国出版社，2009年，第19—20页。

对当代社会或城市而言，解构主义有助于树立一种新的生活态度：多一点非理性和童心，少一点理性和深沉；多一点大众主义，少一点精英主义；多一点自信和反思，少一点盲从和迷信；多一点对边缘或荒野的体验，少一点对中心或浮华的留恋。莱斯里·A. 费德勒（Leslie A. Fiedler）式的后现代主义口号“越过边界，填平鸿沟”表达的是对绝对主义等级论、二元论的根本否定——西方不优于东方，白人不优于黑人，男人不优于女人，城市也不优于乡村，等等。当然，也可以采取迈克·费瑟斯通（Mike Featherstone）式的跨现代性与折中主义态度。如费瑟斯通所言，所谓后现代性、现代性甚至前现代性的体验、实践有着很大的相似性，我们应当抛弃诸如“传统”“现代”“后现代”之类简单的二分法或三分法，而去关注那些最好被称为“跨现代”（Trans-modern）体验与实践中的相似性和连续性。[2]这种生存策略要求平和与宽容，减除狂躁和偏执，力戒非此即彼，力行兼收并蓄。

[2]迈克·费瑟斯通：《消费文化与后现代主义》，译林出版社，2005年，前言第6页。

建构性后现代主义通常肯定后现代主义激进的多元论，摒弃对确定性的追求。然而，从方法论方面来说，它以对后现代所面临的挑战和如何应对挑战的理解而摆脱解构性。建构性后现代主义思想家认为，虽然以现代思维方式无法有效地应对全球问题，但是，如果将智力只用在对现代性的解构上就有很大的局限性。如果解构主义的研究方法未经其他方法检验，它的危险性还在于最终倒向彻底的相对主义，甚至会导致虚无主义。建构性后现代主义代表人物之一约翰·B. 柯布（John B. Cobber）指出：“我们把注意力集中在以下两点：其一，只要某种基本的假设在某方面起作用，就要对其进行鉴别和分析；其二，要想象出可供选择的假设和对其进行检验的方法。认定人的心智可以而且应当参与上述两项思维。我们认同一点：不存在构建确定性的可靠基础。所有的思想都处于历史环境之中并受其制约。随着情况发生变化，就需要作进一步的思考。就此而言，我们可向各种自然科学学习。自然科学中一旦作出某种开创性的设想并不意味着这种设想就无懈可击了，但它们的确有好的前进方法。这一方法就是，形成假设在前，继而思考何种证据可以佐证或推翻假设，最后通过实证研究加以证实。虽然某种假设经历许多检验之后依然不败，但这并不等于它的终极真理已得到确立。然而，它却提供了在原有基础上作进一步假设的根据，提供了拓宽某些现象范围的根据，尽管对那些现象人们已经作出了一时的解释。建构性的后现代主义者们认为，这种假设方法可弥补假设批评的不足，同时还向全球社会提供十分有益的相对可靠的指导……建构性的后现代主义者认为，在一项计划未经实验之前，就不应放弃。我们深信不同的假设可以导致更大的可理解性和更大的解释力。在一段时间里，我们一直在提出这方面的各类假设命题，反应尽管迟缓，但毕竟有了些反应。我们认为，这些不同的假设并不属于晦涩难解的那类。问题仅仅在于现代性明显地带有一定的思维习惯，而且根深蒂固。我们的教育体制训练学生普遍养成这种思维习惯。因此，大多数人对尝试其他解释方法无法想象。但解构性的后现代主义所做的一切也许在某种程度上向其他一些可加选择的实证研究方法敞开了大门……在一个处于危机状态的世界里，我们不能坐等也许令我们感到满意的但又是难以捕捉的各种情况的确定性。我们需要对假设进行检验并按检验的结果行事。需要我们在其中行动起来的领域很多……经济学的研究成果告诉我们，全球性的经济危机十分严重。因此，我建议在经济领域做一种实验。假如我们认为人类从根本上来说是相互有关系的，同属于一个集体，而不是互相竞争争斗的独立的个体，那情况又会如何呢？我们应该推崇和努力追求一种什么样的经济？这种经济会像GDP设定的那样，仍然以提高生产、增加服务为目的吗？这种经济会努力去找出一条生产各种产品的目的就在于增强人类的集体意识和持续发展人类与自然界的关系的路子来吗？我认为，若要做到最后这一点，就取决于经济学理论在这一问题所作的立论设想是否有了变化。我还相信，如果经济学家们进行以此为目的的政策导向设计实验，我们都会从中受益。理由就是：人类活动和目前的经济政策所造成的生态后果正导致世界面临生态灾难，并且正在使人类社会走向毁灭。这一点使得我们要能够对面临的危机作出反应。”[1]

[1]约翰•B. 柯布：《建构性的后现代主义》，《广西师范大学学报》（哲学社会科学版），2006年第2期。

建构性后现代主义尤其重视生态建设，它在很大程度上是一种生态哲学或生态美学。它致力于构建一个能支撑可持续发展的生态时代，给我们以乐观态度，给我们重写现代性、思考生态城市美学的勇气。最早提出“生态后现代主义”概念的查伦·斯普瑞特奈克（Charlene Spretnak）指出，现代生活的“自由”是基于“丑化肉体、限制自然、分割地方”而建立起来的。肉体被当作生物机器，自然被看作完全外在的东西，地方被看作蛮荒未化的先民之地。超越现代性危机的方式不仅仅是那种以现代性错误假设为基础的微调实践，人类更需要重新把自己连接到自然的基础上去，视自然为一切人类行为的母体。自然的关系性实在也是人类的关系性实在。生态后现代主义方法渴望医治生活中现代性的碎片，把个人既接入社会的嵌入体也接入生态的嵌入体。这是一个生态—社会的愿景。它与所谓“生态现代化”的模式是截然不同的。生态现代化的目的在于把经济活动生态化，但它不包括对现代世界观的缺点做出分析。经济主义的考量方法很难表达一个社会的实际情况——社会制度、社会结构、家庭和个人的生活体验等的品质是变好了还是变坏了。应当抛弃现代性的经济人，把它扔到历史的垃圾堆里去。我们的存在有赖于与其他的人、与我们生活于其中的生态系统处于健全的关系之中。从这种意义上来认识和理解事物，就是在培育生态后现代的种种可能性。[1]

[1]查伦·斯普瑞特奈克：《中国：生态后现代势在必行》，第二届建构性后现代主义和中国现代化国际会议论文，http://www.postmodernchina.org/cgi/show_item_article_content.php?item=forum&item_article_id=2&item_article_content_id=19.

对现代社会所具有的经济主义特征，生态后现代主义给予重点批判。生态后现代主义者指出，经济主义或实利主义信条已经成为内化于现代文明深层的意识形态，甚至是一种“现代宗教”。它顺从的是人类的贪欲，而不是与自然规律相符合的可行性。它将导致生产、生活方式的不可持续性后果。但现代性为了证明经济摆脱道德的合理性，它往往提供这样的论证，即贪欲是市场经济的驱动力。虽然它本是十恶不赦的，但其结果却有利于普遍的善的实现，私人的罪恶带来的是公共的利益。而这种“善”的认定无疑给经济主义的行为带来了合法性的借口，减轻了对经济主义所造成的后果与罪愆的追究。对此，格里芬一针见血地指出：“从亚当·斯密到今天的所有经济学家们（其中既有资本主义的捍卫者，也有批判者）罗列了资本主义的一系列灾难性后果，诸如取消了人的个性、摧毁了社区、培养了帝国主义、生产了贫富悬殊，等等。其中有些经济思想家（尤其是H.达利）还把资本主义对环境的破坏也列入这些后果当中。但所有这些‘副作用’在当初的论证中都被证明是合理的，也就是说，资本主义有能力生产更多的公共善（所谓公共善，在今天很大程度上已等同于经济财富），这种公共善完全可以超过它不可避免地带来的恶。”[2]

[2]大卫·雷·格里芬：《后现代精神》，中央编译出版社，1998年，第15—16页。

生态后现代主义对生态建构或生态美学建构也积极进行假设和验证。斯普瑞特奈克曾对此进行举例说明，并相信它们是“历史性的转变工作”。第一个例子是美国绿色建筑协会（The U. S. Green Building Council）的绿色建筑认证。该协会注意到建筑物在全国的电力消费占65%、其他能源消费占36%、原材料消费占30%、饮用水消费占12%、温室气体排放占30%、废物排放占30%，于是开发出一套评估体系来促进建筑物性能和生态设计水平。这个体系叫做《绿色建筑评估体系》（LEED）。经过推广，它成功地改变了美国建筑设计和建设的方式。第二个例子是德国生态化学家迈克尔·布朗嘉特（Michael Braungart）和美国生态建筑师威廉·迈克唐纳（William McDonough）创建绿色设计公司的绿色生产设计。他们把生产过程设想为以自然为灵感的过程，对许多产业或产品的生产进行了富有创意的生态设计，并提出两个指导性的理念以解决极富挑战的难题。在《从摇篮到摇篮：循环经济设计之探索》一书中，他们表述了解决极富挑战的现代难题的两个指导性理念：第一个理念是将“生态效率”（Eco-efficiency）目标（即“减少恶化”、扭转通行的生产方法以降低损害）看成过渡性的目标，而进一步追求“生态效应”（Eco-effectiveness）目标；第二个理念即循环经济理念。第三个例子是约翰·托德生态设计有限公司（John Todd Ecological Design）董事、生物学家托德的生态机（Eco-machines）发明。生态机是一个缩小的生态系统，它能够极大提高对水的净化效率。与化学处理系统不同，生态机把有用的细菌、真菌、植物、蜗牛、蛤蜊和鱼混在一起，让它们分解消化有机污染物。托德指出：“我们用自然的智慧取代了大型工程、化学物品以及大量的能源。”2002年，托德的公司对中国福州白马河进行生物治理，从30个本地物种中选出1.2万棵植物去除了92%的有害成分，使其由一条每天排进污水75万加仑（约2.8万吨）的臭气熏天的脏河变成了美丽景观。[1]

[1]查伦·斯普瑞特奈克：《中国：生态后现代势在必行》，第二届建构性后现代主义和中国现代化国际会议论文，http://www.postmodernchina.org/cgi/show_item_article_content.php?item=forum&item_article_id=2&item_article_content_id=19.

费里提出“当代协商一致”问题，实际上指的是后现代协商。费里指出，这种协商一致不是建立在现代主义价值基础上的，而是建立在公认价值基础上的。它需要使采用合理推论形式的公开论战尽可能地制度化，这就在伦理学范围内提出了一个公民在政治上独立的问题。它不强制性地规定任何价值哲学的内容，不做任何预断，仅指出自愿讨论的原则。这种“交流伦理学”充分体现了由哈贝马斯提出的、目前尚在争议中的世界利益全球化的原则。而其实在生态美学的意义上，这种“协商一致”更容易达成。康德在《判断力批判》一书中论述了审美的普遍性和共通感：“在我们由以宣判某物为美的一切判断中，我们不允许任何人有别的意见；然而我们的判断却不是建立在概念上，而只是建立在我们的情感上的；所以我们不是把这种情感作为私人情感，而是作为共同的情感而置于基础的位置上。”“比起健全知性来，鉴赏有更多的权利可以被称之为共通感；而审美［感性］判断力比智性的判断力更能冠以共同感觉之名。”[2]审美判断的普遍（适宜）有效性与必然（适宜）有效性基于人类学的先天共通感，因而审美判断是一种先天判断。在生态审美这种先天判断之下，生态城市具有更加坚实的价值基础。

[2]伊曼努尔·康德：《判断力批判》，人民出版社，2002年，第76、137页。

安东尼·M. 奥罗姆（Anthony M. Orum）、陈向明在《城市的世界：对地点的比较分析和历史分析》一书中提出对地点认识的四个方面，可以用来理解城市的生态价值：1. 一种个人身份的认同感，一种说明“我们是谁”的感觉；2. 一种社区感，一种成为大集体（大家庭或者邻里人群）的归属感；3. 一种过去和将来感（时间感），一种我们身后和面前的地点感；4. 一种在家的感觉，一种舒适感。满足这四个条件的大都市将充满活力和多样性，能恢复人类原有的真实自我，使之摆脱迷惘和惶恐的非人状态。[1]这四种价值包含社会生态价值和自然生态价值，但它们都是审美的。

[1]安东尼·M. 奥罗姆、陈向明：《城市的世界：对地点的比较分析和历史分析》，上海人民出版社，2005年，第16页。

第2章 生态城市美学存在论

一、生态论存在观

当代美学存在两种转向。一是从文化论向自然论转向，二是从认识论向存在论转向，它们共构为后现代主义美学的基本特色。生态美学或生态城市美学集中反映了后现代主义美学的发展趋向。

当今全球性生态问题的突现以及生态学思想的发展，使哲学得以从新的视角来观察自然，重新评价关于人与自然关系的价值和基本假设。正是在这样一种背景下，罗尔斯顿把哲学关注的目光“转向人类与地球生态系统之关系”，转向不曾被人们所重视的荒野自然。他通过确立生态系统的客观的内在价值，为人类保护自然生态系统提供了客观的、独立于主观偏好的哲学依据。罗尔斯顿认为，自然不仅具有相对于人类的工具价值，而且和人类一样也有其内在价值。他把价值当作事物的某种属性来理解，指出：“现在我们要扩大价值的意义，将其定义为任何能对一个生态系统有利的事物，是任何能使生态系统更丰富、更美、更多样化、更和谐、更复杂的事物。”生态系统是价值的生产者，但它只拥有自在的价值，而不是自为的价值，因而这是一种具有美学性质的价值。“作为生态系统的自然并非任何不好的意义上的‘荒野’，也不是堕落的，更不是没有价值的。相反，她是一个呈现着美丽、完整与稳定的生命共同体。”[1]把自然的本质归结为生命共同体的思想基于生态学的环境整体主义自然观，这种自然

[1]霍尔姆斯·罗尔斯顿：《哲学走向荒野》，吉林人民出版社，2000年，第231页、序言第10页。

观把无时无刻不参与生态系统的能量流动、物质循环、信息传递的人类从观念上引向自然界，如实地反映了人类作为自然界一部分的存在性。事实上，罗尔斯顿的生态思想是一种自然存在论哲学思想，并且也是一种自然存在论美学思想。

罗尔斯顿认为，自然对人的工具价值在于它的可利用性，人对自然的工具价值在于他对自然环境的影响能力。在这个层次上，人与自然是互为尺度的关系。但尺度的确定是相对的，它受制于人与自然各自的内在价值。人与自然的内在价值是人与自然所具有的不以对方为尺度的价值。衡量内在价值的尺度是人与自然所构成的共同体，人与自然都具有协调整个共同体、使之朝着和谐的方面运行的能力。人如果只捍卫其同类的利益，那么，他的境界并未超出其他存在物。人类与非人类存在物的一种有意义的区别是，动物和植物只关心（维护）自己的生命、后代及其同类，而人类却能通过意识控制以更为宽广的胸怀关注（维护）所有的生命和非人类存在物。“过量捕杀其他动物的狮子，不能用道德来约束它自己；但是，人却不仅拥有力量，而且拥有控制其力量的物种潜能。”[1]人类有权利用自然，通过改变自然资源的物质形态满足自身的需要，但这种权利必须以不改变自然界的基本秩序为限度。人对环境的某些影响（即使是杀戮）在道德上是可以接受的，只要这样做是“为了满足生死攸关的需要”。但是现代人已经大大地超越了适当的标准，“就如像一头狮子一天要杀死15只羚羊那样”。由于人口数量和资源消耗量急剧增长，特别是对濒危物种栖息地的侵占，人类已犯下了侵犯其他自然物权利的严重罪过。环境伦理之所以重要，就在于作为一种文化创造，它可以约束人类的破坏行为。

[1]罗德里克·弗雷泽·纳什：《大自然的权利》，青岛出版社，1999年，第179页。

罗尔斯顿指出，衡量一种哲学是否深刻的尺度之一，就是看它是否把自然看作与文化是互补的，而给予它应有的尊重。当人类带着一种尊重来面对一个其价值为自己所认同的共同体时，才能再一次找到自己的家园。尽管罗尔斯顿没用“后现代”这一概念，但他的思想已被划入后现代的领地，并被认为代表了后现代主义的新发展。如格里芬所说，“后现代思想是彻底的生态学的”，因为“它为生态运动所倡导的持久的见解提供了哲学和意识形态方面的根源”。[2]

[2]大卫·雷·格里芬：《后现代精神》，中央编译出版社，1998年，第227页。

由认识论到存在论的美学转向始于康德。康德在知识方面是一个认识论者，但在审美方面却早已是一个存在论者。他在《判断力批判》中对美的知性特征提出挑战，其美之“无目的的合目的性”命题所包含的“无功利性”“纯粹性”“合目的性”论与罗尔斯顿所论述的自然的“自在的价值”具有相似性，是存在论美学的先声。19世纪末、20世纪初，索伦·阿拜·克尔凯郭尔（Soren Aabye Kierkegaard）与弗里德里希·威廉·尼采（Friedrich Wilhelm Nietzsche）首先提出“存在先于本质”“生命意志本体”等存在主义命题，让—保罗·萨特（Jean-Paul Sartre）从理论与艺术创作的结合上建立了存在主义美学体系，而海德格尔则将这一理论进一步向前推进了。当代存在主义已经作为一种哲学—美学精神和方法渗透于各种极为盛行的美学流派之中，并成为后现代主义美学的基本内核。

从学理上来说，当代存在论美学最重要的理论内涵又是以埃德蒙德·古斯塔夫·阿尔布雷希特·胡塞尔（Edmund Gustav Albrecht Husserl）所开创的现象学方法为基础和导引的。现象学使美学由传统的主客二元对立的认识论模式跨越到“主体间性”存在论模式。“‘现象学’这个名称表达出一条原理；这条原理可以表述为：‘走向事情本身!’——这句座右铭反对一切飘浮无据的虚构与偶发之见，反对采纳不过貌似经过证明的概念，反对任何伪问题——虽然它们往往一代复一代地大事铺张其为‘问题’。”[1]它将一切实体（包括客体对象与主体观念）加以“悬搁”，回到认识活动最原初的意向性，使现象在意向性过程中显现其本质，从而达到“本质直观”。这也就是所谓的“现象学的还原”。而在这个“走向事情本身”或是“现象学的还原”的过程中，主观的意向性具有巨大的构成作用。但“构成的主观性”有明显的唯我论色彩，因此受到理论界的尖锐批评。作为一种弥补，胡塞尔又提出“主体间性”理论。他在《笛卡尔式的沉思》中所论述的第五沉思中反省说：“当我这个沉思着的自我通过现象学的悬搁而把自己还原为我自己的绝对经验的自我时，我是否会成为一个独存的我（solus ipse）？而当我以现象学的名义进行一种前后一贯的自我解释时，我是否仍然是这个独存的我？因而，一门宣称要解决客观存在问题而又要作为哲学表现出来的现象学，是否已经烙上了先验唯我论的痕迹？”“所以，无论如何，在我之内，在我的先验地还原了的纯粹的意识生活领域之内，我所经验到的这个世界连同他人在内，按照经验的意义，可以说，并不是我个人综合的产物，而只是一个外在于我的世界，一个交互主体性的世界，是为每个人在此存在着的世界，是每个人都能理解其客观对象（Objekten）的世界。”“我自己并不愿意把这个自我看作一个独存的我，而且，即使在对构造的各种作用获得了一个最初理解之后，我仍然始终会把一切构造性的持存都看作为只是这个唯一自我的本己内容。”[2]他称这个直观的世界为“生活世界”，认为在“生活世界”中，自我与自我构造的一切现象也都是与我同格的（即唯一自我的本己内容），而意向性活动中的一切关系都是“主体间性”关系。现象学的直观与“纯粹”艺

[1]马丁·海德格尔：《存在与时间》，生活·读书·新知三联书店，1987年，第35页。

[2]埃德蒙德·古斯塔夫·阿尔布雷希特·胡塞尔：《笛卡尔式的沉思》，中国城市出版社，2002年，第122、125、204—205页。

术中的美学直观是相近的。在海德格尔改造了的“存在论现象学”之中，现象的显现过程、真理的敞开过程、主体的阐释过程与审美的形成过程变得更加一致。海德格尔把胡塞尔先验现象学中由先验主体构造的意识现象代之以“存在”（Sein），并使现象学成为对于存在的意义的追寻，从而建立了自己的“存在论现象学”。海德格尔的“走向事情本身”即是回到存在，“悬搁”的则是存在者；而人只是存在者中之一种，即“此在”（Dasein）。与其他物种相比，人（此在）的不同之处是对“存在”的领悟。“对存在的领悟本身就是此在的存在规定。”其他的树木花草、岩石、建筑等存在者则不具有这种能力。这种领悟了“存在”的存在方式，是一种区别于传统“人类中心主义”的人“在世界中”的存在方式。它是“一种可能的人类学及其存在论基础”。[1]

海德格尔将“存在”（Sein、Being）与“生存”（Existenz、Existence）这两个概念区分开来，其存在论不是萨特式的人类学化或人道主义化的存在主义。这种区别为海德格尔一再强调。他晚年回顾自己的思想道路时谈到，即使在《存在与时间》中，“问题是以摒除主体性的范围来立论的，任何人类学的提法都不沾染”，“‘存在’决不可能由什么人的主体来设定”。如果在追问存在时又涉及“此在”，只是由于询问存在问题必然会“触动我们的此在”，由于“从其时间性质而表现为在场的存在却与此在相关”。换句话说，“存在问题的高瞻远瞩”离不开“此在的经验”，但又不能用“此在”的经验取代存在的问题。[2]同样道理，生态审美虽是属人的活动，却不应从人学的角度去构建美学，从人的主体性去解释审美的本质。与此相应，存在论美学有关美的探讨不再回答“美是什么”，转而回答“美是怎样”这样的问题。美的存在是一种生命现象，而不是固定不变的实体，无法得出一个确定的答案。所以，不应再用定义的方法，而要改用描述的方法，以追踪美的到场和隐退。这意味着形而上学美学的消解。存在论美学始终“面向事情本身”。海德格尔认为，艺术作品的确具有物的特性和物的要素，但艺术作品中所超出物性高于物性的东西才是艺术作品的本质。所谓真理，并非传统哲学意义上的真理，而是存在自身的显现；真理不是艺术家放进作品中去的，而是存在自动显现了自己。艺术（美）的超功利性昭示了存在的真理，因此能维护人类生存的根基。艺术品的本质不应从存在者的角度去把握，而应当从存在者的存在去把握。海德格尔的存在论美学思想在很大程度上出自生态批评，而其存在论蕴含了生态存在，因而成为后现代生态美学或生态城市美学思想的基础或源泉。如同米盖尔·杜夫海纳（Mikel Dufrenne）称述“审美”一样，

[1] 马丁·海德格尔：《存在与时间》，生活·读书·新知三联书店，1987年，第16、22页。

[2] 马丁·海德格尔：《给理查森的信》，载马丁·海德格尔：《海德格尔选集》，上海三联书店，1996年，第1276—1277页。

"它处于根源部位上，处于人类在与万物混杂中感受到自己与世界的亲密相关系的这一点上。"[1]

在生态危机日益凸现为人类生存的主要矛盾的历史背景下，格里芬等人着力于从生态方面批判现代性的非生态论存在观，认为它给世界和平和人类幸福带来各种消极后果。他们倡导后现代的"生态论生存观"，从"人—自然—社会"这样一个系统整体上理解"存在"，并将其界定为关系中的存在。格里芬指出，由于现代范式对当今世界的日益牢固的统治，世界被推上了一条自我毁灭的道路，这种情况只有当我们发展出一种新的世界观和伦理学之后才有可能得到改变。而这就要求实现"世界的返魅"（The Reenchantment of the World）。后现代范式有助于这一理想的实现。这个返魅的世界是一种生态中心论意义上的生态存在，也是一种生态存在论意义上的哲学存在、美学存在。它以一种"悬搁"功利的"主体间性"的态度去获得审美的生存方式。如克尔凯郭尔所说，人类应"以审美的眼光看待生活，而不仅仅在诗情画意中享受审美"。[2]

萨特认为存在先于本质，主体有绝对的自由，可以不断地以自我选择来填充可能性的括弧；而艺术则是对这种自由发出的召唤。自在的存在是偶然的、荒谬的，是一种多余的、令人恶心的存在；自为的存在——人的存在、人的自我意识，才是真实的存在。而在人的意识所呈现的几种形式（知觉、概念、想象）中，想象的活动最能体现意识的本质。美只存在于想象世界，"美的东西就是这些非实在的东西的形象表现"。因此，"现实的东西绝不是美的。美是一种只适于意象的东西的价值，而且这种价值在其基本结构上又是指对世界的否定。"[3]萨特的这种存在主义本体论美学思想秉承人本主义传统，其根基与海德格尔的存在论美学思想完全不同，是现代主义的，因而不可能成为生态美学或生态城市美学的思想基础。

里查德·A. 福尔柯（Richard A. Falk）在解释现代概念和后现代概念时指出："让—保罗·萨特把现代存在同面对现实时的恶心感相联系，以此来说明其荒谬性。现代性从其深层的、最终的意义上讲是无根的，因为它给我们的存在赋予了超出我们的必死性之外的意义。""从这种更广泛的意义上看，后现代意味着去重新发现能够给人类存在赋予意义的合理的精神基础。"[4]什么是人类合理的精神基础呢？它不仅仅是萨特、海德格尔意义上的被抛入的"存在"焦虑与忧思，更应当是"存在"意义上的生命体验、美学体验。

[1]米盖尔·杜夫海纳：《美学与哲学》，中国社会科学出版社，1985年，第8页。

[2]索伦·阿拜·克尔凯郭尔：《一个诱惑者的日记》，生活·读书·新知三联书店，1992年，第405页。

[3]让—保罗·萨特：《想象心理学》，光明日报出版社，1988年，第292页。

[4]大卫·雷·格里芬：《后现代精神》，中央编译出版社，1998年，第127页。

二、天地神人四方游戏

在海德格尔早期思想中，“存在”得以自行显现的结构是世界与大地的争执。这一思想虽然在突破主客二分思维模式方面有重大进展，但仍明显带有人类中心主义倾向。海德格尔于1930年出版《论真理的本质》一书，对《存在与时间》进行了清算，标志其思想开始发生转折性变化。而拯救地球和人类未来成为海德格尔后期思想的宗旨。在《存在与时间》中，海德格尔围绕“此在”谈论“存在”的真理问题，认为人只要以内心所视见之“良知”去决断和倾听，就能克服随波逐流、人云亦云所造成的“沉沦”，从而摆脱非本真的状态，实现本真的诗意地栖居。而在《论真理的本质》中，他开始围绕“存在”谈“此在”，使人从属于“存在”，重视人的外在的基本生存条件，即强调对大地的保护和对地球命运的关注，因而人的中心地位被拆除。其1936年发表的《克服形而上学》一文指出，在人的技术理性极度膨胀下，“人对地球一味地利用”，世界在倒塌，地球在荒芜。随后出版的《哲学论文集》贯穿拯救地球这个主题。其中尖锐地指出，科学的进步将使对地球的剥削和利用达到今天还无法想象的状况。1930年至1931年间写的《柏拉图的真理学说》一文指出：“形而上学在柏拉图思想中的发端同时亦是‘人道主义’的发端……据此看来，‘人道主义’意指一个与形而上学的发端、发展和终结休戚相关的过程，这个过程也就是：人在各个不同角度、但总是有意识地奔赴到存在者的中心部位，而又没有因此就成为最高的存在者。”[1]而1946年写的《论人类中心主义的信》又提出“人不是存在者的主宰，人是存在的看护者”的命题，认为人不应该充当世界的中心和主宰，而首先要看护“存在”。

[1]马丁•海德格尔：《路标》，商务印书馆，2001年，第272页。

海德格尔对现代技术对自然与人的双重控制进行了批判。一方面，技术性“摆置”充斥着世界：“耕作农业成了机械化的食物工业。空气为着氮料而被摆置，土地为着矿石而被摆置，矿石为着铀之类的材料而被摆置，铀为着原子能而被摆置，而原子能则可以为毁灭或和平利用的目的而被释放出来。”因此，到处都是现代技术之本质的“座架”的索逼着的订造，自然界被挟持着拖入开发、改变、储藏、分配、再开发、再分配的仿佛永不回头无限发展的订造过程。完全可以说，自然界作为一个整体已从广度和深度上被现代技术一网打尽。另一方面，作为现代“主体”的人既是技术索逼的主体，同时又成为被索逼的主体。“作为如此这般受促逼的东西，人处于座架的本质领域之中。人根本上并不能事后才接受一种与座架的关系。”[2]在技术座架的先行控制下，作为主体的人是作为“人才”被

[2]马丁•海德格尔：《技术的追问》，载马丁•海德格尔：《海德格尔选集》，上海三联书店，1996年，第933、942页。

摆置、被订造的：人被摆置为“人力资源”，被订造为“人才库”或有灵魂的“生产力”，并以“就业”和“失业”的方式在“人才交流市场”的吞吐中内在地归属于技术世界的一个有机构成部分。人从出生到死亡，都活在技术座架无孔不入的统摄下；人一生的基本生活方式均是按各技术领域的发展态势和需求而被规定、筹划、调整和算计的；即使像诞生和死亡这样的“自然事件”，也以诸如“出生率”和“死亡率”之类的方式而被吸收于技术世界深不可测的自我再生的黑洞中去。

技术座架在提尽了客体的“自在性”和绞干了主体的“主体性”之后，人之栖居的沉沦状态或者说技术性栖居的本质便裸呈了出来。在技术座架的纵横挤压下，人之栖居最终蜕变成了一个“专业性”的领域。栖居是什么？按技术性栖居的算计本质，栖居不外乎就是对一个空间位置的占用问题，是一套可诉诸“人均占有面积”来精确衡量的住房问题，最多是一个诸如“住房的周边软硬环境”之类的问题。的确，居住面积的窘迫和居住环境的恶化，一直是一个让现代社会深感棘手的难题。但是就人之栖居来说，即令解决了居住面积和居住环境这样的专题性难题，也远不等于便消除了栖居的困境，甚至根本上就还未触及人之栖居的真正困境。“不管住房短缺多么艰难恶劣，多么棘手逼人，栖居的真正困境都并不在于住房匮乏。真正的栖居困境也比世界战争和毁灭事件更古老，也比地球上的人口增长和工人状况更古老。真正的栖居困境乃在于：终有一死者总是重新去寻求栖居的本质，他们首先必须学习栖居。”对深陷于技术性栖居方式之中的现代人来说，这是一个致命的判决。何以“重新寻求栖居的本质”“学会栖居”乃人之栖居的“真正困境”？根据海德格尔的说法，“栖居”这个词的本源意义是“持留、逗留”，“栖居始终已经是一种在物那里的逗留。”[1]海德格尔所谓栖居作为逗留，说的根本就不是一种“普遍的”逗留现象，而毋宁说是人作为人的“存在”本身。他将逗留经验描述为：“置身在平静中，被带入平静中，持守在平静中。平静（Friede）一词意为自由，即Frye。而Frye一词又意味着：不受伤害和防止危险，防止…也就是保护；使…自由实质上就是使…受保护。保护本身不仅在于，我们不伤害所保护的东西，真正的保护是某种积极的事情，它发生在我们事先任某物存在于其本质的时候，发生在我们特别地让某物返归其本质存在的时候。就‘自由’这个词的真正意义而言，发生在我们让某物自由地进入一种平静的持存中的时候。”海德格尔将逗留思为“平静”，说的显然不是与“张皇”或“不安”等相对称的一种“心理状态”，而说的是人之为人源始的开放状态、人作为人切己的“自由”生存状态。作为人之生

[1]马丁•海德格尔：《筑•居•思》，载马丁•海德格尔：《海德格尔选集》，上海三联书店，1996年，第1204、1190、1194页。

存状态的自由，既不是那种派生的“主观的”“随心所欲”，因为不仅这时的“心”是现成的主体之心，而且此心指向的对象即“所欲”直接构成了此心的内在界限，因而从根本上堵死了“随心”的自由的通道；也不是那种同样是派生的“客观的”“掌握客体”，因为当我们将诸如本质、规律、实体等玩弄于鼓掌间，以为由此便主宰、征服和支配了物之际，物之为物即物之“存在”已因被刚性化而弃我们而去了。“掌握客体”与“随心所欲”一样，均是对物之存在本身的侵袭和搅扰，这种侵袭和搅扰在取消了物之自由存在的同时，也封死了逗留者自身存在的自由之路。“栖居，即置身在平静中，意味着在自由和保护中持守在平静里，这种自由让一切守身在其本性之中。栖居的根本特征就是这种让…自由和保护…。它贯透整个栖居领域。一旦我们考虑到，人存在于栖居中，确切点说，人是作为终有一死者逗留在大地上，那么整个栖居领域便向我们开显出来。”[1] 所以，真正的自由乃是积极的保护，即让…自由：让物自由，从而也让栖居者或逗留者自由。栖居者只有让出物之自由的空间，才能为栖居者自己也让出栖居之自由的空间。但是，犹如“存在”总是呈现为“存在者”一样，自由总是展显为主体的“随心所欲”的自由或者“掌握客体”的自由，因而栖居作为逗留也总是沉沦为某种专题化、现成化的在主体或客体那里的日常逗留。这意味着，人之栖居始终置身于从其本己的自由逗留不断跌落成现成的日常逗留之中。这就是海德格尔所谓的“真正的栖居困境”。事实上，只要人作为始终非现成的人而生存，人就陷身在栖居的这种困境之中；历史的人在构建起某种栖居方式（如技术性栖居的方式）之际，这种“构建”也同时就冷却、填满了栖居之本质，从而遮蔽了栖居之本质，即从人之栖居的那种不断涌出的自由境域跌落了出来。此困境乃存在本身的困境，乃作为存在的栖居本身的困境。

[1] Martin Heidegger, *Poetry, Language, Thought*, New York: Harper & Row, Publishers, Inc., 1975, P.149.

由存在本身而开显栖居，入思栖居，这意味着终有一死者始终不得不去“重新寻求栖居的本质”，不得不永远去“学会栖居”。为什么呢？栖居作为存在在放出自身时已经撤回了自身，在敞显自身时已经荫蔽了自身。这种放出同时又收回、敞开同时又遮蔽实际上就是栖居的“栖居—存在”的源始“现象”。栖居真正切己的“本质”，亦即栖居—存在本身的“自由”。人之栖居就奠基在此源始的放出又收回、敞开又遮蔽的自由存在之中。这意味着，栖居之为栖居始终只能兑现在栖居者对栖居之自由的重新找回、重新学习和重新见证的道上，而始终不会穷尽、硬化在任何一种历史的栖居方式上。所以，栖居的本质就是栖居本身的“真正困境”；而此困境作为存在本身的困境，用海德格尔的话说，就是那种深度切己的

“无家可归”。“无家可归是在世的基本方式，虽然这种方式日常被掩蔽着。”[1]“一旦人思到了他的无家可归，它就不再是一种痛苦了。只要正确思之并且牢牢持守之，这种无家可归便是那把终有一死者唤入其栖居之中唯一的召唤。”[2]作为自由的存在，人之栖居注定是无家可归的，这并非什么“悲观主义”。倘若人之栖居塌缩为某种仿佛提尽了生存之可能性的固定质态，那才真正是“可悲的”，因为无论有多大发展张力的生存质态都已经遮蔽了栖居本身的困境，褫夺了栖居本身的存在性自由，从而把人之栖居推入了真正的危险之中。如果说栖居的本质就是栖居的困境，就是说，栖居之为栖居始终发生为、绽出为“重新寻求栖居的本质”或“重新学会栖居”这种由存在本身而来的困境，那么对栖居着的人来说，真正的事情就不是如何去一劳永逸地“摆脱”这种困境，而是如何本然地去进入这个困境，也就是纯然地去倾听那把自己唤入栖居的“唯一的”呼唤，并进而平静地将自己遣送入那无家可归深不可测的自由生存境域。

“重新学会栖居”意涵让自然“不受伤害”和防止其遭受“危险”，对自然实行“防止…”“使…自由”本是栖居的题中之意。后期海德格尔提出天、地、神、人四方游戏的四元论，增广了这方面的思想。海德格尔指出：大地是承担者，开花结果，伸展成石头和水，产生了植物和动物；天空是太阳的天穹轨道，是月亮变化的道途；神圣者是神性召唤的信使；终有一死者就是人类存在。“但‘在大地之上’已经意味着‘在天空之下’。两者一道意指‘在神的面前持留’，并且包含着一种‘进入人的并存的归属’。从一种原始的统一性而来，天、地、神、人‘四方’归于一体。”有限的终有一死者原本置身于“天地神人之纯一性的居有着的映射游戏”，他既无须奋力战天斗地，也不必放弃自身，只要通过栖居去存在、去成其所是——“栖居乃是终有一死的人在大地上存在的方式。”“栖居，即带来和平，意味着：始终处于自由之中，这种自由把一切保护在其本质之中。栖居的基本特征就是这种保护。它贯通栖居的整个范围。”[3]“终有一死者通过栖居而在此四相一体中‘存在’。但栖居的基本特征是让…自由，是保护…。终有一死者栖居在这种方式中：他们将四相一体保护在其本质之存在中，保护在其在场之中。所以，作为栖居的保护也是四相一体的。”“在拯救大地、接纳天空、期待诸神和发送终有一死者之中，栖居发生为四相一体的四相保护。让…自由和保护…意味着：照料和看护在场着的四相一体。”[4]海德格尔还以200多年前由农民的栖居所筑造起来的黑森林里的一座农家院落为例，生动地呈示出天地神人的映射游戏。

[1]马丁·海德格尔：《存在与时间》，生活·读书·新知三联书店，1987年，第331页。

[2]Martin Heidegger,*Poetry, Language,Thought*,New York: Harper & Row,Publishers,Inc., 1975,P.161.

[3]马丁·海德格尔：《筑·居·思》，载马丁·海德格尔：《海德格尔选集》，上海三联书店，1996年，第1192页。

[4]Martin Heidegger,*Poetry, Language,Thought*,New York: Harper & Row,Publishers,Inc., 1975, P.150, P.151.

四相一体“存在”于物中，或者说在物之“物化”中四相一体才聚集为四相一体。在人之栖居中来照面的首先且始终是“物”，即使这种照面之物仅仅以“客体”“对象”“本质”“规律”等的形式来现身。“只有当物作为物本身被允许在自身的在场中存在，物本身才庇护四相一体。”[1]而作为看护的人之栖居，只将“物”之视为物，也只是因为向来已经逗留在物那里，才实现着对四相一体的守护。所以，在物那里的逗留乃是守护四相一体之存在的“唯一方式”。而人是通过筑造而在物那里逗留的。通常所说的“筑造”，按海德格尔的分类，可分为两种基本方式。一种是“关照、守护”意义上的筑造，如农夫耕种土地，看护农作物之类的筑造。“这种筑造只是守护着植物从自身中结出果实的生长。”另一种基本方式是“建造或制造”意义上的筑造，如建造公路、桥梁，制造飞机、汽车等。这样的筑造不同于看护和照料，这样的筑造乃是一种建构。在海德格尔看来，这两种类型的筑造都不是源始的筑造。“作为保养的筑造（即拉丁语的colere，cultura）和作为建筑物的建立的筑造（即拉丁语的aedificare）——这两种筑造方式包含在真正的筑造即栖居中。”[2]根据海德格尔的考证，动词“筑造”最源始的意义本来就是“栖居”。“buan这个古词不仅告诉我们筑造说到底就是栖居，而且同时也暗示我们必须如何来思考由此词所指示的栖居……筑造源始地意味着栖居。”但是，由于筑造的源始意义即栖居总是显现为我们日常的栖居经验，故而这种作为栖居的筑造便退隐到栖居的多种形式的背后，隐身到“关照、守护”和“建造、制造”等筑造形式的背后去了。“这些活动随后取得了筑造这个名称，并借此独占了筑造的事情。筑造的真正意义，即栖居，陷于被遗忘状态中了。”[3]正是在筑造中（包括作为关照、守护和作为制造、建造这两者派生的筑造方式），人逗留在物那里，栖居在物那里，从而将四相一体保藏在物之中。“就其将四相一体保留或保护在物之中而言，栖居就是作为这种看护的筑造。”[4]在栖居着的筑造中，让物自身自由地涌出和收回；在筑造着的栖居中，让四相一体安居在物中。这便是海德格尔栖居之思在存在的深度上向我们发出的质朴劝告。

海德格尔思路中的天、地、神、人不是任何意义上的“概念”，它们是“命名”，仅此而已。作为命名，它们只是力图不作切割地、不打折扣地响应、发送和归属于“事情本身”，亦即存在本身。因此，海德格尔的四相一体绝不是指四个现成的在者或方面的“对立统一体”，不是先有四个现成的东西，继而将它们硬拉到一起，让它们外在地聚为一体；毋宁说，在四相一体中，根本就没有概念性意义上的“指”与“被指”，四相

[1] Martin Heidegger, *Poetry, Language, Thought*, New York: Harper & Row, Publishers, Inc., 1975, P.151.

[2] Martin Heidegger, *Poetry, Language, Thought*, New York: Harper & Row, Publishers, Inc., 1975, P.147.

[3] 马丁•海德格尔：《筑•居•思》，载马丁•海德格尔：《海德格尔选集》，上海三联书店，1996年，第1190—1191页。

[4] Martin Heidegger, *Poetry, Language, Thought*, New York: Harper & Row, Publishers, Inc., 1975, P.151.

中任何一相的“存在”，均已经就“是”其他三相的聚集到场；也就是说，只有在四相一体的“一体”中才有“四相”，一体使四相成其为四相，而不是相反。这个作为聚集本身即存在本身的“一体”，“它既不是大地，也不是天空，既不是神，也不是人”，而是“大地和天空、神和人的更为柔和的关系”。[1]海德格尔将这种保护四相一体的自由栖居具体地思为“拯救大地”“接纳天空”“期待诸神”和“发送终有一死者”。人之栖居的真正困境向来就不是发生在“策略”的层面上。那种主宰大地、征服天空、利用诸神和控制终有一死者的技术性栖居方式，只不过是人之栖居困境的极端方式而已。将栖居的困境降格为总是可以“应付”的策略性困境，这才真正使人之栖居坠入了“困境”，因为这种方式不但从根本上使物不自由，使栖居者不自由，更为重要的是遗忘了栖居的真正困境，而且连这种遗忘本身也遗忘了，从而彻底地从栖居的“存在”中跌落了出来。所谓拯救大地和接纳天空，所谓期待诸神和发送必死者，就是让天、地、人、神自由地进出自身，亦即始终照料和看护着四相一体的“存在”；而守护四相一体的在场或存在，同时也就意味着拯救和接纳栖居的本质，以及期待和发送栖居之自由或自由之栖居。[2]

曾繁仁指出，“海氏的‘天地神人四方游戏说’不仅是存在论的，而且是生态论的，是一种崭新的生存存在论美学观。从目前我们接触到的材料来看，海氏的‘天地神人四方游戏说’应该是有关生态审美观的首次的，同时也是最完备的表述。”[3]生态美学倡导“尊重自然、生态自我、生态平等、生态同情”四原则，与四相一体的境界相合。人在大地之上、天空之下、诸神之前栖居，亦即在生态和谐四元之中诗意地栖居。

三、游牧与千高原

与海德格尔不同，德勒兹不认可“栖居”“逗留”意义上的存在，而强调生成的价值。克莱尔·科尔布鲁克（Claire Colebrook）在《吉尔·德勒兹》一书中指出，西方思想史总体建立在“存在与认同”的基础上，而德勒兹则相反，他强调的是差异与生成。结构主义与现象学皆将差异与生成置于某种基础之上——或语言或体验，德勒兹则拒斥将静态的差异结构作为认知世界的基点，而关注结构的动态生成。德勒兹倡导内在性的生成，以无根基的类象否定柏拉图式的基础主义，对其原本／摹本、真实／虚假的二元摹仿论加以解辖域化，而将生成置于存在之上。其所针对的主要目标不仅是现象学和结构主义，而且也是整个西方思想史。[4]

[1]马丁·海德格尔：《荷尔德林的大地和天空》，载马丁·海德格尔：《荷尔德林诗的阐释》，商务印书馆，2000年，第200页。

[2]余平：《海德格尔的栖居之思》，《四川大学学报》（哲学社会科学版），2004年第4期。

[3]曾繁仁：《生态存在论美学论稿》，吉林人民出版社，2003年，第29页。

[4]Claire Colebrook, *Gilles Deleuze*, Lodon: Routledge, 2002, P.1 3.

德勒兹和费里克斯·伽塔里（Félix Guattari）合著的《千高原》（*Capitalisme et Schizophrénie 2：Mille Plateaux*）一书指出，大千世界除了生成之流以外别无他物，一切存在皆不过是“生成生命”之流中的一个相对稳定的瞬间。生成是一个过程，相对于“存在”而言，它是一系列的事件，永远处于中间态。生成可以是多方面的，可以生成动物、女人、小孩、音乐等，直至生成不可感知的东西。甚至写作也是一种生成，它超越了可能经历的或者已经经历的事情，是可以超越可能经历的和已经经历的生命的一个阶段。这种生成论是反人类中心主义、反人本主义和反启蒙的。它拒斥以人作为基本存在的观念，认为大千世界各种存在都有生存价值与意义。人类眼中五彩斑斓的世界在响尾蛇眼中是一幅红外线的单调图景。天空中的雌雄蛾子之间、大海中的鲸鱼之间、陆地上的大象之间的交流所发出的次声无法为人耳所接收，因为它们的声波现实化的途径或方式不同于人际交流。貌似静态的植物实际上是光线、热度、湿度、虫害等的接受体，与其他生成物具有动态的生态关系。人类的眼睛、大脑和心灵只对自身感兴趣的东西加以感知，把感觉的混沌世界缩减成为特定的客体，而把自己当作观察这种客体的主体。人类必须从活力论的多元视角对传统的人类主体论视域解辖域化。在德勒兹看来，文学是这种自由解放的主要力量。“这就是为什么德勒兹和伽塔里欣赏卡夫卡文学的原因：在卡夫卡创作的故事中，把生命想象为甲虫、洞穴动物或机器。由此，我们可以从一种非人类的视角想象生活。”[1]德勒兹的这一思考维度与肯尼思·派克（Kenneth Pike）提出的人类学研究中的“主位”“客位”或米哈伊尔·米哈伊洛维奇·巴赫金（Mikhail Mikhailovich Bakhtin）所说的“超视”“外位”视角之间有着交叉互补、互释的理论空间。[2]

[1]Claire Colebrook,*Gilles Deleuze*,Lodon：Routledge, 2002,P.125 128.

[2]麦永雄：《德勒兹：生成论的魅力》，《文艺研究》，2004年第3期。

游牧学（Nomadologie）是德勒兹1972年在巴黎举行的“今天的尼采”研讨会上提出来的，它是对刚刚出版的《反俄狄浦斯》一书中“无器官身体”（Corps Sans Organes）以及“欲望生产”（Production Désirante）思想的新发展。德勒兹认为，现代社会原本是非编码的，但事实上它在进行再编码——国家再编码和私人再编码。这些编码构成了专制制度。尼采要超越过去、现在、未来的一切符码，传达一些不让自身去编码、也不打算让自身被编码的东西。将它传给一个新躯体——发明一个可以接纳它和散发它的躯体。这个躯体将是人类自己的躯体，也可以是一切自然物。德勒兹指出，我们读查拉图斯特拉的格言和诗句应当知道，实际上和形式上，这样的文本不能从创建和应用法律、提供契约关系、建立体制等方面来理解。唯一可想到的关键性着眼点或许是“乘船”（Embarkatio）这一概念。其中有一些帕斯卡式（Pascalian）的东西。人们乘坐在某种“美杜莎”的伐子里，当它飘向冰层潜流，或者是奥里诺科或亚马逊这样的热带河流之际，炸弹从天而降到木伐的四周，乘客们彼此厌恶、相互打斗和相互吞噬，但同船过渡是共享，共享某种外在于法律、契约和体制的东西。他们由此进入一个飘流期，“非辖域化”时期。莫里斯·布朗肖（Maurice Blanchot）在《无限的交谈》一书中指明：尼采的特色在于与外部的相关性。随意翻开尼采的任何一部书，几乎都会获得某种非内在连贯性的新鲜体验，无论这种内在性是内在的灵魂意识，还是内在本质或概念——也即是说，哲学的支配性原理。同外部的相关性总要经过内在性来过渡、来化解，而且这个过程总是发生在某种既定的内在性之内，这正是哲学著述的特征。尼采则恰恰相反，他使其思想、写作直接奠定于同外部的关系上。思想同外部相联，就会获得自由空气，就会引发狄奥尼索斯式（Dionysian）的笑声。

德勒兹曾说，《千高原》指出许多方向，其中有三个主要方向：一是指出“逃逸线”，二是“考虑少数”，三是寻找一个“战争机器”的地位。前两者其实都是所谓“游牧思想”的体现。游牧意味着在边缘活动，游牧者就是社会的异质分子，是“少数”。[1]《千高原》将游牧学思想运用到国家装置和战争机器等巨型叙述方面。国家装置是由来已久的捕获社会的装置，人类想甩开其束缚而欲罢不能。战争机器则是“游牧民”的产物——草原、沙漠、大海、遐思和神游等平滑空间及相关活动，都是游牧精神的体现。两种机器交叉、磨合，由此拓展的视野不仅是重写世界史的壮丽草图，也是构思一种新宇宙学的宏伟设想。因为它们不仅以国家装置与战争机器作为抽象的宏观机械对垒，而且有不同微观根茎彼此涵养的互补性异质同构，还有阿希尔—克劳德·德彪西（Achille-Claude Debussy）和罗伯特·亚历山大·舒曼（Robert Alexander Schumann）音乐中分子状无知觉宇宙物的生成。“我们且返回《道德的谱系》中有关帝国缔造者的一个重要段落。在那儿，我们碰上了亚细亚生产中的人们。在原始的乡村社会基础上，这些暴君建造了他们的帝国机器，从而对一切进行超级编码。由于组织大型项目的统治官僚制，他们就靠过量劳动而喂养着（不论他们在哪儿出现，都会有一些新事物涌现，即一个活生生的运作的统治结构，它的部件和功能界线分明而又互相协调，其中，没什么东西没找到一个事先安排和协调的位置，没什么东西事先未找到一个其‘意义’同整体相关的位置）。然而，这个文本是否能将在其他方面分离开的两种力联在一起还值得怀疑——这两种力在卡夫卡的《中国长城》中作了区分，甚至使它

[1]吉尔·德勒兹：《哲学与权力的谈判：德勒兹访谈录》，商务印书馆，2000年，第196页。

们对立起来。因为当人们试图发现原始部落社会是如何引发其他统治形式时——尼采在《道德的谱系》中第二部分提出的问题——人们就能明白这两个完全不同的然而又是严格相关的现象发生了。确确实实，乡村社会被暴君的官僚机器所吞没，这些官僚机器包括法律学者、领导者、官员，但是在外围，这些社会开始着手冒险，它们进入另一个统一体——这次是个游牧社会，一个游牧战争机器，它们开始解码而不是使自己被超符码化。全体都起程了；他们成为游牧者。考古学家引导我们不要将这种游牧主义设想为原初状态，而应将它看作惯于定居的群体突然发起的一次冒险，这些定居群体为一种移动魅力、一种外向性魅力所推动。游牧者及其战争机器对抗暴君的管理机器：一个外向的游牧体对抗一个内向的暴君体。而各种社会仍旧是彼此关联的。暴君社会的目的是对游牧战争机器进行整合，使其内敛化，游牧社会的目的是为新征服的帝国发明一种管制。这两种社会永不停息地彼此对抗，直至他们彼此缠绕而混乱。”

德勒兹指出，苏格拉底前的古希腊哲学家、古罗马人、犹太人、基督、反基督、凯撒、博尔吉亚、查拉图斯特拉，这些集体的或个体的，在尼采文本中来回穿梭的专名既非能指，亦非所指。相反，“它们表示着刻写在某种躯体上的强化感，这种躯体可能是书籍体或人体，也可能是尼采自身的受难身体：我是所有的历史之名……在彼此相互穿透，同时又在被单个躯体所体验的强化感中，在为专名所表明的强化感中，存在着一种游牧主义，一种永恒的位移。只是在和对躯体的流动刻写相关的情况下，只是在某一专名的迁移着的外部这一条件之下，强化感才能被体验，而专名也总是一个面具，它掩盖着其中介……‘能指’真正是暴君的最后的哲学变型。但是，如果尼采确实不属于哲学，那或许是因为他最先构想了一种反哲学话语。这种话语首当其冲是游牧的；它的陈述可视作是游牧战争机器的产物，而非理性的管理机制的表述，管理机制中的哲学家是纯理性的官僚。可能正是在这个意义上，尼采宣布始自于他的新型政治学的到来（克洛索夫斯基称之为尼采为自己阶级的谋划）。”按照尼采的说法，身体的本性就是身体之力的反复繁殖，而空间的扩充和身体之力的繁殖是相辅相成的。从这个角度来说，游牧是身体和空间二位一体的游牧。

在资本主义社会之中，如患精神分裂症一样，脱社会化的无器官之流无法畅通往来，而游牧学带来了突破的契机。如果说作为“无器官身体”的欲望之流冲破壁垒则海阔天空、铩羽南墙就会再度锁闭精神，那么游牧学的提出在精神的解放上将别开生面。在游牧生活风范中，根茎进化、分子状进化和内进化无不在起作用，而脱—（重）辖域化〔Dé-

(Re)Territérilialisation〕是表现方式。狭义地讲，解辖域化是人类和鸟兽鱼虫摆脱前定生活区域而向更大宇宙感召范围进发的迁徙活动；广义而言，解辖域化包含无器官身体或欲望流逃逸注册后的束缚，以追求自由的解辖域行为。而重辖域化或再辖域化则是解辖域化的反向：或重返故土，又蹈覆辙；或机械易主，王土依旧。规训对存在进行编码，制造虚幻的超真实，使我们脱离世界、人生与生命；游牧却不断加以解码，释放差异与边缘，释放思想、感觉和欲望。

游牧民恰好是不运动的人，他在没有相对运动的情形下，仍然能够集中在一个地方进行精神旅行。“但游牧者并不一定是迁移者，某些旅行发生在原地（In Situ），它们是紧凑的旅行，即使从历史的角度看，游牧者也并不一定像那些迁徙者那样四处移动，相反，他们不动。游牧者，他们不过是呆在同一位置上，不停地躲避定居者的编码。我们也知道，对今日的革命者来说，问题即是要在某种特定斗争目标内团结起来而又不落入党派或国家机器的暴君和官僚组织中。我们寻求一种不重建国家机器的战争机器，寻求一种与外部关联的游牧体，这种游牧体不会让一种内在的暴君体复兴。或许这就是尼采最深刻的思想，它还标示着他同哲学决裂的程度，至少就其格言而言就是如此。他使思想成为战争机器——攻坚大锤，成为游牧力量。即使旅行静止不动，即使它身临困境，不可觉察，难以预料，藏于地底，我们还是应当自问：‘谁是我们今日的游牧者，谁是真正的尼采？’”[1]

游牧民的内心拥有真正的速度和强度。速度并不等于运动，强度并不等于力量，表面静止不动浑然无为的个体可能拥有真正的内在生命力的速度和强度。尼采如此界定存在中最高尚的族类：心连广宇、能在内心做遥远无极的奔跑、漫游或迷路的人；最爱自己、万物俱在内心顺流、逆流、涨潮、落潮的人。[2]

《千高原》一书借用地理学上的“原”（高原或平原）概念取代传统书籍中的“章节”概念，虽然每一“原”都标明日期，但不同“原”的时空互相交叠、巧合、分支延展，构成了多元互联、流转多变的共振域。高低不同的千面高原之间隐伏着纵横交错的指涉（参照）性话语，读者可以从任何一个序列进入阅读。书中指出：空间混杂着光滑与条纹的力量，涵盖政治、历史、文化、艺术、传媒诸多领域，可以根据光滑和条纹的程度加以测度。光滑空间意味着无中心化的组织结构，无高潮、无终点，处于变化和生成状态。根茎、火、中亚游牧族的大平原、沙漠、大海、极地冰雪、空气、风景、思想、音乐等，皆属光滑空间。光滑空间没有长期记

[1] 吉尔·德勒兹：《游牧思想》，载汪民安、陈永国编：《尼采的幽灵：西方后现代语境中的尼采》，社会科学文献出版社，2001年。

[2] 廿一行：《游牧、生成与创造性暴力：德勒兹的美学观》，北大中文论坛（http://www.pkucn.com），2008年7月1日。

忆，没有宏大理论和堂皇叙事，只有微观历史、微观社会学。光滑空间还指一种无拘无束、浩如烟海的空间，没有等级制的边界或分野，没有凌驾于其他事物之上的特权制。它由欲望机器和力量流所充盈，更多地为事件所占据而不是为既定的事物所占据。而条纹空间则与此对应，以等级制、科层化、封闭结构和静态系统为特征，纵横交错着已设定的路线与轨迹，有判然而分的区域与边界。人类生活在社会文化的条纹空间，但同时又由此不断地孕生着新的光滑空间。光滑空间与条纹空间既分且合、既历时又共时，不停地互相转化与调适。光滑空间是“强度”的，条纹空间是“广度”的。光滑空间可以通过条纹空间来感知，从而使人类可以对大千世界进行生活体验和审美感悟。在《千高原》之十四原的“美学模式：游牧艺术”论题中，德勒兹和伽塔里结合绘画、音乐、动物撕咬、欧洲北部的日尔曼、凯尔特移居与东方帝国之间的游牧民族，以及埃及、亚述、希腊、中国等“帝国之线”等，对光滑空间与条纹空间加以诠释。例如，他们认为光滑空间在艺术上是一种近景和短期记忆，融艺术的视、听、触觉为一体；而条纹空间的艺术是一种远景和长期记忆，主要是一种视觉空间。绘画是近距离的、通过多种感官功能完成的，但是要从远距离观赏它。描画麦田时光滑空间太近，不见标志，需要条纹空间的呈现——画线、分层、严格的几何学构图，等等。类此，作曲家近听，而听众远听；作家以短期记忆写作，而读者以长期记忆接受。光滑空间是一种游牧空间，如动物撕咬扭打之际，它们脚下的土地不断地变向，空间不断地流转；条纹空间是远景视野，有固定不动的参照系和中心视角，带有想象性的普遍价值和视界。光滑空间没有背景、平台或者轮廓，各部分之间的方向、标记、链接不断变异，如荒漠、陡坡、冰雪、海洋等；条纹空间会消失，而重新打开通向新的光滑空间和另一个条纹空间的道路。因此，光滑空间与条纹空间、游牧空间与定居空间并不是简单的二元对垒。按照德勒兹和伽塔里的观点，各种空间的属性不同，但是可以混合并存，光滑空间与条纹空间也是如此。“一旦简单地指出了两者的分别，就必须讲清楚它们更复杂的差异。我们必须提醒自己，这两个空间实际上是糅合共存的：光滑空间不断地转化为条纹空间，条纹空间不断地修正、返回光滑空间。两者可共时发生。但共生并不妨碍对它们的抽象、区分。两个空间并不以同样的方式交流。”[1]游牧美学在光滑空间与条纹空间关系的理论图式中是极为重要的审美取向和诗学内核，它具有破除既有状态、在差异与重复中不断逃逸或生成新状态的性质。

[1] Gilles Louis R n Deleuze & F lix Guattari, *A Thousand Plateaus: Capitalism and Schizophrenia*, London: University of Minnesota Press, 2000, P.497.

《千高原》开篇第一章是《根茎》。根茎（Rhizome）也译作“块茎”，但译作“根茎”更切合德勒兹的本意，它把植物地下发展的坚强生命力表达得更准确更形象。作为强度连续体的第一个高原冠之以《根茎》，其重要性不言而喻。德勒兹提供了异质事物之间互相生成的图式和具有后结构主义意味的多元流变拼贴模式，主要通过对根茎图式与树状模式的思辨来加以阐发。根茎的对立概念是树木，树木表示的是统一性、同一性、整体性或如表象—复现表象的一致性和固定性，而根茎则指称差异性、差异重复性、多样性和动态性。兰花与蜜蜂（动物与植物）具有互相生成的根茎图式：两者是异质因素，却构成了一种共生的根茎图式。蜜蜂采蜜时为兰花授粉，双方由此延续了生息繁衍的生命链。根茎图式与总是企图回到“同一”的树状追溯不同，在兰花生命中无法追溯蜜蜂的系谱学轨迹。根茎图式具有开放性，可以与多种维度相关联。如兰花可以与蜜蜂、蝴蝶甚至其他小昆虫相关联，同样形成图式。同样，长期记忆或有组织的记忆（家庭、种族、社会和文明）是树状的，具有中心化特征，激发起摹仿等级制和主体化的令人悲哀的思想形象。短期记忆则是根茎或几何图式，不归连续性规律所管辖，可以远距离、长时间之后出现或回归，具有非连续、断裂、多元、创造的特征。马塞尔·普鲁斯特（Marcel Proust）《追忆似水年华》中著名的“不由自主的记忆”就是这种记忆，它使得“椴花茶”、玛德莱纳甜点心与叙事者关于故乡索多姆的鲜活回忆刹那间融合，从而生成一种新的创造性体验。德勒兹还列举了根茎的其他多种图式，如接续、多样、逃逸线、解辖域化、非意义切割和开放性，它们纵横交错，编制成复杂的线形图谱。而重点要把握三条线：潜在的自身异质的生成线——根茎线，标志着分裂症多样性的硬性切片线——衡分子线，处于危险边缘的逃逸线——抽象线。这三条线相互交织，并且与生存线、文艺线和社会线难解难分。围绕根茎思想，《差异与重复》中的差异重复、强度生成和多样绵延等概念又有生发，《反俄狄浦斯》中的“欲望生产”“欲望机器”和“无器官身体”等术语也再度扩展。在《千高原》后面各章，根茎的生成特点向道德地质学、游牧学、解辖域化运动、机械圈理论以及无知觉东西的生成等思想广泛辐射，将地理学、物理学、化学、心理学和宇宙学都吸纳到强力生成的多样性层面。[1]

城市是一种辖域化工程和编码系统，它不仅对人进行编码，也对整个自然界进行编码。资本主义城市曾对古代城市、古代农村进行全面解码，以改变古代人对自己和对自然的编码；然而资本主义城市事实上对整个世界进行了一次更大规模的再编码。它不仅构建了人类的主体性，消灭了难以胜数的物种，而且使整个大气环境、海洋系统都不能逃脱被编码的命

[1]陈永国编译：《游牧思想：吉尔·德勒兹、费利克斯·瓜塔里读本》，吉林人民出版社，2003年；栾栋：《德勒兹及其哲学创造》，《世界哲学》，2006年第4期；关宝艳：《一帖救世的处方：关于伽塔里的〈重建社会实践〉》，《世界哲学》，2006年第4期；麦永雄：《光滑空间与块茎思维：德勒兹的数字媒介诗学》，《文艺研究》，2007年第12期。

运。德勒兹号召我们去突围、去游牧，但没有过多言及对城市的突围。其实城市人更迫切地希望去精神游牧——尽管他们在现实上没有可能性；而且，在现实上，所有的农村人还在向城市迁移，渴望得到城市的编码。但是，游牧思想还是在成为一种战争机器——攻坚大锤，它向现代城市发动战争。事实上，德勒兹意义上的“游牧民”正是城市人，德勒兹意义上的条纹空间在很大程度上即城市空间。城市也是千高原之一原。游牧是后现代美学，更是后现代城市美学。

第3章 生态城市美学自然论

一、自然的返魅与城市的返魅

后现代主义把科学发展分成附魅（Enchantment）、祛魅（Disenchantment）和返魅（Reenchantment）三个阶段。远古时期行“万物有灵”论，是为附魅。现代社会消除了神话，用知识代替想象，用理性主宰世界，抛弃了有机论、目的论，通过对世界的还原以及机械的数学、物理解释，宣判了自然之死——自然失去了目的、价值、意义，制造了世界的祛魅。“由于现代技术，在迄今一切对事物和自然构造来说重要的神话的、自然主义的、唯灵论的或神圣的方式的视野纷纷退出历史舞台后，事物唯一地从技术交往中被构造，以致于它们的存在只能显示为千篇一律的功能性的材料，显示为可统治的、可耗尽的、可预测的对象。”[1]“自然失去了所有使人类精神可以感受到亲情的任何特性和可遵循的任何规范。人类生命变得异化和自主了。”[2]从而造成了人与自然的对抗，引发了生态危机。于是返魅问题成为历史课题。

引发后现代科学思想兴起的动力有两种：一是现代科学在发展过程中出现了否定自身的因素。其中最主要的是产生于19世纪的热力学、19世纪和20世纪发展起来的进化生物学和生态学、出现于20世纪初的量子力学和相对论、产生于20世纪40年代的控制论和信息论以及出现于20世纪七八十年代的混沌和复杂理论。这些科学领域的进步，引发了科学领域的后现代

[1]冈特·绍伊博尔德：《海德格尔分析新时代的技术》，中国社会科学出版社，1998年，第80—81页。

[2]大卫·雷·格里芬：《后现代科学：科学魅力的再现》，中央编译出版社，1995年，第3页。

转向。这种转向以有机论、非决定论、可能性、相对性、复杂性、互补性、自组织性和解释、混沌为思想基础，更多地偏移确定性，依存于概率学和统计学，是对机械论、还原论、朴素实在论以及经典物理学的反动。这种新科学反对固定、永恒的秩序和绝对的真理，赞同演化的复杂性和可能性；打破自然的机械论和机器隐喻，主张有机论和生态模型；抛弃自我包含的、永远不变的宇宙，转向开放的、不连续的、自组织的、动力学的永远变化和进化的宇宙。二是19世纪开始针对启蒙理性、科学的机械论、还原论以及历史进步等观念的各种批判，导致了对人本主义、宏大叙事、追求普遍性和价值中立的责难，以及对差异、历史、语言和偶然的强调。以格里芬为代表的建构性后现代主义吸取生成哲学的思想，以泛经验论代替实在论，以超感官知觉代替感官知觉，以非实验的不可重复的方法代替可重复的实验方法。这种思想范式在哲学上更加灵活，科学上更加复杂，伦理上更加敏感，在生态上则更加健全。虽然后现代思想家也从科学的最新发展吸取营养，但是，从本质上说，他们的思想与现代科学没有根本的联结，呈现出一种断裂状态。

现代科学和现代哲学把自然的基本组成当成完全无经验的、分列的、没有内在关系的实体性的存在，所研究的是实体之间的外在关系，并且力图以此达到对事物本质的认识以及对更大系统的认识，即在认识的过程中，遵循还原论方法，相信整体性质是部分性质之和。建构性后现代主义对这种观点进行了批判，并提出如下新观点：1. 世界乃动态发展的实在，不是永恒固定的实体，表现为由事件或事件集构成的生成性过程，实体、关系、属性都包含于其中。2. 世界是由内在关系构成的有序整体，整体先于部分，但部分之和不等于整体，整体的信息包含于部分之中。显性的外部联系及其显露的秩序只是隐性内部的表现。人类更大的价值与意义包含于自然整体的自组织进化过程中。3. 万物具有层创进化与自我超越的特征，决定其变化与发展的不是要素决定论意义上的要素，而是生态学性质的环境。4. 万物长期进化后的现有形态都已内含其以往的全部经验，与生俱来具有其经验性的动因和自决性，亦即各自不同形式、不同程度的目的性。目的性作为内因制约事物当下和今后的运动，从而显示一定程度的有序守型的能动性。但它们所具有的目的性程度是不平衡的，带有明显的强弱反差性，如有机物就强于无机物。可以从高层次事物那里为低层次事物找原因。当代科学的最新发展证明了上述基本观点。将这些观点扩展，就可顺理成章地得出这样的结论：任何主体不是独立于世界万物的实体，而是本质上具体化的并且实际上是与世界纠缠在一起的。“我们包含于世界中——不仅包含于其他人中，而且包含于整个自然界当中。我们已经看到了这一事实的端倪：当我们以一种片段性的方式看待世界时，世界的反映也相应是片段的。事实上，可以说，世界若不包含于我们之中，我们便不完整；同样我们若不包含于世界，世界也是不完整的。那种认为世界完全独立于我们的存在之外的观点，那种认为我们与世界仅仅存在着外在的相互作用的观点都是错误的。那么，如若我们将世界包含于我们的意识之中，并施之以爱，包含着我们自身的世界会有所回报。”[1]

泛经验论认为世界的基本单位事件不是缺乏经验的空洞实在，而是具有一些称之为感受、记忆、愿望、目的等相类似的东西。虽然这样的东西并不等同于人的意识、思想和感官知觉，但是，所有事件的这种经验性与人类的经验性并非是绝对不同的。它们占据着具有无限范围的宇宙的可变之物，诸如感情、记忆、欲望和目的系列中的某一位置。低级个体如细胞和分子与具有意识经验的人类在种类上并非绝然不同，这些低级个体与人类的意识只是在量的程度上有所不同，而不是本质上的不同。所有个体都有经验，没有感官的个体具有原始的感觉。在这种感觉形式中，现在从经验领悟了先前经验的感受，并因此把先前经验作为具体化的东西融入自身。这说明它们有一种非感性的知觉方式，即“领悟”。非感官的领悟是感官感觉的基础，位于感官感觉的底部，是最基本的知觉形式。记忆与领悟也有直接的关联。在记忆关系中，记忆是对先前事件的领悟，是现在的经验对先前经验的领悟，是依赖一种现实来感受另一种现实的过程。在这种意义上，现实世界也应该有记忆。这是人类和万物所共有的、基本的、非感官的感觉。

康德和黑格尔曾把目的论分为两类，即内在目的论和外在目的论。前者认为目的来源于事物自身，如亚里士多德的目的论、活力论的目的论、系统论和控制论的目的论等理论中的观点。后者认为事物发展过程中的规律性、目的性是神、上帝或前世事先决定好的，属于神创论和宿命论。这些目的论都很难得到证明。1956年，C. S. 皮顿杰西（C. S. Pittendrish）首次指出目的性一词。它由词根teleo（目的）和nomy（学、法则）组成，专指某一客体或系统指向目标的活动的过程，既没有意向性的含义，也没有合目的性所具有的适合于谁的目的的含义。皮顿杰西解释说：“作为有效的因果原理，为了强调定向性目的的识别与描述，而又不含有信奉亚里士多德派目的论的意味，如果一切指向目标的系统都由某个其他的术语，如目的性来表示，那么，生物学长期以来的混乱将会得到完全清除。”[2]这就是说，这一词的创立是为了与生物学的研究相一致，摆脱传统的目的论在

[1] 大卫·雷·格里芬：《后现代科学：科学魅力的再现》，中央编译出版社，1995年，第2页。

[2] C.S.Pittendrish,Adaptation,Natural,Selection and Behavier,in: A.Roe & G.G.Simpson,*Behavier and Evolution*,New Haven:Yaale University Press,1958,P.391.

生物学中的影响，强调在生物学中指向目标活动的重要性。此后，目的性这一概念被越来越多的生物学家和哲学家接受，广泛地应用于生物学和哲学研究中。一般认为，有机体具有特定的偏爱和自我反馈调节能力，隐含特定的程序，表现出某种合目的性。一是合乎自身的目的。有机体能够通过生长、再生和繁殖而形成一种整合的、多相的一致性，达到自我维护的目的。二是合乎自然的整体要求。有机体的组成部分、机能和存在过程受整个有机体系统的支配，通过各个成分之间相互调整以及各方对环境变化的相互调整，保持或增加有序整体中的熵因素。自组织理论也表明，目的是自组织系统追求自身价值实现的动力。人类不能自诩为唯一具有这一特性的生物，“在生物圈内，各种植物、动物、微生物与自然环境编成目的与手段的立体交叉网络，保持着生物圈的生态平衡。它们具有内在的目的性与不可替代的内在价值。”[1]“所有系统都有价值和内在价值。它们都是自然强烈追求秩序和调节的表现，是自然界目标定向、自我维持和自我创造的表现。”[2]泛经验论认为万物都具有目的因，至少具有一点自我决定和自我创造的能力，都具有对未来进行创造性影响的某些力量。“无论人类经验还是任何与之相类似的事物，都不完全是由外部活动决定的；相反，每一真正的个体都是部分自决的。”[3]“心灵和大脑细胞的相互作用并不介于自由与不自由之间，而是介于自由的多与少之间。”[4]

在后现代科学境域中，所有的自然规律本质上只不过是自然的一种最持久的习性，“是一种进化的习性产物，物理定律应被看作进化而来的而且还将继续进化的习性，于是自然法则变成了社会法则。这种观点进一步消除了在人类与自然之间的二元论。”[5]既然规律是社会规律，那么它应该就是可变的，没有像现代科学所说的不变的规律。但是，“当人们与越来越高级的个体打交道时，终结因变得越来越重要，而规律性和可预测性也变得越来越不可能。”[6]这时的规律性会随环境的变化而变化，也会随有机个体的进化而进化，所以，它的可重复性就比较差。如此，科学就不应只研究客观的物质运动、变化的规律或法则，还应研究这些规律或法则形成的边界条件。不仅要容许可重复性、可预测性高的现象和规律的存在，也应该容许可重复性、可预测性低的现象和规律的存在。传统的实验方法反映了唯物论、非生态的假设，即万物可以从它们的环境中分离出来，呈现一种可检验、可预测、可重复的现象；而泛经验论的世界观表明，事物是复杂的，事物之间的联系是内在的，真实的事物的变化可以呈现出一种不可还原、不可重复的状态。正因为这样，后现代科学“需要反复的经验证明，却不需要某一特殊类型的证明，如实验室的实验”。[7]它应该从传统的

[1]保罗·泰勒（Paulaw Taylor）：《尊重自然》，《自然辩证法研究》，1993年第1期。

[2]欧文·拉兹洛（Ervin Laszlo）：《用系统论的观点看世界》，中国社会科学出版社，1985年，第88—109页。

[3]大卫·雷·格里芬：《后现代科学：科学魅力的再现》，中央编译出版社，1995年，第36页。

[4]大卫·雷·格里芬：《超越解构：建设性后现代哲学的奠基者》，中央编译出版社，2002年，第17页。

[5]大卫·雷·格里芬：《后现代科学：科学魅力的再现》，中央编译出版社，1995年，第19页。

[6]大卫 雷 格里芬：《后现代科学：科学魅力的再现》，中央编译出版社，1995年，第34页。

[7]大卫·雷·格里芬：《后现代科学：科学魅力的再现》，中央编译出版社，1995年，第34页。

实验室研究的传统中走出来，走向新的认识方法。“自然、价值的客观实在性，神在世界中的作用（依靠它的作用，价值才得以在我们的生活中产生影响）、生态伦理以及对泛心理学如超感官视觉、心灵感应以及中国气功师的外气发功等问题的研究、甚至死后生命问题等都占有一席之地。”[1]

概括上述观点，我们可以看到，在后现代科学境域中，“一是自然科学的对象是主体构成的，而不是发现的，它们的存在取决于科学实践、科学语言与科学共同体。因此必须放弃对自然科学的绝对性理解以及科学的进步是向实在的真实描述逐步逼近的实在论观念；二是各种自然科学都是在语义领域或传统中构成的，它们与日常生活和科学实践保持着非常密切的联系，自然科学也具有社会建构物的特征，解释的意义域不可能被背景化；三是自然科学像所有认识活动一样是受特殊的人类旨趣引导的，这些旨趣尽管是社会地和历史地建构的，但却是普遍的；四是自然科学也具有‘筹划’的特征。”[2]因此，主体与客体、事实与价值、必然与偶然已不是非此即彼，而是有了新的理解。

有人认为，后现代意义上的科学所依据的本体论——泛经验论只是一种假说，是唯心主义的一元论，所以，它是不科学的，是一种伪科学。但现代科学以人类所预设的基础主义、本质主义去规定自然和人类对自然的认识，本身也是一种假说。后现代科学境域中的科学拒绝本质存在的先在性和把认识看作是事先存在的思想或“心理印象”的再现，反对把认识活动看成是组合语词联结成判断的逻辑综合的模仿，主张科学认识的多元化与科学秩序的多样化，追求对象的此在性和自然性，体现非中心主义的整体主义的思维和对对象的或然性或概率性的认识。当代科学对熵的可观察性和不可观察性、热力学体系中的确定性和不确定性、系统演化中的时间的可逆与不可逆性等的考察，无不表明了这一点。克劳斯·迈因策尔（Klaus Mainzer）指出：“在自然科学中，从激光物理学、量子混沌和气象学直到化学中的分子建模和生物学中对细胞生长的计算机辅助模拟，非线性复杂系统已经成为一种成功的求解问题方式。另一方面，社会科学也认识到，人类面临的主要问题也是全球性的复杂的和非线性的，生态、经济或政治系统中的局部性变化，它们都可能引起一场全球性危机。线性的思维方式以及把整体仅仅看作其部分之和的观点，显然已经过时了。认为甚至我们的意识也受复杂系统非线性动力学所支配这种思想，已成为当代科学和公众兴趣中最激动人心的课题之一。”[3]

事实上，后现代意义上的科学不仅假设了科学的有限性，而且假设了自然的无限性——自然主义有神论。自然主义有神论是构成整体所必

[1]大卫·雷·格里芬：《后现代科学：科学魅力的再现》，中央编译出版社，1995年，第14页。

[2]黄小寒：《“自然之书”解读：科学诠释学》，上海译文出版社，2002年，第47页。

[3]克劳斯·迈因策尔：《复杂性科学》，中央编译出版社，1999年，第1页。

需的假设。每个事件都有双重的创造力量，一部分是形成自己的力量，另一部分是影响未来的力量。这一事实表明它不是我们世界的一个偶然特征，而是现实的一个必要的、自然的特征。查尔斯·哈茨霍恩（Charles Hartshorne）列举了自然主义有神论的重要性和价值，如保持对生命的善的信任、模仿上帝的永恒的创造力和博爱众生的情感，克服急功近利的功利主义，把当下的行动与过去、未来联系在一起等。自然之“返魅”既是自然客观存在的神秘性和自主性使然，也是人们为了拯救自然之“沉沦”的使命。它是对功利主义的价值取向和主客二分的僵化思维模式进行的批判，是对主体性过分张扬的纠偏，是对古代自然神性的回归，是人类理性反思后得到的一种更成熟的思想选择。附魅、祛魅和返魅是人类通过不同的解释模式对自然进行诠释的结果，显示了自然概念的流动性和开放性。每一时期人类对自然的理解是与历史及现实视域的不断融合；而人类只有介入生存实践过程，自然的本性才可能被正确理解。[1]

[1]肖显静、赵伟：《自然返魅的新途径：从科学发展的角度看》，《山东科技大学学报》（社会科学版），2003年第4期；刘宏勋：《后现代返魅哲学的创见与局限》，《首都师范大学学报》（社会科学版），2001年第2期；王巧慧：《“魅”之视野下的自然观》，《科学技术与辩证》，2006年第4期。

自然的“返魅”并非是回到神话自然观，而是在科学的基础上重建自然观的三个层面，即技术、伦理、审美层面的统一。只有当我们以审美的态度欣赏自然，以道德的态度对待自然，人与自然之间的技术活动才会赋有神圣和诗意的色彩。约翰·克里斯蒂安·弗利德利希·荷尔德林（Johann Christian Freidrich Hölderlin）的诗恰好揭示了自然的魅力，而且这种魅力通过自身的澄明而彰显出来。在荷尔德林笔下，自然是伟大的和谐，它把四季拥入生命的周行之中。事实上，诗从一开始就是与自然密切相关的，诗甚至就是自然神性的必然的产物。昆图斯·贺拉斯·弗拉库斯（Quintus Horatius Flaccus）在《诗艺》中曾这样说诗：当人们尚在草昧之时，神的通译——圣明的俄耳甫斯（Orpheus，希腊神话中的乐师，他的歌声能感动鸟兽）——就阻止人类不屠杀，放弃野蛮的生活。传说他能驯服老虎和凶猛的狮子。忒拜城的建造者安菲翁（Amphion），宙斯之子，传说他演奏竖琴十分甜美，如在恳求。顽石被感动，听凭他摆布，自动砌成了城墙。荷尔德林的诗接近于诗歌的最初本质，有一种对自然和神的敬畏以及与自然共通的感觉。他的“还乡”主题诗恰好是一种对自然的返魅。荷尔德林反感于虚假的自然——在虚假面前，如同雅典的没落，自然作为已经完成的历史将自身幽闭起来并且从世界上消失。天地因此沉寂。这不再是发生在狄奥蒂玛和许佩里翁爱情中的寂静，而是真假两个相互排斥的世界的缄默，也是不同的思想法则之间的缄默。诗人了悟了两个世界之间的鸿沟。就像狄奥蒂玛在最后一次谈话中许诺给他的那样，诗人应该继承自然的宗教精神，执掌人的人性的祭祀。这自然之美既不依附于人的发现，也不依附于人的认同，而存在于自然之中。它不是外在的东西，而是本身就是自然的一部分。海德格尔在研究荷尔德林的时候提出“在贫困时代诗人何为”这样一个问题，也正是看到了在诗中自然、感性宗教的丧失。他所说的贫困时代指的是我们自己置身于其中的时代。他认为，就荷尔德林的历史经验来说，随着基督的出现和殉道，神的日子就不多了。世界弥漫着它的黑暗。固然，荷尔德林所经验到的上帝的缺席，并不否认个人在那里和在教会中还在的基督教的上帝的关系继续存在；也没有任何迹象表明，他轻蔑地看待这种上帝关系。上帝的缺席在荷尔德林的语境中意味着，不光诸神和上帝逃遁了，而且神性之光辉、自然之魅力也已经在世界历史中黯然熄灭。在贫困时代里，作为一个真正的诗人意味着：吟唱着去摸索远逝诸神的踪迹。因此，诗人在黑暗的时代里道说神圣。在这种意义上，正如荷尔德林所说，世界黑暗就是神圣之夜。[1]

[1]史风华：《荷尔德林诗歌之“自然的复魅”》，《华南师范大学学报》（社会科学版），2006年第4期。

公元410年，罗马遭到哥特人洗劫。人们把罗马帝国的衰败归咎于基督徒之离弃传统多神教。圣奥古斯丁（Aurelius Augustinus）著《上帝之城》加以反驳。奥古斯丁指出，罗马的衰败肇因于道德的衰退；基督教不但不是罗马衰败的原因，反而有助于道德的提升。但基督徒所归属的不是罗马帝国或任何地上之城，而是上帝之城。地上之城与上帝之城最根本的差别在于，前者人民的共通点是对自己的爱，后者则是结合于对上帝的爱和因此而生的对彼此的爱、对万物的爱。上帝制定的“永恒法则”是万物的内在秩序，万物之中都体现了上帝的永恒法则。这种内在于万物之中的永恒法则称为“自然法”。自然法即自然的秩序，它来自于上帝的无限智慧，内在于上帝的一切造物。奥古斯丁的自然法典里饱含对善与恶、正义与不义、爱与秩序的体验和凝思，饱含对自然和生命的关怀和审视。自然法蕴藏着人类向神诉求自然权利和秩序的价值审美活动，自然法的兴衰维系人的命运，人处在何种自然状态即当如何存在。自然法必然刻在人的理性灵魂中，它表现为人的理性和良心。自然法的实质是信仰，信仰先于理解。而信仰则是去相信我们所未见到的；这种信仰的结果，是看见我们所相信的。《上帝之城》包含着一种完整的历史观，一种后来对欧洲发展有巨大影响的历史观：罗马帝国无足轻重，罗马和地球上的其他任何城市都不重要，真正重要的是上帝之城的发展——人类精神的进步。

二、反俄狄浦斯与生态审美

西格蒙德·弗洛伊德（Sigmund Freud）精神分析学的核心概念是

"俄狄浦斯情结"。"俄狄浦斯情结"指儿童的恋母情结。而在德勒兹和伽塔里合著的《反俄狄浦斯：资本主义与精神分裂症》（*Capitalisme et schizophrénie 1:L' Anti Oedipe*）中，它的意思被泛化了——差不多是与恋母情结相联系的意义体系和社会制度（父权制家庭）的代名词。德勒兹指出："精神分析学只是将平方的俄狄浦斯、迁移的俄狄浦斯、俄狄浦斯的俄狄浦斯，像一堆泥似地堆到沙发上。但是，无论是家庭的还是分析的，俄狄浦斯从根本上说都是抑制欲望机器的一种器具，而绝不是无意识本身的一种形成……事实上，精神分析学将一切都神经症化了。由于这种神经症化，精神分析学不仅帮助制造了进行不间断治疗的神经症患者，也帮助制造了对俄狄浦斯化进行抵抗的神经症患者。但是精神分析学对精神分裂症完全缺乏研究。""我们提出一种与精神分析相对立的精神分裂分析。这里仅提出精神分析行不通的两点：一、它无法达到一个人的欲望机器，因为它纠缠于俄狄浦斯的图形或结构；二、它无法达到利比多的社会包围，因为它纠缠于家庭包围。"[1]德勒兹和伽塔里认为，俄狄浦斯是心理分析的形而上学，是对无意识综合的非法使用，因而重新发现由无意识的内在法则所确定的先验无意识及其相应的实践活动，就是所谓的精神分裂分析。他们的思想对弗洛伊德及雅克·拉康（Jacques Lacan）的精神分析学理论具有明确的解构意味，它反对弗洛伊德建立在男性话语权力结构基础上的二元对立体系，用欲望的一元论来代替二元论，并将分析心理学推向后结构主义和精神分裂分析学的新高度。

[1]吉尔·德勒兹：《哲学与权力的谈判：德勒兹访谈录》，商务印书馆，2000年，第19—20、23页。

在德勒兹和伽塔里看来，欲望生产的普遍历史发展实际上是社会生产对欲望生产压制的发展过程。精神分裂分析对欲望—社会生产的描述就是对普遍的再现历史的描述。在这个历史过程中，社会机器或社会体就是土地机器（原始社会）、专制机器（专制社会）、货币机器（资本主义社会）。在每种社会机器中，反生产、债务、符码和记录都发挥着重大的作用，而它们的表现形式却是各异的。对反生产这个概念的理解离不开乔治·巴塔耶（Georges Bataille）的消费概念。巴塔耶认为，社会不是围绕需求以及符合需求的使用价值的生产来组织自身的，相反，它总是建立在过剩消费之上的；并且生产活动是从这种消费中追寻它的意义和目的的。在原始社会时期，反生产体系就是对部族有特殊价值和意义的特殊物，如牲畜、玛瑙、贝壳等的剩余积累，德勒兹和伽塔里称之为"剩余价值的符码"，因为社会符码决定了什么是有价值的、因而是值得积累的。私人的另外积累是被禁止的。因而，债务在这里是内在于作为原始土地机器的血统和姻亲的，并且阻止了权力在任何一个家庭或部族里的集中。同时，原始人是有书写记录的："在大地上的舞蹈，在墙壁上的刻划，在身体上的图画，都是记录体系。"[1]在专制社会时期，一切义务都是面向暴君的，债务和职责不再以血统和姻亲为根本，而是变为无限的、单一的，暴君"制造了一种新的血统联系，并且将自身置于与神的直接联姻中"。由此，他根据自身把一切关系超符码化。暴君成为反生产的唯一的统治者，更主要的是债务的支付手段和符号体系本身发生了变化。对暴君的贡赋不再是原始社会的特殊的物，这些特殊的物出了各自的小集体就变得无意义了。唯一有价值的是黄金——剩余价值的超符码，它是普遍的价值，是一个超验的法律和强加的价值标准。但在专制国家，这种用于纳贡的货币还不是统一整个市场的一般商品货币，而是政治顺从的表示。它的抽象价值仍然不是交换价值，而是债务价值，是用权力攫取来的。因而，专制国家的贡赋仍然是剩余价值的符码。最后，暴君创造了记录体系："立法、官僚机构、账目、征税、国家垄断、帝国司法、职员的行为、历史编纂学——一切都在暴君的控制下记录下来。"[2]专制的再现不再是一个有言外之意的体系，而是建立起了一个从属的体系。记录的符号被解辖域化，剥夺了多重涵义，而成为单一的声音的抄写。原始社会和专制社会的符码和超符码是建立在意义、信仰和习俗之上的，它反映了重要实体在质上的一致，其社会组织是建立在对符码化的各欲望流的调节之上的。符码化下的社会关系是定质的。资本主义的社会生产则与此不同。由于资本主义以市场为它的基本组织，以商品货币为它的一般货币，以追求新的利润来源为它的目的，它就以建立在公理之上的量化计算取代了质的符码和超符码，不断将在质上不同的各种流公理化，将其转化为量化的可在市场上交换的商品。因此，资本主义的社会组织是建立在公理化基础上的。公理与符码不同：符码在定质的、非经济差异的实体之间建立了间接的、有限的关系，公理则在抽象的质量实体之间建立了直接的关系；公理是永远不饱和的，它总是能够在先前的公理之上再添加一个新的公理。[3]德勒兹和伽塔里因此称资本主义的剩余价值为剩余价值流，而不再是剩余价值的符码或超符码。而资本主义机器所面对的各种流被他们归为两类：以货币—资本形式出现的去符码化的生产流和以自由工人形式出现的去符码化的劳动流。它们具有摧毁旧有的社会体、释放各种欲望流的倾向，"在这个意义上，是否可以正确地说，精神分裂症是资本主义机器的产物，正如躁郁性精神病患者和偏执狂是专制机器的产物、癔病是土地机器的产物一样。"[4]

乱伦禁忌在资本主义社会中获得了前所未有的内容。资本主义社会之不同于前面所说的原始社会和专制社会的一个基本内容乃在于，资本主义

[1]Gilles Louis R n Deleuze & F lix Guattari,*Anti-Oedipus,Vol.1 of Capitalism and Schizophrenia*,Minneapolis:University of Minnesota Press,1983,P.192.

[2]Gilles Louis R n Deleuze & F lix Guattari,*Anti-Oedipus,Vol.1 of Capitalism and Schizophrenia*,Minneapolis:University of Minnesota Press,1983,P.192.

[3]Gilles Louis R n Deleuze & F lix Guattari,*Anti-Oedipus,Vol.1 of Capitalism and Schizophrenia*,Minneapolis:University of Minnesota Press,1983,P.250.

[4]Gilles Louis R n Deleuze & F lix Guattari,*Anti-Oedipus,Vol.1 of Capitalism and Schizophrenia*,Minneapolis:University of Minnesota Press,1983,P.33.

社会的家庭生活变成了私人领域的事情。“私人领域”是相对于“公共领域”而言的，但这两个概念是有歧义的：相对于政治生活（国家）而言，经济生活（市场）是私人领域；而相对于政治生活和经济生活而言，家庭生活是私人领域。这里是在后一种意义上来区分公共领域和私人领域的。如前所述，在原始社会和专制社会，家庭生活与社会生活是分不开的，家庭是亲属关系或社会组织的一部分。在这种情形下不可能有任何私人领域，就连由乱伦禁忌所控制的性关系都是社会交换关系的一部分。在专制社会，君王是按“家天下”的理念来进行统治的，因而对君王来说家与国无实质性的区别。就臣民来说，家庭首先是一个经济实体，社会的生产和消费都是以家庭为单元的，人们在婚姻和生育上的考虑也主要是经济上的。与这两种社会不同，资本主义社会中的家庭主要以所谓“核心家庭”（即一对夫妇及其孩子）的形式存在。于是，人的再生产或家庭生活在人类历史上第一次从与社会生活的其他方面的混合中分离出来。因此，家庭生活和家庭关系并不是由市场上的等价交换的原则所主导的，而是由从历史上沿袭的乱伦禁忌的原则所主导的。当然，资本主义社会的乱伦禁忌不再是族外通婚和社会交换的要求或产物（原始社会），也不再同王室乱伦一起构成整个社会的等级体系和压抑机制（专制社会）；乱伦禁忌已失去了其从前的社会功能——其现在的作用主要是生物层面上的，即禁止家庭成员之间的乱伦。乱伦禁忌所针对的首先是孩子，毋宁说是儿童。对儿童来说，唯有家庭能为之提供所需要的养育和保护，也唯有家庭能满足其欲望。因为儿童所得到的爱多半来自母亲，所以儿童同母亲的关系就尤为重要。从精神分析学的角度来看，在正常情况下儿童（尤其是男童）的心理成长是一个克服恋母情结的过程：男童需要克服对母亲的“爱”和占有欲，并像父亲所希望的那样从同母亲的关系中独立出来。换言之，男童需要学会压抑对母亲的欲望、延缓对自己的欲望的满足并认同于自己的父亲——直到他在成年时同另一个女人成立自己的家庭为止。如果男童成功克服了恋母情结，那么其心理成长就是正常的。德勒兹和伽塔里并没有囿于精神分析学的上述解释，他们进而把核心家庭的乱伦禁忌同资本主义社会相联系。他们认为，资本的目标是剩余价值，生产固然服务于这一目标，而以满足人的欲望为直接目标的消费也处于该目标的主导之下，这就决定了资本主义社会在本质上是禁欲主义的。在这种情形下，家庭似乎是唯一还能让人的欲望得到满足的地方，但乱伦禁忌却使家庭对儿童来说处于禁欲状态。资本主义社会中的乱伦禁忌的功能乃在于：它使人狭隘地把欲望等同于乱伦（尤其是男童对母亲的爱欲），从而使人相信对欲望的禁止是最自然不过的了。换言之，似乎唯一还能满足人的欲望的场合（家庭）却处于乱伦禁忌的统治下，而儿童最想得到的对象（母亲）正是被禁止的。于是，“恋母情结像一个诱饵，而欲望则自愿地上钩了。”[1]如此说来，欲望早已落入禁欲的圈套中——欲望的对象原本就是禁欲的对象。很显然，在核心家庭中成长起来的孩子在心理上将具备禁欲主义主体性，而这样的主体性正好迎合了资本主义对劳动力的人格特征的要求。进而言之，核心家庭的乱伦禁忌乃是以整个社会为背景的——“恋母情结始于父亲心中。甚至这一起点也不是绝对的。恋母情结的开端形成于父亲所处的社会历史领域。儿子不是从家庭中继承恋母情结的，而是在某种更复杂的以无意识的沟通为前提的关系中获得恋母情结的。社会历史领域……以家庭为中介对孩子进行干预。的确，父子关系对孩子是第一位的，但更根本的是社会的干预，只有在后者的背景下父亲对孩子的意义才能得到适当理解。”[2]也就是说，在资本主义社会，恋母情结是在以乱伦禁忌为原则的父权制核心家庭中发生和解决的，而核心家庭是由其所在的社会所决定的。用德勒兹和伽塔里的话来说，在资本主义社会，“父亲、母亲和孩子已变成对资本的种种形象之模仿（‘资本—先生’‘土地—夫人’及‘工人—孩子’）……家庭只不过是整个社会领域的一个子集。”[3]在此意义上，主体在核心家庭的俄狄浦斯化是个人在资本主义社会的社会化之第一步。与此同时，核心家庭不完全是封闭的，孩子在成长过程中还受到大众传媒和大众教育的影响，而这些影响也具有将主体俄狄浦斯化的效果。当然，在其他因素都不太成功或无济于事的时候，精神分析学还能为资本主义社会起到最后一道防线的作用——“精神分析学的主体本来就已俄狄浦斯化了……精神分析学所做的只不过是在取代无意识的运动中加入了最后的能量。”[4]

“概念人物”（Personnages Conceptuels）是德勒兹著作中反复出现的名词。这个词有时指其著作中称述的人物，但更多的是指代文章中提及的某个关键性的事物，如《反俄狄浦斯》中引用的精神分裂症状与无意识欲望；或表述过程中借喻之物象，如《千高原》中的喻体；有时还用来说明思想运动的某个过程片段，如《哲学是什么》中大脑在思维中的某种抽象能力。因此，所谓“概念人物”，实际指的是概念—形象的现身。《反俄狄浦斯》所说的“欲望生产”这个概念—形象是指无意识中各类欲望机制的生产，包括联通的生产（接续综合）、注册的生产（离接综合）和消费生产（连接综合）。联通的生产是欲望机器的器官与能量、资源流的联结，联通之后对对象做主观的解释选择，从而产生多种意义；注册的生产

[1] Gilles Louis R n Deleuze & F lix Guattari,*Anti-Oedipus,Vol.1 of Capitalism and Schizophrenia*,Minneapolis:University of Minnesota Press,1983,P.166.

[2] Gilles Louis R n Deleuze & F lix Guattari,*Anti-Oedipus,Vol.1 of Capitalism and Schizophrenia*,Minneapolis:University of Minnesota Press,1983,P.178 179.

[3] Gilles Louis R n Deleuze & F lix Guattari,*Anti-Oedipus,Vol.1 of Capitalism and Schizophrenia*,Minneapolis:University of Minnesota Press,1983,P.264 265.

[4] Gilles Louis R n Deleuze & F lix Guattari,*Anti-Oedipus,Vol.1 of Capitalism and Schizophrenia*,Minneapolis:University of Minnesota Press,1983，P.121.

是器官游移于不同的功能、工作状态，以不同方式与不同的物质流相联结，它将发展成“飘泊块状有机物”而进行近距、远距网络联结；消费生产是一种享乐剩余的生产，欲望机器透过分割自己、做多元的联通而生产自己。这样的欲望生产是个概念，不是哪个具体的人，但又几乎与所有人的特性相符合。欲望机器构成的无意识天地中的活力因素，不是精神分析意义上的幻想剧场，而是一种“无器官身体”。“无器官身体”并非没有器官，只是它们居无定所，也没有固定功能，更没有一个固定结构将这些片段组成一个统一机体。纯无器官身体只是一个无固定形状的光滑、无器官的记录表面或所谓的平台，器官未产生功能前可以认为它不存在，它只是与支持它的局部物体浮游在无器官身体的多层表面上。“无器官身体”是注册欲望生产的支撑，也是生成强度的多样体；是生成强度的母体，也是测定强度的零点；是多样体的派生物，也是追随各部分的整体；是生命的生成过程，也是生命最原初的要素。小而言之，“无器官身体”从无意识欲望即可窥见端倪；大而言之，“无器官身体”只有在纵观整个历史过程后才能识其概要。换言之，无器官身体并非没有器官，而是器官过剩。在《千高原》的内在平面上有它的影子，在《哲学是什么》中也有它的出场。它实际上是欲望变体、生成怪物，是人非人，是物非物，无处是人处处人，无处是物处处物。

德勒兹的差异与重复（Différence et Répétition）思想是对2000多年西方哲学同一性的一次挑战。在《差异与重复》中，柏格森与尼采在德勒兹笔下变成了差异力、生命力、去中心的分散力：“绵延”状态是差异自身的生存，“记忆”活动是差异诸程度的共存，生命冲动是差异强度的分化。他没有忘记差异的对立面——统一性、同一性、一致性，但用“重复”这个词取代或者说整合了已经被他夷为平地的同一性碎渣场。在他看来，差异是一切事物的自身特征，理性是差异的多样性状态，感性是差异强度的变体。差异与重复实际上是非同一的异质合构。重复的差异没有使差异本身变为同一性，恰恰使差异生成并生成无穷。《差异与重复》对时间的综合颇具匠心。重复时间之现在、过去和未来，分别是去差异重复、含差异重复和造差异重复，这几个阶段也是被根据重复、根据重复和脱根据重复。由此分说的重复不是赤裸的而是着装的，不是露脸的而是假面的。强化差异的重复所倚重的是替换和伪装，是常复常新。比如说一个乐章，不断被人们重复演奏，但始终是差异的重复。与差异密不可分的是“强度”（Intensité），它不但是差异的自性，而且是差异的肯定和容含。强度是差异的深层境位，是重复的命脉，是尼采式的永恒轮回，是多样性的无限生成。多样性（Multiplicité）在德勒兹那里也与其同代哲学家们的理解不同，他将多样性看作强度的差异，而质的差异是强度差异的外延。强度差异是潜在的，也是显化的。追溯分化—差异过程，就可以揭示本性差异的生成。

资本主义的去符码化和解辖域化的倾向组成了精神分裂分析。精神分裂分析是资本主义的必然产物或一般倾向。德勒兹和伽塔里提出精神分裂分析的四个论题，其中最后一个也是最基本的一个论题是利比多社会投入的两极，即偏执狂的、反革命的、法西斯的一极和精神分裂症的、革命的一极。这两极中，一方是生产和欲望机器对在某种权力或主权形式下建立的群居集体的顺从，另一方是相反的从属关系以及对权力的推翻；一方是克分子对独特性的压制，另一方是分子的多样性、独特性；一方是限制各种流的整合和辖域化的路线，另一方是追随去符码化和解辖域化的各种流的逃逸的路线；一方是被压制的群体，另一方是主体群。[1]偏执狂代表的是资本主义的古风、传统的以信仰为模式的社会组织，而精神分裂症则是资本主义发展的潜能：自由、创造与不断的革命。精神分裂症不仅是一种疾病或心理上的不安，它更是资本主义解放出来的动力与资本主义社会的统治机构之间的矛盾。精神分裂分析不仅是狭隘的心理学术语，而且是广泛的社会历史学术语。福柯指出，反俄狄浦斯由此遭遇了三个敌手，“它们是：1. 政治苦行僧、忧心忡忡的斗士、理论的恐怖主义者，他们会保护政治和政治话语的纯粹秩序，他们是革命的官僚和真理的公仆；2. 可怜的欲望技术员——精神分析家、一切符号与症状的符号学家——他们会把丰富多彩的欲望压制到结构的双重规则之中；3. 最后，但不是最无足轻重的敌手，这个战略的敌手是法西斯主义（《反俄狄浦斯》所面对的其他敌手更多的是战术上的敌手），不仅仅是历史上的法西斯主义（希特勒和墨索里尼的法西斯主义能够极为有效地激发和利用芸芸众生的欲望），而且还是居于我们大家的身上，存在于我们的头脑中，存在于我们日常生活的行为中的法西斯主义。这种法西斯主义导致我们去热爱权力，渴望获得宰制和剥削我们的那种东西。”[2]俄狄浦斯化的欲望或性活动是“无所不在的：在官僚整理其记录时，在法官进行执法活动时，在商人让货币流通时，在资产阶级对无产阶级进行压迫时，如此等等，其做法都表现出俄狄浦斯的特征。这些现象只不过是（俄狄浦斯化的）利比多的不同变形，对它们的解释无需诉诸任何隐喻。希特勒曾让法西斯主义者们亢奋起来，而旗帜、国家、军队和银行等也会让人们感到兴奋”。[3]如此说来，俄狄浦斯化的欲望和偏执狂型的主体在资本主义社会是普遍的。正因为俄狄浦斯化的欲望

[1] Gilles Louis R n Deleuze & F lix Guattari, *Anti-Oedipus, Vol.1 of Capitalism and Schizophrenia*, Minneapolis: University of Minnesota Press, 1983, P.366 367.

[2] 米歇尔•福柯：《〈反俄狄浦斯〉序言》，《国外理论动态》，2003年第7期。

[3] Gilles Louis R n Deleuze & F lix Guattari, *Anti-Oedipus, Vol.1 of Capitalism and Schizophrenia*, Minneapolis: University of Minnesota Press, 1983, P.293.

和偏执狂型的主体在资本主义社会是普遍的，所以解放欲望的革命既是反禁欲主义的也是反资本主义的。

《千高原》对“多数派”（Majoritarian）和“少数派”（Minoritarian）做出了区分——臣服型群体是多数派的，而主体型群体则属于少数派。德勒兹和伽塔里不是从量上而是从质上来区分这两者的。据他们的解释，多数派追求同质性和普遍性，其所追求的同质性和普遍性是建立在某种抽象的概念的基础之上的。例如，多数派会用“人”的概念来指称所有互不相同的人，还可能假定所有的人都是理性的行动者，并把不符合这种规定的“人”视为有缺陷的或不正常的。多数派的秘密或问题在于，它把某种特殊的因素抽象出来，再将其放大为普遍的东西，并以此来排斥或压制其他因素。显然，多数派是统治者的意识形态之基本特征——现代西方的人道主义是一种典型的多数派观点。相反，少数派追求异质性和多样性，而不会认同于任何被抽象地假定为具有普遍性的东西。少数派不是已接受现存秩序且在其中处于弱势的群体，少数派意味着对现存秩序的超越。少数派是同“生成”或“变成”（Becoming）相联系的：少数派意味着不为多数派所限制，意味着无限的可变性和创造性，意味着不断生成新的东西。反过来说，少数派也规定了“变成”的内容——“所有的变成都只能是变成少数派。”[1]“变成少数派”正是德勒兹和伽塔里所想象的革命。他们使用“变成女人”（Becoming-woman）、“变成动物”（Becoming-animal）和“变成不可感知的”（Becoming-imperceptible）等说法来形容“变成少数派”的内容。简而言之，“变成女人”意味着超越父权制文化和以男人为中心的世界，也超越男人所规定或想象的女人；“变成动物”意味着超越狭隘的人道主义或人类中心主义，把人看作是不断地生成着差异的存在；“变成不可感知的”意味着超越实际存在的或可感知的世界，意味着试图去领悟不可感知的生成过程。不难看出，德勒兹和伽塔里所说的“变成少数派”所真正强调的并不是变成什么，而是“变成”本身。换言之，“变成少数派”中的“变成”之过程是没有目标的或不会有终点的——当然，这正是前面所说的精神分裂过程。“变成少数派”的说法把德勒兹和伽塔里的社会理论同其哲学观点联系起来了：他们所看到的世界不是业已存在的，而是不断生成的。德勒兹和伽塔里所倡导的“革命”是欲望的革命，在他们的想象中，真正的革命是把欲望从种种社会压抑中解放出来以还其自由自在的本来面目的革命；更耐人寻味的是，在他们看来，欲望本身就具有革命性——欲望乃意味着不断超越、不断生成、不断建立新的联系。[2]

[1] Gilles Louis R n Deleuze & F lix Guattari, Anti-Oedipus, Vol.1 of Capitalism and Schizophrenia, Minneapolis: University of Minnesota Press, 1983, P.291.

[2] Gilles Louis R n Deleuze & F lix Guattari, *Anti-Oedipus, Vol.1 of Capitalism and Schizophrenia*, Minneapolis: University of Minnesota Press, 1983, P.79.

福柯在《〈反俄狄浦斯〉序言》中指出，“我想说《反俄狄浦斯》（请作者恕我直言）是一部伦理之书，是长久以来用法语撰写的第一部伦理学著作，这或许可以解释为什么其成功并不限于特定的读者群：因为反俄狄浦斯已经成为一种生活方式，一种思维和生活之道。人们如何避免成为法西斯主义者，甚至（尤其是）当你相信自己是一个革命战士的时候。我们如何搜捕出我们行为中根深蒂固的法西斯主义？基督教的道德家追寻居于我们灵魂深处的肉体的踪迹。德勒兹和伽塔里站在他们的立场上，追索着身体内部最轻微的法西斯主义的蛛丝马迹……人们可以说，《反俄狄浦斯》是一部《非法西斯生活导论》……这种反对一切形式法西斯主义（无论是已经存在的还是随时可能出现的法西斯主义）的生活艺术，具有一系列基本原则。倘若我要把这部杰作制作成为一本手册或日常生活指南，则需要将这些原则概述如下：1. 将政治行为从所有整一的和总体化的偏执狂中解放出来。2. 通过增殖、并列和分离，而不是通过次第分层和金字塔式的等级制来发展行为、思想和欲望。3. 不再效忠于否定式（法律、限制、阉割、匮乏、空隙）的陈旧范畴，西方思想长久以来把否定式范畴奉若神灵，视之为力量的形式和现实的通道。要钟爱积极和多元的事物，差异性胜于一致性，流变胜于统一，动态安置胜于静态系统。相信生产性不在于固定，而在于游牧。4. 即使人们与之斗争的对象是可恶的，也不要认为想当斗士就必须得忧心忡忡。唯有欲望与现实的联系（而不是退缩到其表达形式中）才拥有革命力量。5. 不要把思想作为政治实践的真理基础；也不要怀疑政治活动，将其仅仅作为推测，作为一种思路。要把政治实践作为思想的一种强化剂，把分析作为介入政治活动的形式和领域的增倍器。6. 不要求用政治去恢复个体的‘权利’，因为哲学对个体作了界说。个体是权力的产物。要通过多元化、移植变形、异质合并的方式‘解个体化’。群体不必是将等级制的诸个体统一起来的有机的束缚，而应成为解个体化的永动机。7. 不要变得迷恋于权力……这本书常常引导你，使你相信全都是开玩笑和做游戏，而这时却出现了某种重要的东西、某种极为严肃的东西：寻觅形形色色的法西斯主义的踪迹，从围绕我们、压碎我们的那些硕大无朋的法西斯主义，到构成我们日常生活残酷痛苦的微观的法西斯主义。”[1]

[1]米歇尔·福柯：《〈反俄狄浦斯〉序言》，《国外理论动态》，2003年第7期。

城市是欲望流集中汇聚的场所。它是俄狄浦斯情结的高发区，是偏执狂的会聚地，也是现代法西斯的策源地；当然，它也是欲望生产的“概念人物”。从生态美学意义上来说，城市也应当是一切生物的欲望生产机器。“反俄狄浦斯式的伦理—审美，首先是一种关于多、关于创造和生产

[1]Gilles Louis R n Deleuze & F lix Guattari,*Anti-Oedipus,Vol.1 of Capitalism and Schizophrenia*,Minneapolis:University of Minnesota Press,1983,P.16.

[2]夏光：《德鲁兹和伽塔里的精神分裂分析学》，《国外社会科学》，2007年第2、3期；黄文前：《德勒兹和加塔利精神分裂分析的基本概念及其特点》，《国外理论动态》，2007年第10期。

的伦理—审美。社会生产和欲望生产是平行的。”[1]德勒兹将欲望生产比作精神分裂者的野外漫游。野外漫游的前提是有个人原本住在教堂里，教堂里的神父会灌输他某些纪律以训练他的身体。这时，这个人具有非常结构化的身体，因为他的思想、欲望和举止言行完全被纪律约束为固定模式，也就是一个单一的身体，或说是个统合、无欲望的身体。而当这位精神分裂者从教堂中走出，便可以忘记这种身体规范。假设这时他看到天上的彩虹，于是身体的欲望机器便与彩虹连结，好像身上所有的细胞、皮肤、嗅觉等都变成欲望机器，与所接触的对象连结。这种精神分裂者的野外漫游不同于他住在牧师家中的那些日子，牧师强迫他依据与宗教的神、与父亲、母亲的正确关系来社会化地定位自己。在荒野的群山中、雪中，他与很多神在一起；或者是完全没有神、没有家庭、没有父亲、没有母亲，而与自然生活在一起。他可以不再理会独断的神或父亲，所有东西都可成为机器：天上的机器——星星或彩虹，阿尔卑斯山的机器。它们都能与他身上的机器配对。机器不停地发出吵杂声，他认为这杂音正是能感动各种形式的生命的福音，是擅长于感受各种石头、金属、水、植物的心灵的福音，是他用自己的身体接触所聆听到的自然的福音。它像花朵一样，如梦一般，随着月亮的盈亏吸收水气，让自己成为光合作用的机器、摄影合成的机器。至少让自己像一个机器零件一般滑入类似的许多机器之中。也许精神分裂病人的漫游，正是他特有的再找到土地的方法。[2]

三、深生态学意义上的审美观照

1972年，奈斯在布加勒斯特的一次谈话中提出“深生态运动”和“生态哲学”思想。此次谈话的摘要以《浅层的与深层的、长远的生态学运动：一个概要》为题于1973年发表在《哲学探索》上。奈斯首次把生态运动分为两个对立的阵营：浅生态学运动和深生态学运动。经与加里·斯奈德（Gary Snyder）、比尔·德韦尔（Bill Devall）、乔治·塞逊斯（George Sessions）、沃威克·福克斯（Warwick Fox）等人的共同发展，迅速演变为一场思想运动。20世纪80年代，随着深生态学刊物《号兵》在加拿大创刊，深生态学（Deep Ecology）与生态女性主义（Ecofeminism）、社会生态学（Social Ecology）和生物区域主义（Bioregionalism）等结合，构成当今世界最有影响的环境保护运动。

深生态学之所以是“深层的”（Deep），在于它对浅生态学不愿过问的根本性问题提出质疑并不断追问；这种深层追问方式既是深生态学讨论问题的出发点和理论建构的重要工具，又是与浅生态学区别之标志所在。奈斯曾指出，“深层”的含义就是指追问的深度。[1]奈斯认为，浅生态学是人类中心主义的，只关心人类的利益；深生态学是非人类中心主义和整体主义的，关心的是整个自然界的利益。浅生态学专注于环境退化的症候，如污染、资源耗竭等；深生态学要追问环境危机的根源，包括社会的、文化的和人性的。在实践上，浅生态学主张改良现有的价值观念和社会制度；深生态学则主张重建人类文明的秩序，使之成为自然整体中的一个有机部分。[2]

[1] Arne Naess,Spinoza and Ecology,*Philosophia*,1977(7).

[2] Arne Naess,The Shallow and the Deep,Long-Range Ecological Movement,*Inquiry* , 1973(16);Arne Naess, The Deep Ecological Movement: Some Philosophical Aspects, *Philosophical Inquiry* ,1986(8).

深生态学具有综合性的思想渊源。弗里特乔夫·卡普拉（Fritjof Capra）指出：“深生态学的哲学和宗教结构不是什么全新的东西，在整部人类史中已多次提出过。在伟大的宗教传统中，道家提供了最深刻和最美妙的生态智慧的表达之一。它强调本源的唯一性和一切自然与社会现象的能动本性……当此类生态原则被更早的道家圣人所阐述的时候，一种非常相似的流动和变化的哲学，由古希腊的赫拉克利特教给我们。后来，到基督教神秘的圣徒弗朗西斯，已具有了深生态意义上的观念和道德，并对传统的犹太教和基督教所共有的‘人’和自然的观点，提出了革命性的挑战。深生态学的智慧在包括斯宾诺莎和海德格尔在内的许多西方哲学著作中也是很明显的，并在整个本土的美国文化中被发现，从惠特曼到斯奈德的诗歌里表达出来。它甚至在世界上最伟大的文学作品中，像但丁的《神曲》中被讨论，这些作品是依据在自然中观察到的生态原则来构造的。”[3]系统而言，包括西方传统哲学（古希腊哲学、斯宾诺莎、新黑格尔主义）、后现代哲学（怀特海、后期海德格尔、人本主义心理学）和东方思想（儒家、道家、道元、甘地）三大传统思想。[4]深生态学思想的主要来源是斯宾诺莎的整体观念和平等思想。斯宾诺莎在《伦理学》一书中提出了关于人在宇宙中地位的观点，他认为人是自然界普遍秩序的一个有限部分。人与他人、自然界经常地相互作用，这些相互作用经常扰乱某一方面或另一方面的平衡。像其他自然体一样，人也具有以维持这种独特的统一与平衡的方式对所有变动产生反应的内在“倾向”。斯宾诺莎批判了把自然物看成工具的自然目的论，认为那是一种虚妄的成见。

[3] 弗里特乔夫 卡普拉：《转折点：科学、社会、兴起中的新文化》，中国人民大学出版社，1989年，第310页。

[4] 杨通进：《深层生态学的精神资源与文化根基》，《伦理学研究》，2005年第3期。

奈斯的深生态学理论包括四个层次的逻辑结构，他用一张生态智慧图表即围裙图表（Apron Diagram）来表示。第一层次是“最高前提和生态智慧”。B、P、C分别代表佛教（Buddhism）、哲学（Philosophy）和基督教（Christianity），但只是一种举例，它们代表深生态思想的基本前提（Fundamental Premises）——多元化文化及其融合。其中的佛教、哲学和基督教等因素根据每个人所受文化影响的不同可以有所改变，B、P、

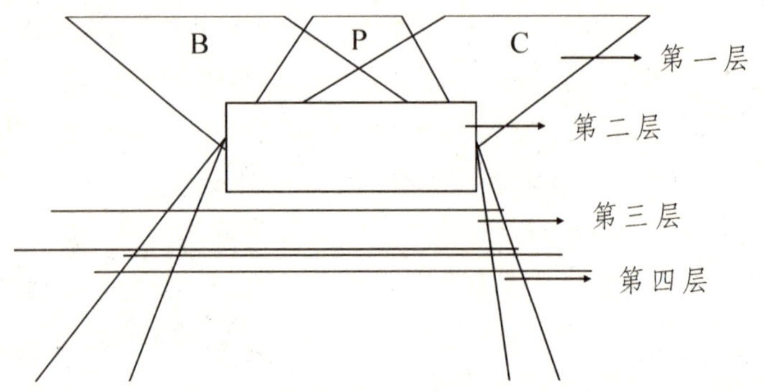

阿恩·奈斯的围裙图表

C也可以是Z、N、T，即禅宗（Zen Buddhism）、美国印第安文化（Native American Culture）及道家思想（Taoism）。奈斯还特地创用“生态智慧T”（Ecosophy T）来指称“生态智慧”。他说：“今天我们需要的是一种极其扩展的生态思想，我称之为生态智慧。Sophy来自希腊术语Sophia，即智慧，它与伦理、准则、规则及其实践相关。因此，生态智慧，即深生态学，包含了从科学向智慧的转换。”[1]“生态智慧T”中的“T”是指奈斯在哈陵斯卡威山（Hallingskarvet）十字岩（Tvergastein）建造的小屋，奈斯在其间用十余个年头思索生态问题，因而象征性地用它指涉生态伦理思想的独特性与地域性：任何人都可以以自己的独特方式发展自己的生态智慧。“生态智慧T”仅仅是他个人的思想，任何人都可能提出自己的生态智慧（生态智慧A、B、C、D……）。第二层次包含“生态学纲领”，即八大纲领，是奈斯与塞逊斯共同拟订的。其主要内容为：1. 人类和非人类生命的福利和繁荣本身具有的价值（天赋价值、内存价值），不依赖于人类出于自身利益而对非人类世界的使用；2. 生命形式的丰富性与多样性有助于上述价值的实现，因而它们本身也有其内在价值；3. 人类无权削弱这种丰富性和多样性，除非是为了满足其最低限度的基本生存需要；4. 人类生命和文化的繁荣是与人类人口相应减少相协调一致的，同样，非人类生命的繁荣也需要人口的削减；5. 当今人类对非人类世界做出了太多的干预，非人类世界的状况在急剧恶化；6. 必须改变现行影响基本经济、技术和意识形态结构的各项政策；7. 意识形态在未来的改变将主要表现为珍视生命与生活质量，后者体现于天赋价值，而不在于更高的生活水准，人们对数量的巨大和质量的优良之间的区别将有明确而深切的意识；8. 同意上述观点者有直接或间接的义务去实行必要的变革。[2]第三层次是“普遍规范结论和事实假说”，主要是经由上述两个层次推导而来的规范性结论（General Consequences），涉及较为笼统的个人思想观念，并对第

[1] S.Bodians, *Simple in Means, Rich in Ends: A Conversation with Arne Naess Ten Directions*, California: Institute for Transcultural & Studies, 1982, P.10 12.

[2] Joseph R.Des Jardins, *Environmental Ethics: An Introduction to Environmental Philosophy*, Belmont, CA: Wadsworth Publishing Company, 2000, P.39.

四层次有决定作用。第四层次为“具体规则或适用于具体情况的决定”，是特定境遇中的具体行为准则与决策（Concrete Situation and Decisions）。

深生态学立论的基础是两条最高准则，即“自我实现”（Self Realization）和“生态中心主义平等”（Ecocentric Egalitarianism）。“自我实现”是人的潜能的充分实现，使人真正达至人的境界。奈斯指出，自我的成熟需要经历三个阶段：从本我（Ego）到社会的自我（Self）；从社会的自我到形而上的自我即大我（Self）。他用“生态自我”（Ecological Self）来表达这种形而上学的自我，以表明这种自我必定在与人类共同体、与大地共同体的关系中实现。自我实现的过程是人与自然不断认同的过程，也是人不断走向异化的过程。当一个人达到“生态自我”的阶段，他便能在与之认同的自然物中寻找到自己。“我不在任何狭隘的、个体意义上使用‘自我实现’的表述，而要给它一个扩展了的含义。这是一种建立在内容更为广泛的大写的‘自我’（Self）基础上的自我，与狭义的本我主义的自我相区别的……若用五个词来表达这一最高准则，我将用‘最大限度的（长远的、普遍的）自我实现’！另一种更通俗的表述就是‘活着，让他人也活着（Live and Let Live）’（指地球上的所有生命形式和自然过程）。如果因担心不可避免的误解不得不放弃这一术语，我会用术语‘普遍的共生’来替代。当然，‘最大限度的自我实现’可能被误解成为了集体而消除个性。”[1]这种“最大限度的（长远的、普遍的）自我实现”即“普遍的共生”或“（大）自我实现”，是“生态智慧T”的终极性规范。人类应该“让共生现象最大化”，生物多样性保持得越多，自我实现就越彻底。

[1] Arne Naess, The Deep Ecological Movement: Some Philosophical Aspects, *Philosophical Inquiry*, 1986(8).

“生态中心主义平等”准则的提出更多地基于生态学原理。生态系统中的每一个物种都担负着自己独特功能，人与自然存在物都是生态系统“无缝之网”上的一个“结”，而无价值上的高低贵贱。每一种生命形式在生态系统中都有发挥其正常功能的权利，都有其生存和繁荣的平等权利。奈斯称其为“生物圈民主的精髓”。人类应以对其他物种和地球产生最小的而不是最大的影响的方式来生活，即采取“手段简朴、目的丰富”（Simple in Means，Rich in Ends）的生活方式。奈斯列举了26种生活方式的发展趋势：1. 使用简单的手段。避免使用不必要的复杂手段来达到目标或目的。2. 爱好那些最直接地服务于自身价值并且拥有内在价值的活动。避免那些只有辅助价值、没有内在价值、离基本目标过远的活动。3. 反对消费主义，将个人财富最小化。4. 努力对那些足够我们享用的东西保持、增加敏感性和欣赏能力。5. 没有或较少地具有“恋新癖”——

一种仅仅因为新事物的新而喜爱它们的生活态度。珍惜老的和被充分使用过的事物。6. 努力停留在具有内在价值的境遇中，采取有效的行动而非仅仅忙个不停。7. 欣赏人们之间种族的和文化的差异，不把它们当成威胁。8. 关注第三世界和第四世界的状况，避免在物质生活标准上与穷人有太大差异，或者过于高于他们（全球在生活方式上的团结一致）。9. 欣赏普适性的生活方式——维持它不需要明显地对他人或别的物种使用不正义的手段。10. 追求经历的深度与丰富性而非强度。11. 无论何时，只要可能，欣赏和选择有意义的工作而不仅仅是谋生。12. 过复合（而非复杂）的生活，在每个时期尽可能多地去了解积极的生活经验。13. 培育社区生活而非社会生活。14. 欣赏或者参与原始生产——小范围的农耕、林牧、渔猎。15. 努力满足生命中的关键需求而非欲望。反对把购物当作一种转移或者治疗方法的主张。减少纯数字意义上的财富拥有，喜欢那些用旧了但大体保存良好的事物。16. 试图生活在自然之中而不仅仅是观赏美景，不要旅游（但可以偶尔利用旅游设施）。17. 处于脆弱的自然世界中时，"轻而不留踪迹"地生活。18. 倾向于欣赏所有的生命形式而不是只欣赏其中被认为是漂亮的、引人注目的或者仅仅有用的部分。19. 不要把生命形式当作手段。要意识到它们的本质价值与尊严，即便在把它们作为资源来使用的时候。20. 当狗和猫（或者其他宠物）的利益与野生物种发生冲突时，倾向于保护后者。21. 不要仅仅保护单个生命形式，要努力保护地方性的生态系统，将自己所在的社区当作这个生态系统的组成部分。22. 仅仅悲叹那些不必要的、不合理的、无礼的过度干预自然的行为是不够的，要谴责那些蛮横的、恶劣的、残暴的和犯罪性的行为——不过，对事不对人。23. 当发生冲突时要坚定无畏，但在言行上秉持非暴力原则。24. 当其他行动方式无效时，支持非暴力性直接行动。25. 完全或部分地实践素食主义。26. 去发现更多的令人厌烦和恶心的政治运动。[1]

深生态学可以划为两个层面：作为哲学或意识形态的深生态学和作为生态运动的深生态学。前者注重理论批判与内部构建，后者则主要是把深生态学理论转变成实践，因而常常被称为深生态学运动。奈斯指出："从严格意义上讲，'深生态学'不是哲学，也不是约定俗成的宗教或意识形态。相反，实际所发生的是在运动和直接行动中各种人走到一起，他们形成一个有同种生活方式的圈子。别人会认为这种生活方式太俭朴，但他们自己却认为是丰富多彩的。尽管他们各自支持不同的政党，但在大量的政治问题上持有相同的观点……也许影响最大的参与者是艺术家和作家，他

[1] 阿恩·奈斯：《深生态学与生活方式》，http://www.eyii.com，2009年3月18日。

们无法用专业哲学语言清晰地表达自己的观点，却能用艺术和诗来表达。由于这些理由，我用‘运动’而不用‘哲学’一词。”[1]由此看来，奈斯更重视以深生态学为指导的人类实践模式或社会运动。

[1]Arne Naess,The Deep Ecological Movement:Some Philosophical Aspects, *Philosophical Inquiry*,1986(8).

深生态学赞同生物区域主义思想，强调人要认同自己生活其间的地理环境，寻求适合当地区域类型的、可持续的、稳定的、和谐的生活方式。生物区域是人们“意识中的领域，既是一个地方，又是一种有关如何在这个地方生活的思想”。每一地区的生境、其中生活的生物、它们的生活习性都是有差别的。应当尊重这种差异，尊重各种生命存在及其感情，采取顺应自然的管理方式，而不是简单或粗暴地将其划而为一。利奥波德指出：“大地伦理是要把人类在共同体中以征服者的面目出现的角色，变成这个共同体中平等的一员或公民。它暗含着对每一个个体的尊敬，也包括对这个共同体本身的尊敬。”[2]城市是一种区域单位，是人类的区域自治单位，也是其他生物的自治单位。深生态学可以帮助人类在城市自治上实现观念上的超越，即非功利的美学思想超越，也帮助人类在实践层面开展一场生态美学运动。

[2]奥尔多·利奥波德：《沙乡年鉴》，吉林人民出版社，1997年，第101、213页。

第4章　生态城市美学文化论

一、生态美学革命与稳态城市

曾经一再被边缘化的稳态经济学（The Steady State Economy）目前正在日益受到重视。自19世纪末、20世纪初约翰·阿特金森·霍布森（John Atkinson Hobson）、阿尔弗雷德·马歇尔（Alfred Marshall）、阿瑟·塞西尔·庇古（Arthur Cecil Pigou）创建福利经济学以来，生态经济学也随之衍生出来。经由新制度学派从约翰·肯尼思·加尔布雷斯（John Kenneth Galbraith）到肯尼思·艾瓦特·博尔丁（Kenneth Ewart Boulding）等人的发展，在理论上得到不断丰富和充实。但主流生态经济学以人类福利为研究中心，关注的是稀缺资源如何在市场竞争中得到有效配置和使用这类问题，持资源相对短缺论，重视环境污染外部性研究。稳态经济学立论的基础是资源的绝对稀缺，而不是相对于人的愿望的相对稀缺，因而重视自然社会的一体性分析，而不是基于自然社会二分的狭隘的经济学分析。稳态经济学的创建者赫尔曼·E. 戴利（Herman E. Daly）认为，生态问题是人类面临的终极性问题，主流经济学无法为之提供适当的分析工具或理论进路。第一，主流经济学的稀缺性假设指的是一种自然资源相对于人类的无限欲望所表现出来的稀少性和不足，而不是就自然资源本身所具有的物理上的稀少性和不足，因而稀缺性只具有相对有限的含义，并不隐含资源枯竭的前景暗示；第二，主流经济学关注的是价值而非物质，因而规模在主流经济学体系中没有物质—能量的含义，生态系统不被当作包含经济系统的自然矩阵，而仅仅是包罗万象的经济中的另一部门。这样的理论前提实质上已经蕴涵了与真正的生态主义者不同的价值取向，因而主流经济学至多只能引起人们对环境污染的关注，但不能解决生产和消费价值取向以及宏观经济政策问题。而增长经济的技术神话隐含着对人类前景的漠视。

约翰·斯图亚特·穆勒（John Stuart Mill）的"稳定状态"思想对稳态经济学有直接的启发作用。他在《政治经济学原理》中指出："政治经济学家一直多少知道：财富的增长不是无限的，这个向前发展的状态的尽头是稳定状态。在积累财富方面取得的任何进展只是推迟了这个过程，每前进一步都更接近稳定状态……如果我们很久以前一直没有达到这个状态，仅仅是因为这个目标一直飞行在我们前面（这是技术进步的结果）。古老学派的政治经济学家普遍地明确表示憎恶资本和财富的稳定状态，但我不能……用这种态度看待稳定状态。我倾向于相信：总体看来，稳定状态将相当大地改善我们目前的境况。一些人坚持认为人类正常的状态就是奋力向前发展；就是构成现在社会生活方式那种相互践踏、挤压、摩肩接踵的拥挤，认为这是人类最期望的生活，或是除了一个工业发展阶段的不愉快的表征以外的最好的东西。我承认我并不迷恋于这些人所坚持的那种理想生活。美国北部和中部各州在各个方面都是这个文明阶段的样本……这些州经济增长的结果（尽管出现了一些好趋势的苗头）是所有的男人都在追求金钱，女人则在生育追求金钱的人……那些不认为现存的人类进步的很早阶段是人类基本的最终模式的人，可能被指责为对让一些普通政治家激动地表示祝贺的经济发展的相对漠视。这种生产积累的增长……我不知道为什么应该成为那些比任何人都富有的人们值得祝贺的事情。为什么要增加他们的消费资源，这除了表明富有外，几乎不带来或根本不带来任何快乐……只有在世界上落后的国家，增加生产仍然是一个重要目标；在那些最先进的国家，经济上所需要的是更合理的产品分配，其中，一个必要的分配手段是严格控制人口……财富和人口的稳定状态并不意味着人类将停滞不前，这几乎没有必要再作论述。精神文化、道德和社会进步，同以前一样，还有广阔的发展空间；生命的艺术也一样，并且当思维不再被怎样挣扎生存下去的问题纠缠时，生命艺术更可能得到提高，甚至工业艺术也可能得到热情而成功地培育。所不同的是，工业艺术不再是为了财富的增长，而是发挥它们合理的效用，消灭劳动。"[1]穆勒的其他经济学思想得到了高度评价，但大多数经济学家认为他有关稳定状态的讨论是越轨之事。然而在全球性生态危机爆发的今天，穆勒的这一思想不能再被否定。当今

[1]John Stuart Mill, *Principle of Political Economy*, London: John W. Parker and Son, 1857, P.320 326.

的生态经济学之所以总体上向稳态经济学转向，证明了穆勒的远见。

稳态经济学首先从三个生物物理条件来论述增长经济的限制，即有限性、熵和生态的相互依赖性。戴利指出："经济从物质维度来看，是我们封闭有限的生态系统的一个开放的子系统，这个生态系统既是它自身低熵原料的供应者，又是其高熵废物的接收者。由于经济子系统的增长依赖于生态系统作为低熵物质输入的来源和高熵废物的接收器（就像是一个水池），当经济子系统的规模（流量）相对于整个生态系统而增长时，复杂的生态联系就会变得更加脆弱，因此经济子系统的增长受到其生态母系统既定规模的限制。而且这三个基本的限制是互动的……标准的增长经济学忽视了有限性、熵和生态的相互依赖性，因为它们的前分析观点缺乏流量的概念，只把经济看成是交换价值的一个孤立循环流程。只要看一看最早的任何基础教科书的章节就能得到印证。"[1]稳态经济学是一种可持续发展的经济学。"稳态意味着恒定的物质财富（资本）系统和恒定的人（人口）的系统。自然，这些系统自己不能维持恒定。人总会去世，财富也在不断地消耗，被磨损和折旧。因此，这些系统必须在进（生育、生产）、出（死亡、消耗）平衡时，才能保持恒定。但是，获得这种平衡和系统恒定的流通率（进、出率相等）可以高可以低……我们有很多理由要求这个流通率尽可能低。"[2]稳态经济就是一种"使人口和人工产品的总量保持恒定"的低流通率经济。它不是指国民生产总值（GNP）零增长的静止状态，而是指变动中的恒定，也就是只有质的发展，没有量的增加。物质财富的增长不是稳态经济的目的，只是提高质量的前提。戴利用"稳态图书馆"来类比经济增长：每添一本新书，必须同时剔除一本旧书，以保持恒定的馆藏图书量，否则图书馆就会因为书太多而装不下。但新书在质量上必须优于被替换的旧书。在这种意义上，稳态经济学是关于最佳规模的宏观经济学。规模是指生态系统中人类存在的物理范围或规模，以人口与人均使用资源的乘积度量。西方一些学者认为，如果说达尔文是没有提出"生态学"概念的第一位生态学家，那么，托马斯·罗伯特·马尔萨斯（Thomas Robert Malthus）则是没有提出"生态经济学"概念的最早的生态经济学家。经济发展中一定规模下的资源最佳配置是一回事（微观经济学的问题），与生态系统相关的整个经济的最佳规模是完全不同的另一回事（宏观经济学的问题）。自然资源的有限性决定了经济发展的最佳规模。尽管市场可以使资源达到最佳配置，但无法解决资源总量的损耗问题。微观的资源分配问题类似于在一条船上对于给定的负载如何进行最佳分配，而一旦负载的最佳相对位置确定以后，即使这是一个最佳的装载方案，还

[1] 赫尔曼·E.戴利：《超越增长：可持续发展的经济学》，上海译文出版社，2001年，第46—47页。

[2] 赫尔曼·E.戴利：《〈走向稳态经济〉论文集绪论》，载赫尔曼·E.戴利、肯尼思·N.汤森：《珍惜地球：经济学、生态学、伦理学》，商务印书馆，2001年，第37页。

存在这条船所能承受的绝对负载问题。也就是说，市场价格可以使资源均衡分布，但不能解决资源枯竭问题。稳态经济学追求两种理想状态：耗用自然资源的速度不超过这个星球所能补充的速度，沉淀废料的速度不超过它们能被吸收的速度。

大卫·W. 皮尔斯（David W. Pearce）和R. 科里·透纳（R. Kerry Turner）在1990年出版的《自然资源与环境经济学》一书中，把经济学生产函数中的资本理解为人造资本，与之相对应又提出了“自然资本”概念，但没有对其作明确的界定。1993年，皮尔斯提出用自然资本和人造资本、人力资本来估算可持续发展能力。1995年，在皮尔斯研究的基础上，世界银行明确将人类拥有的资本划分为人造资本、人力资本、自然资本和社会资本四大类。从1996年戴利发表《超越增长：可持续发展的经济学》之后的10多年间，许多西方著名生态经济学家都在研究自然资本理论。尤其是保罗·霍肯（Paul Hawken）1999年出版了《自然资本论：关于下一次工业革命》的生态经济学力作。自然资本理论回应了西方生态经济学理论的两个根本观点：一是肯定了在当今“满的世界”中，剩余的自然资本已经取代人造资本成为社会生产的稀缺要素，是经济发展的限制性因素。二是自然资本和人造资本基本上是互补性的，生产越多人造资本，在物质上就需要越多的自然资本。而在一个“满的世界”，任何人造资本的增加，都是以自然资本及服务为代价的。戴利、霍肯等人在他们的论著中，以开创性思维详细阐明了生态经济学关于自然资本的这两个基本观点，实际上成为西方生态经济学作为一个独立学科的理论支撑点。

有关资源枯竭对经济的约束，古典经济学家已经不同程度地认识到；而事实上当今世界更为严重的约束来自污染，污染已成为最大的全球性公害。资源和人口的稳态依靠低熵物质——能源（衰竭）的流入和等量的高熵物质——能量（污染）的流出得以维持。资源—人口系统，像单个的有机系统一样，是吸收低熵的开放系统。尼古拉斯·乔治斯库—罗根（Nicholas Georgescu-Roegen）等人根据热力学第二定律论证说，能量不能回收利用，物质可以回收利用，但要以消耗能量或更多的物质为代价。因此，物质和能量不仅仅是不灭的，也是不可逆的。一旦低熵（物质）转换为高熵（物质），其过程就不可逆转。熵是一个封闭的热力学系统中不可获得的能量的度量，或者说是能量不可获得性的度量。“从热力学的角度看，物质—能量以低熵的状态进入经济过程，以高熵状态出来……能量以两种状态存在——几乎已经完全被人类控制的可获得的或者是自由的能量，和人类几乎不能利用的不可获得的或者是被束缚的能量。一块煤的化学能是自由的能量，因为人可以把煤转化为热，或者，必要时转化为机械能……当一块煤燃烧时，它的化学能既没有减少也没有增加。但是，原始的自由的能量以热、烟和灰等人们再也无法利用的形式消散了。自由能转化成了被束缚的能。”[1]人类既不可能创造物质和能量，也不可能无限制地取得它们，低熵稀缺是人类经济系统面临的真正约束。在纯物理的意义上，经济过程仅仅是把有价值的自然资源（低熵）转换为废弃物（高熵）的过程，因此不能将经济活动看作是完全封闭系统中的生产和消费的钟摆运动，而必须视为一个利用低熵产出高熵的过程。效率的本质是低熵使用的效率。所有的经济系统都是一个大生态上相互依赖的生物物理系统的子系统，这个系统存在一系列所有经济系统都必须服从的约束；反过来，从熵的利用角度讲，一切生态系统也是经济系统，如何可持续地利用低熵，是所有生物尤其是作为万物之灵的人类必须对待的问题。这种约束的存在使人类必须视经济过程为单方向的不可逆过程。只有钱可以在一个部门和另一部门间循环，而能量和物质则不可能以原有的规模循环，无限的生产和消费实质上就是不断地将低熵无可逆转地转换为高熵。熵的增加将会造成严重的废热污染。热力学第二定律暗示：甚至在遥遥无期的宇宙的热沉寂发生前，人类将遭受热污染的灾难。因为无论我们什么时候利用能量，都必然会产生无用的废热。另一方面，各种化学污染物质的排放，则直接影响生态安全或人的生命安全。20世纪60年代，博尔丁提出“宇宙飞船地球经济学”观点：人类赖以生存的地球尤如茫茫无垠太空中的一个小小太空船，人口、经济的不断增长终将使其有限的资源开发完；而生产和消费所排出的废物终将使其完全污染。因此，必须以“循环经济”代替过去的“单程经济”。“宇宙飞船的比拟法突显了地球的狭小、拥挤和资源的有限性。必须避免毁灭性的冲突，以及要像由不同的人组成的机组人员那样和谐共处，形成一种世界共同体的观念。就这一点看，今天将地球比作宇宙飞船肯定和1960年代一样恰当。”[2]

从人类社会发展的一般规律来看，熵和污染的增加有其必然性。早在20世纪初，马歇尔就指出，在正常的经济活动中，对任何稀缺资源的消耗都取决于供求关系，而环境问题则是这种正常经济活动中的失调现象，即“外部不经济性”。他的学生庇古对私人厂商生产所造成的环境破坏使社会福利受到损失即经济的外部影响进行深入研究，认为人类合理的生产活动意外地对环境引起了与市场没有直接联系、又与各个被影响的方面没有直接财务关系的经济作用。1968年，加勒特·哈丁（Garrett Hardin）在《科学》杂志上发表的《公地的悲剧》一文指出，中世纪英格兰宣布公共

[1]尼古拉斯·乔治斯库—罗根：《熵定律和经济问题》，载赫尔曼·E.戴利、肯尼思·N.汤森：《珍惜地球：经济学、生态学、伦理学》，商务印书馆，2001年，第89—90页。

[2]肯尼思·艾瓦特·博尔丁：《重访地球宇宙飞船》，载赫尔曼·E.戴利、肯尼思·N.汤森：《珍惜地球：经济学、生态学、伦理学》，商务印书馆，2001年，第348页。

牧地为一般公众自由使用，是导致公地毁损悲剧即“不付费公地的悲剧”的根本原因。一个向众人开放的公地，在其中每个牧民的直接利益取决于他所放牧的牲畜数量的多少。由于缺乏约束的条件，当存在过度放牧问题时，每个牧民虽然明知公地会退化从而造成放牧质量下降，但个人博弈的最优策略仍然只能是增加牲畜数量。久而久之，公地可能彻底退化或废弃。另一方面，公地悲剧又表现为污染问题，效益的计算与前面的例子大同小异。在输入方面，人类将环境分割成私人所有权的领域；但在输出方面，环境吸纳废弃物的能力并没有分割到私人所有，大气、水资源又无法用产权来界定。理性的个人发现废弃物净化成本比直接排入公共环境所分担的成本多，就会不顾公共损失而排放污染物。人类因此将被锁入一个“污染我们自己家园”的怪圈。[1]亚当·斯密（Adam Smith）的“看不见的手”，使得私人的自利在不自觉地为公共利益服务；而“公地效应”则造就了“看不见的脚”，它导致私人的自利不自觉地把公共利益踢成碎片。[2]

“公地悲剧”是无节制的、开放式的、资源利用的灾难。到目前为止，“公地悲剧”看起来还是一个人类宿命，不可求解。哈丁提出的对策是对人口控制的共同赞同的相互强制、甚至政府强制，而不是一般的技术问题。戴利也指出，我们必须考虑两个问题：“（1）我们最终的手段是什么？它们是否是有限的，是否不能通过技术来解决？（2）终极目的的本质是什么？它是否在超越某个极限以后，中间手段（人口和人造物）的进一步积累不仅不能服务于终极目的，而且实际上还将转化为一种危害……最终手段的绝对稀缺性限制了增长的可能性。来自更多的消耗在终极目的的边际上的其他目的的竞争限制了对增长的期望。此外，期望和可能性之间的相互作用限制了经济的增长，这是最严厉的、可能是占统治地位的约束。自相矛盾的是，增长经济学既是非常物质化的，也是极其非物质化的。在忽略最终手段和热力学定律时，增长经济学表现的物质性很不够。在忽略终极目的和伦理时，却又表现得非常物质化。”[3]当我们将经济视为自然的子系统时，评价的体系就超越了以人的物质需要为核心的狭义经济学，而进入了以物理学、技术、经济学和伦理学交织的体系。如果以手段和目的来勾画人类生存发展的序列，这个序列的基础就是低熵的物质能量，它是最终手段；在此之上的则是中间手段，即由技术决定的物质存量，如人造物品和劳动力；再上一级的则属于目的层，包括中间目的如舒适、健康和教育以及属于信仰解释的最终目的。基于热力学第二定律，中间手段的进一步积累不仅不能服务于终极目的，而且会转化为一种危害。现代化如同巨大的热机，它连接着物质和能源转化链条的两端，一端

[1] 加勒特·哈丁：《公地的悲剧》，载赫尔曼·E. 戴利、肯尼思·N. 汤森：《珍惜地球：经济学、生态学、伦理学》，商务印书馆，2001年，第152—156页。

[2] 赫尔曼·E. 戴利：《〈走向稳态经济〉论文集绪论》，载赫尔曼·E. 戴利、肯尼思·N. 汤森：《珍惜地球：经济学、生态学、伦理学》，商务印书馆，2001年，第41—42页。

[3] 赫尔曼·E. 戴利：《〈走向稳态经济〉论文集绪论》，载赫尔曼·E. 戴利、肯尼思·N. 汤森：《珍惜地球：经济学、生态学、伦理学》，商务印书馆，2001年，第28页。

是低熵状态的森林、矿藏和天然水体，一端是高熵状态的垃圾。现代化程度越高，热机的功率越大，制造垃圾的能力越强。国别和地区差异首先是在链条位置上的差异，上游国家和地区不但优先享用下游的低熵资源，还向下游排放高熵垃圾。上游国家不会将稳态经济学作为政策指导，因为它们需要用高熵去换取低熵；下游国家也不会将稳态经济学作为政策指导，因为它们需要用低熵去换取收入。增长经济学恰好就是处在中间层的，它排除了两个终极，既不考虑最终的物质—能量约束，也不考虑人的精神关怀，只考虑在技术和资本条件下物质存量与人的满足问题。它为我们描述的是：交换，你和我都将更好。然而，在排斥第一个终极手段即低熵约束时，也必然地排斥了最终目的。在考虑终极目的和终极手段约束时，人类就必须意识到这样一个事实：人口系统和财富系统不会自我恒定，只有保持两者都处于一个低的流通率时，可持续的稳态才会出现。对于人口系统，低流通率意味着低生育和低死亡即高的生命期望值；对于财富系统，低流通率意味着商品的耐用性更好以及花费在生产上的时间更少，而获得更多的休闲时间。按照稳态经济学的这种思想，人类社会所有的经济活动，都是巨大的物质和能量转化链条中的一个环节，科学及其技术就像是这个链条的马达，它的进步只是使链条运转得更快，而不能改变链条本身。由于物质不灭，由于能量守恒，由于低熵稀缺，劳动只能把物质从一种形态转化成另一种形态，而不能无中生有，凭空创造。在增长经济学的无限地球时代，这种约束还未充分显示，但随着有限地球时代的来临，这种约束使科学技术无限的信念难以立足。

增长经济学还有社会伦理上的限制：一是以地质资本减少为代价的增长欲望受到强加给下一代的成本支出的限制；二是以掠夺生物栖息地为代价的增长需求受到因栖息地消失而数量上灭绝或减少的其他物种的限制；三是总增长的需求受到它本身对福利的自我消除效果的限制；四是总增长的需求受到像利己主义和科学—技术世界观这类鼓吹增长的态度对道德标准的破坏效果的限制。[1]稳态经济学隐含的经济意义和社会意义都是颠覆性的：第一，生产和消费的物质流必须最小化而不是最大化，经济的核心概念是财富，而不是收入和消费。在物质形态的财富恒定时，经济增长必须是非物质的商品，即服务和休闲；商品密集型的活动如消费应该让位于时间密集型的活动，人类的时间不应该像现在这样具有极高的机会成本。必要的生产和消费，应当用于可再生的耐用品。耐用性不仅仅意味着一件特定的物品能够使用多长时间，其含义还包括商品被废弃之后作为同种或者其他商品的原材料回收利用的效率。这样的思想无疑是商品经济社会里

[1]赫尔曼·E.戴利：《超越增长：可持续发展的经济学》，上海译文出版社，2001年，第50—52页。

的叛逆，它主张的不是消费需求而是要控制它。第二，针对传统发展模式导致的危机，主张停止传统的经济增长，加强国家共同体对经济发展的控制，形成稳态经济发展模式。此外，戴利还提出有限不平等原则：将为收入差距设定一个上限，逐步对资源进行重新分配，目的在于奖励真正出类拔萃或有特殊贡献者而不仅仅是让特权翻倍。柏拉图认为，这个系数以4为宜。在如今的大学、行政部门和军队里，它似乎介于10到20之间；而在开始试验前的某些公司部门中，它已经超过500。作为第一步，可以力争让它在总体上降低到100。最终应努力把这个系数最终降到30或10。戴利认为，“可持续发展需要心灵的转变、思想的更新和有益的忏悔。这些都是宗教术语，而且不是巧合，因为我们赖以生存的根本原则的变化是一种如此深刻的改变，以至于它必然是一种宗教式的转换，无论我们是否这样称呼它。”“我建议只用一个《圣经》的经济原则，这个原则我认为最基本、最易辨别、最能满足当今世界上一种更好制度化的要求。它也部分覆盖了可持续经济所需要的制度……这个原则，如果可以用第十一条戒律的形式来表达的话，可以称作：你不可以允许私有财产分配上无限制的不平等。”[1]

[1]赫尔曼·E.戴利：《超越增长：可持续发展的经济学》，上海译文出版社，2001年，第296、283、289—290页。

稳态经济学思想与现代主义格格不入，甚至罗伯特·莫顿·索洛（Robert Merton Solow）和保罗·罗默（Paul M.Romer）都曾对戴利提出质疑和批评，认为他的学说充满了不切实际的妄想，缺乏足够的科学性。尽管说出了皇帝新衣的真相，戴利一直被视为一个释放“资源稀缺幽灵”的杞人忧天者。但是，事实上，他已成为当代经济学界的奥德赛。现代城市是最发达的经济体，是最大的低熵吸收和高熵排出体，也是高密度人口聚集体。稳态经济学所指证的问题以城市最为典型和集中。如果人类还做不到让自然返魅的话，至少生态主义的奥德赛已是十分普遍的城市美学文本——人类需要稳态城市。

二、从经济学关怀到美学关怀

理安·艾斯勒（Riane Eisler）《国家的真正财富：创建关怀经济学》一书的英文名为*The Real Wealth of Nations*：*Creating a Caring Economics*，显然比照了亚当·斯密开启现代经济学的经典名著*An Inquiry into the Nature and Causes of the Wealth Nations*（《国家财富的性质和原因》，中译本译为《国民财富的性质和原因的研究》或《国富论》《原富》）。艾斯勒指出，选择这个书名，并不意味着要写一部像斯密的《国富论》那样全面的专业性很强的经济学专著，而是为了表明人类最重要的经济资产不是财经方面的——真正的财富是人的贡献和自然环境的贡献。为了论述这个问题，要汇集许多知识，所以她的研究吸收了经济学以外的众多领域的知识。她还提出积极推进经济与社会体系变革的实际步骤，其立意是一种经济学的生命关怀。

让“关怀”介入经济学并非艾斯勒的首创，但通过关怀经济学的建构进行系统而诚恳的研究却是她的一种创造。艾斯勒指出，国家的真正财富是人与自然环境，最宝贵的资本是人力资本和自然资本。为此，她倡导包括关怀人的经济活动和关怀自然环境的经济活动的经济学，即关怀经济学（Caring Economics），提出了经济学是什么以及能成为什么的一项新看法。她的研究提供了一个新的出发点来重建经济结构、经济措施和经济政策，使人类的积极潜力达到最大限度、消极方面退到最小限度。传统经济学将“关怀”的重点集中于资源的稀缺及其配置上，忽略了两大关键点：其一，采取的经济政策与措施往往人为地制造资源稀缺；其二，需求很大程度上决定于事物有无价值的文化观念。而人为稀缺经常是有统治关系的政治与经济通过过度消费、浪费、剥削、战争或备战、环境掠夺以及不重视关怀和给予关怀且不投资高质量的人力资本等方式制造出来的。缺少关怀，在经济上、社会上和生态上所付出的代价昂贵得惊人，并且还很难度量和反映。1989年，埃克森美孚石油公司一艘闲置的老油轮瓦尔迪兹号运载的1 100万加仑原油泄漏，造成大面积海域污染，杀死了大量鱼类和其他海洋生物，危及千百万海岸候鸟和水禽，毁了当地居民许多年的生计和健康。但是埃克森美孚石油公司并没有为这些破坏买单，而是花费千百万美元用于雇用律师——这些开支都为当年美国的GDP作出了贡献。此外，因漏油事故而丧失生计和健康的业主、土著人和渔业商人雇用律师的费用也被计入GDP。据《科学》杂志报道，这一区域四年后海滩和海床上仍然残留有大量原油在毒害生物，这种状况甚至至今没有消除。可是埃克森美孚石油公司所造成的危害完全没有反映在经济生产率之度量中。在这个物质主义至上的时代，所有“关怀”的政策和措施的真正代价都在被度量标准所掩盖。艾斯勒特别称赞芬兰、挪威和瑞典等北欧国家，它们已经注重投资于关怀性政策和计划：通过普及医疗、灵活安排上班时间、带薪休假、育儿补贴等政策，使妇女和男子都能平衡家庭内外的工作，并使更多男子有机会接近孩子和做家务；在无报酬社区经济中，志愿者享有减价交通费以及对他们提供免费服务的其他奖励。这些国家的某些经济学家还提出把自然更多地“商品化”。例如，把水、森林、能源以及大气都转变成“全球公共货品”，制订更有效地使用和保护这些资源的经济指标、规章和措施。

艾斯勒认为当代社会的“新经济图”应该包括六大经济部门：家庭经济、无报酬社区经济、市场经济、非法经济、政府经济和自然经济。而在传统的“旧经济图”中，一直把社会的“基础经济部门”——家庭经济、无报酬社区经济和自然经济全部剔除，这导致了许多观点和政策的扭曲。这种扭曲带来的最显著的问题就是，不管是发达国家，还是追赶发达国家的发展中国家，大多数都把GDP或GNP作为主要经济指标。而这两个经济指标都不包括家庭、社区和社会对人的关怀活动的产值，都不考虑经济活动直接对自然环境以及间接地对人的生活质量造成的负产值。当今全世界100个最大经济体中的51个是公司而非国家，这些公司仅仅是赚钱机器，不关心任何别的事。对此，艾斯勒主张用生活质量（QL）测量指标和物质生活质量指数（PQLI）取代GDP和GNP，以便准确地反映一国经济活动在多大程度上提高了国民幸福和生态可持续指数。她还建议通过建立伙伴关系体系，以重视传统经济学中所忽视的主要由女性来承担的无报酬或低酬劳的经济活动，并在提高妇女地位及实现对人与自然的真正关爱的同时，建立一个更具关怀、更可持续、更符合人类长远需求的经济体系。

《国家的真正财富：创建关怀经济学》是艾斯勒“人类社会发展三部曲”研究的一部分。她从“权”（《圣杯与剑：我们的历史，我们的未来》：代表平等和平的圣杯与代表男性权力的剑）、“性”（《神圣的欢爱：性，神话与女性肉体的政治学》：男女两性的政治学）和“钱”（《国家的真正财富：创建关怀经济学》：创建一门关怀性的伙伴关系经济学）这三个推动人类动机和行动的最强有力的杠杆进行创新性研究，并得出了如下结论：人类必须向史前具有男女平权伙伴关系的社会模式复归，建立一种新型的伙伴关系社会模式。社会意识形态和社会结构都要因此转型。艾斯勒称她的工作是一种积极的探索，旨在更好地理解和改善人类在地球上的生活。其工作的驱动力则来自她对包括孙儿女在内的所有孩子们的关怀。[1]

潘知常、周国平等人提出“我爱故我在”的美学终极命题，实际说的是美学关怀。潘知常引述赖内·马利亚·里尔克（Rainer Maria Rilke）《致奥尔弗斯的十四行诗》第一部第十九首中的诗句“没有认清痛苦，爱也没有学成”来概括现代美学的困惑。他说，美学必须“带着爱上路”，必须走上一条“神问”之路。所谓的“神问”指的是“神圣之问”，也就是“信仰维度之问”“终极关怀之问”“爱之问”，或者即里尔克所说的认清痛苦、学会爱。在这里，“信仰维度之问”“终极关怀之问”都指的

[1]理安•艾斯勒：《国家的真正财富：创建关怀经济学》《圣杯与剑：我们的历史，我们的未来》《神圣的欢爱：性，神话与女性肉体的政治学》，社会科学文献出版社，2009年。

是“支援意识”；而“爱之问”则是指对于人生的一种根本假设。按照康德的看法，这种假设是“在对象给予我们之前就对对象有所规定”；按照布莱兹·帕斯卡尔（Blaise Pascal）的看法，这是一场赌博，因为作为终极关怀的爱的存在无法证明，犹如上帝的存在无法证明。迈克尔·波兰尼（Michael Polanyi）发现，科学家或思想家的创新可以分为两个层面：一个是可以言传的层面，他称之为“集中意识”；还有一个是不可言传只可意会的层面，可以理解为一种思考问题的根本假设，他称之为“支援意识”。科学家或思想家的创新是这两个层面的融会贯通，而且更为重要的是“支援意识”。H. 吉纳·布洛克（H.Gene Blocker）曾说：“困惑的结果总是产生于显而易见的开端（假设）。正因为这样，我们才应该特别小心地对待这个‘显而易见的开端’，因为正是从这儿起，事情才走上了歧路。”[1]这也就是说，每个人在思考之前，其实都必须首先为自己确定一些根本假设，或者必须先接受一些不必去加以讨论的根本假设。当然，这个根本假设不能告诉我们世界是什么样的，但是它却能告诉我们应以什么样的眼光来看待世界；这个根本假设也不能规定我们想什么和做什么，但是它却能规定我们去怎样想和不去怎样想、去怎样做和不去怎样做。它是思考的根据，也是思考的限度。美学思考的前提也出自一种人生的根本假设。我们之所以一定要学习和研究美学，就是因为每一个人都需要对自己的人生有一种根本假设。当我们接受了一种美学，其实也就接受了一种生存方式，接受了一种对于生命的领悟。信仰维度和作为终极关怀的爱是一种生命美学假设。这种意义上的美学是面向人类认清痛苦、学会爱的精神需要的美学。“信仰”与“爱”是人类真正值得为之生、为之死、为之受难的所在。美学必须造就爱的圣殿、爱的奥林匹斯山，必须走上爱的朝圣之路。人一旦仰望星空，走向神圣，他的物质性存在受到牵制，他对自然的开采和利用也就适可而止，从而与天地万物保持一种和谐亲近的关系。[2]

[1]H.吉纳·布洛克：《美学新解》，辽宁人民出版社，1987年，202页。

[2]潘知常：《我爱故我在：生命美学的视界》，江西人民出版社，2009年，序言。

后现代意义上的生命不再仅仅局限于人之生命，而是生态意义上的生命。“生态”之“生”，不是一种纯粹的肉体存在，也不是一种实体性的在场，从根本上说，它是一种“让…生”——给以万物自由生长的权力，以开辟万物得以现身的场所，弥合天人、物我、主客之间的隔阂，保证天人、万物的一体性。“态”是非静止的、非实体化的，它不是凝固、封闭着的某一姿势，而是使这一姿势成为可能，同时又要溢出这一姿势、超越这一姿势、化解这一姿势的界限的那种东西。从根本上说，“态”就是“自由”，就是个体自我决定的适得其所，是个体自主决定的伸展的方向、自我敞开的境域。“态”的这一“自由”，是由“生”给予的，

"生"就是"让…生"。生态即生命之间的相互成全的关系，其中有表层的征服—被征服现象，但共生和互生乃是其不变的本性。所以，"生态"并不是一种固定的姿态，不是一种结构、秩序、规则、系统，而是生命的无尽运作和流动。[1]生态美与作为传统美学基本范畴的自然美不同，它超越于人与自然的两分对立，回归于人与自然浑然未分的一体化状态。从生态美学看生命，不是从个体或物种的存在方式来看待生命，而是超越了生命理解的局限与狭隘，从生命间的普遍联系来看待生命，将生命视为人与自然万物共有的属性。人意识到生态的存在，说明其开始将自己还原为生态共同体的成员，不再毫无忌惮地将自己凌驾于其他生命之上。这是人类生存方式的生态学转折。生态美学便诞生于这个转折中。

[1]陈立群：《生态美的命名与生态美学的建构》，《贵州社会科学》，2002年第3期。

生态美学从人与自然的审美关系出发，找寻一种包括人与自然、人与社会、人与自身的生态价值的审美，其中人与自然的存在状态是生态美学的起点也是归宿。人是自然的人—理性的人—生态的人：人源于自然，又从自然中出走，最终复归于自然。对人与自然关系的生态价值的审美是生态美学的现实关怀，也是终极的观照。其最终的落脚点在于改善人类当下的非美学存在状态。

普泛意义上的生命美学坚守慈悲情怀，并将它平等地派送到自然中所有生命之中，使自然万物之间达成互惠互利、共生共和的密约。"拟人化"自然观是把主体性、经验和感觉重新置回自然的一种思想姿态。冈特·绍伊博尔德（Gunten Seubold）曾谈到："新墨西哥的印第安人拒绝使用钢犁，因为它会伤害母亲（大地）的胸脯。这些印第安人在春天耕作时从马身上摘下马掌，免得伤害怀孕的大地。"[2]宗白华则说，艺术的生活就是同情的生活。要将"对于人类社会的同情"，"扩充张大到普遍的自然中去"。只有具备这样一种"大同情心"，才能关爱万物，"看见了一枝花，觉得花能解语，遇着了一只鸟，觉得鸟亦知情，听见了泉声，以为是情调，会着了一丛小草，一片蝴蝶，觉得也能互相了解，悄悄地诉说它们的情，它们的梦，它们的想望。无论山水云树，月色星光，都是我们有知觉、有感情的姊妹同胞。"[3]亚瑟·叔本华（Arthur Schopenhauer）所说的"世界眼"是指，面对外物时，"在直观中遗忘自己，而使原来服务于意志的认识现在摆脱这种劳役，即是说完全不在自己的兴趣、意欲和目的上着眼，从而一时完全撤销了自己的人格，以便〔在撤销人格后〕剩了为认识着的纯粹主体，明亮的世界眼。"叔本华认为，一旦具备了这样一种"纯粹主体"状态的"世界眼"，"人们或是从狱室中，或是从王宫中观看落日，就没有什么区别了。"[4]海德格尔曾说："作品存在就是建立一

[2]冈特·绍伊博尔德：《海德格尔分析新时代的技术》，中国社会科学出版社，1998年，第15页。

[3]宗白华：《美学与意境》，人民出版社，1987年，第17页。

[4]亚瑟·叔本华：《作为意志和表象的世界》，商务印书馆，1982年，第259—260、275页。

个世界……世界决不是立身于我们面前能让我们细细打量的对象。只要诞生与死亡、祝福与亵渎不断地使我们进入存在，世界就始终是非对象性的东西，而我们始终归属于它。”[1]艺术作品从其出自人的手工来看，它是一种器具，但它与一般器具不同。一般器具服从有用性原则，因此，在一般器具的制作中，其所使用的材料的特性就消失在器具的有用性中。制作器具的材料愈是优良愈是适宜，也就愈是失去其自身，愈是消失在器具的有用性中。艺术作品的制作则与此相反，它虽也经历了材料的加工、改变等，但艺术作品不会使物质材料的特性消失，倒是使物质材料特性敞亮。“岩石能够承载和持守，并因而才成其为岩石；金属闪烁，颜色发光，声音朗朗可听，词语得以言说。所有这一切得以出现，都是由于作品把自身置回到石头的硕大和沉重、木头的坚硬和韧性、金属的刚硬和光泽、颜色的明暗、声音的音调和词语的命名力量之中。”一句话，“作品让大地是大地。”[2]也就是说，艺术作品的制作并未以牺牲存在者原有的自然特性为代价，反倒是使其原有特性更加彰显。与技术对自然的改造和利用绝然不同，它对事物具有保护的作用，可以制约技术对自然的过度开采和利用。

罗尔斯顿指出，古典伦理学呼吁人们生活在其文化空间中，环境伦理学则呼吁人们生活在其自然空间中，“但这个过程包含着某种辩证的真理：正题是自然，反题是文化，合题是生存于自然中的文化；这二者构成了一个家园，一个住所（‘生态学’的希腊语词根Oikos的含义就是住所）。”[3]罗尔斯顿还提出带有生态整体意味的两个“整合”的思想：1. 人类想诗意地栖息于其中的大自然，是这样的一个大自然——它虽历尽沧桑，但却把生命的过去、现在和未来整合成一幅有意义的故事图景。这并不是要把大自然仅仅当作创作人类故事的工具，正如我们在生活中并不仅仅把同伴当作创作人类故事的工具。2. 我们每一个人的具体的栖息方式，被整合成了某种超越了个人的有限性的、有关人类整体在这个地球上的生存的宏伟史诗。人类文化有助于人类实现在地球上诗意的栖居。这种文化是由智人这个智慧物种创造的。通过做出对其栖息地有益的行为，智人能使自己的利益得到最大限度的实现。诗意的栖息是精神的产物，它要体现在每一个具体的环境中，它将把人类带向希望之乡。如海德格尔所言“诗人的天职是还乡”，正是诗、艺术把人类带回生命的本源处。

人既是一种生物性的存在，又是一种社会性的存在，同时，更是一种精神性的存在。卡尔·雅斯贝尔斯（Karl Jaspers）在《当代的精神处境》一书中指出：“人就是精神，而人之为人的处境，就是一种精神的处境。”[4]对精神生态的研究，一方面涉及精神主体的健康成长，一方面还关

[1]马丁·海德格尔：《艺术作品的本源》，载马丁·海德格尔：《海德格尔选集》，上海三联书店，1996年，第265页。

[2]马丁·海德格尔：《林中路》，上海译文出版社，2004年，第32页。

[3]霍尔姆斯·罗尔斯顿：《环境伦理学》，中国社会科学出版社，2000年，第451页。

[4]卡尔·雅斯贝尔斯：《当代的精神处境》，生活·读书·新知三联书店，1992年，第3—4页。

涉到一个生态系统在精神变量协调下的平衡、稳定和演进。[1]“优美”属美学范畴，“健康”属生态范畴。一般美学的“优美”内涵指具有相对独立性的形式美，如色彩、线条、音响、图案等，而生态美学的形式理论更侧重研究自然与人工产品形式美散发的信息的内在物质元素质量。也就是说，不管自然界各种审美对象还是人工产品美的形式，只要它们的物理化学元素构成有害于生活空间和人体健康，构成对环境的污染、臭氧层的破坏，那么无论多么悦目愉耳也不能认为是美。所以，生态美学的形式理论是以生态价值为最高和唯一标准的。在沈从文的生态智慧里，“优美”与“健康”并置，用“健康”原则控制“优美”滑向唯美主义。正是经过美学和生态的双重过滤，他笔下的湘西世界才具有不朽的艺术魅力与生态底蕴。身体健康是人类之福，思想健康是灵魂之福，艺术健康是社会之福，体制健康是民族之福，而生态健康则是一切生灵之福，也是一切福祉的基础。[2]尤赛琴（Eupsychian）是亚伯拉罕·哈罗德·马斯洛（Abraham Harold Maslow）创造的一个词汇。它由希腊文词根eu和希腊文psyche所组成。eu具有“优美”“善良”的意思，而Psyche是爱神Eros所爱的美女，是灵魂的化身，后演伸为“灵魂”。汉语一般译作“优心”或“优心态”。根据马斯洛对该词的定义，它是“由1 000名自我实现者在一个与世隔绝的岛上，在没有外界干涉的情况下所倡导的文化……尤赛琴一词也可以这样来理解，即它指的是‘向心理健康发展’”。[3]“优心态”即健康的精神生态。

[1]鲁枢元：《生态批评的空间》，华东师范大学出版社，2006年，第93页。

[2]覃新菊：《与自然为邻：生态批评与沈从文研究》，湖南师范大学出版社，2006年，第87—89页。

[3]弗兰克·G.戈布尔（Frank G.Goble）：《第三思潮：马斯洛心理学》，上海译文出版社，1987年，第13页。

三、生态批评与新人文观

约瑟夫·W. 密克尔（Joseph W. Meeker）在1974年出版的《幸存的喜剧：文学生态学研究》一书中提出“文学生态学”（Literary Ecology）这一术语。1978年，威廉·鲁克尔特（William Rueckert）在《爱荷华州评论》上发表题为《文学与生态学：生态批评的试验》的文章，创用“生态批评”（Ecocriticiam）一词。“生态批评”作为一个文学研究术语逐渐受到公认，首先得益于专业组织的建立。1992年，文学与环境研究学会（Association for the Study of Literature and Environment，简称ASLE）在美国内华达大学成立。1993年，《文学与环境的跨学科研究》（ISLE）刊物问世。1996年，彻丽尔·格罗特费尔蒂（Cheryll Glotfelty）和哈罗德·弗罗姆（Harold Fromm）主编的第一部生态批评论文集《生态批评读本：文学生态学中的里程碑》出版。1999年，美国人文研究专业刊物的“旗舰”《现代语言学协会会刊》（PMLA）和美国最前沿的文学研究季刊《新文学史》相继推出了生态批评研究专号。生态批评由此逐渐成为文学批评理论中的显学。

目前，学术界对生态批评有多种界定。密克尔所谓的文学生态学是“对出现在文学作品中的生物学主题和关系的研究。同时它又是发现人类物种在生态学中所扮演的角色的一种努力”。[1]主张探讨文学所揭示的“人类与其他物种之间的关系”，“细致并真诚地审视和发掘文学对人类行为和自然环境的影响”。[2]鲁克尔特对生态批评的界定是：“将文学与生态学结合起来”的批评，它“把生态学以及与生态学有关的概念运用到文学研究之中”。[3]不难看出，密克尔和鲁克尔特的定义把生态批评局限在生态学或生物学与文学批评的关系方面，似乎生态批评就是生态科学加文学研究。随着生态批评走向深入、走向更广阔的领域，大多数生态批评家都摒弃了密克尔和鲁克尔特的观点，虽然保留了“生态批评”这个术语。卡尔·克鲁伯（Karl Kroeber）指出：“生态批评并非将生态学、生物化学、数学研究方法或任何其他自然科学的研究方法用于文学分析。它只是将生态哲学最基本的观念引入文学批评。”[4]威廉·豪沃思（ William Howarth）在《生态批评的一些原则》中则将生态批评表达为“家事裁决”：“Eco（生态的）和Critic（批评家）都来自希腊文，分别出自Oikos和Kritis，两个词连起来的意思就是‘家事裁决’（House Judge）。这个意思可能会让许多绿色书写和户外书写之爱好者吃惊。对‘生态批评家’这个词也许可以给出一个更长且曲折的解释：‘某个主张赞美自然、谴责自然的掠夺者并通过政治行动减少对自然伤害的人，判断那些描写文化对自然之影响结果的作品好坏优劣，这样的人就是生态批评家。’因此，这个Oikos指的就是自然，是被爱德华·霍格兰（Edward Hoagland）称为‘我们最宽广的家’的地方；而Kritis则是一个有品位的裁决者，他希望这个家有良好的秩序，靴子和盘子没有乱扔一气，没有破坏原本的布置。”豪沃思又指出，生态批评是生态学、伦理学、语言学与文学批评相结合的产物，“生态学描述了自然与文化的关系。伦理学的实践哲学提供了调节历史社会冲突的途径。语言学理论检验词语如何描绘人类与非人类生活。批评判断作品的质量和完善与否并促进作品的传播。每一门学科都强调自然和文学之间的关系是流动的、变化的形态。”[5]豪沃思所说的“家事裁决”的“家”不是指普通概念上的家庭，而是包含人类在内的地球上所有生物和非生物的大家庭。为了这个“家”和谐、长久地存在，所有的家庭成员都必须尊重这个大家庭的整体利益，必须遵守这个大家庭的秩序和规律；而生态批评就是要监督、审查人们的活动是否扰乱、打破了家的原有秩序，就是要对

[1] Cheryll Glotfelty & Harold Fromm, eds., *The Ecocriticism Reader: Landmarks in Literary Ecology*, Georgia: University of Georgia Press, 1996, P.14.

[2] Joseph W. Meeker, *The Comedy of Survival: Studies in Literary Ecology*, New York: Charles Scribner s Sons, 1974, P.3 4.

[3] Cheryll Glotfelty & Harold Fromm, eds., *The Ecocriticism Reader: Landmarks in Literary Ecology*, Georgia: University of Georgia Press, 1996, P.115, P.107.

[4] Karl Kroeber, *Ecological Literary Criticism: Romantic Imagining and the Biology of Mind*, New York: Columbia University Press, 1994, P.25.

[5] Cheryll Glotfelty & Harold Fromm, eds., *The Ecocriticism Reader: Landmarks in Literary Ecology*, Georgia: University of Georgia Press, 1996, P.69 71.

人类的行为做出评判。在豪沃思看来，生态批评远远不止于文学批评，它还是思想文化批评，是透过文学研究和评论来评断、裁决人类思想、文化和行为的文化批评。格罗特费尔蒂在引述和评价了密克尔和鲁克尔特等人的定义之后，提出了自己的界定："究竟什么是生态批评？简单地说，生态批评是对文学和自然环境关系的研究……它把以地球为中心的思想意识运用到文学研究中。"生态批评"有一个基本的前提，那就是人类文化与物质世界相互关联，文化影响物质世界，同时也受到物质世界的影响。生态批评以自然与文化、特别是自然与语言文学作品的相互联系作为它的主题。作为一种批评立场，它一只脚立于文学，另一只脚立于大地；作为一种理论话语，它协调着人类与非人类"。[1]格罗特费尔蒂这个简洁的定义得到了多数批评家的认可。相比于豪沃思的定义，格罗特费尔蒂的界定更为严谨，更为学术化。这个界定不仅强调了文学与自然的关系，而且进一步提到文化与自然的相互关联、相互影响，最后揭示出生态批评的使命是通过文学来重审人类文化、进行文化批判、挖掘生态危机的思想文化根源，协调人类与非人类的关系。[2]

[1]Cheryll Glotfelty & Harold Fromm,eds.,*The Ecocriticism Reader:Landmarks in Literary Ecology*,Georgia:University of Georgia Press,1996,P.18 19.

[2]张念红、王诺：《〈生态批评读本〉述评》，《江苏大学学报》（社会科学版），2008年第4期。

劳伦斯·布伊尔（Lawrence Buell）指出，生态批评已经从主要关注自然保护深入到主要探究生态危机的思想、文化、社会根源，它更加关注的是环境正义，关注全球化与生态保护地域的关系和冲突，关注美学、伦理学和政治关怀与生态关怀的联系和抵触。由于深入到了思想文化社会层面，当今的生态批评才会有如此迅猛的发展，生态的话语才会成为文学研究与文化研究的恒久的部分。正因为如此，"生态批评"这一术语的含义变得越来越复杂。起初使用"生态批评"的是研究自然写作及自然诗歌的学者，这些早期的生态批评家许多人强烈反对现代文本性理论，并宣称生态批评的核心任务是要强调文学应该使读者重新去与自然"接触"。然而目前情况已有所改变。我们现在已处于"第二波"生态批评之中。第二波生态批评是以如下前提为出发点的：第一，所有形式的话语在原则上都可以充分地成为"环境"的符号，而不仅仅是关注非人类世界及其与人类的关系的体裁。第二，"环境危机"并非只是一种威胁土地或非人类生命形式的危机，而是一种全面的文明世界的现象（以各种形式包括了全球所有国家）；不仅关乎相对较少的人们可体验到的与自然的接触，也关乎日常的人类经验行为。第三，生态批评的任务不只在于鼓励读者重新去与自然"接触"，而是要灌输人类存在的"环境性"意识——作为一个物种的人只是他们所栖居的生物圈的一部分——还要意识到这一事实在所有思维活动中留下的印记。1994年在盐湖城召开的以"界定生态批评的理论与实践”为题的专题讨论会上，有不少学者意识到生态批评必须深入到思想文化批判的层面。他们明确提出，生态批评是“推行一种医治人类造成的环境伤害的认识世界的方式”，“生态批评从根本上说是一种伦理批评和教育，它要探查并促成自我、社会、自然、文本之间的联系。我们不允许它仅仅是另一个发表文章求取长久职位的‘主义’机器，而应该使用生态批评的透镜透视并质疑我们理所当然地接受的种种经典，质疑继续视非人类自然与人类在其中的位置无关紧要的经典。”因此，与其把生态批评界定为一种新型文学理论或方法论，毋宁视其为一种思想潮流或运动：一种将文学批评和研究与现实的需要、问题和危机联系起来的思潮或运动，一种超越文学学科自身的藩篱、力求与其他学科如历史学、文化学、生物学、地理学、生态学、社会学、环境学、伦理学与哲学等交叉结合的思潮与运动。这并非学术意义上的科际整合，而是在认识人与自然整体关系的前提下，寻求学科自身发展的需要。[1]

在生态批评产生之际，现代性话语与后现代性话语的紧张关系已经全球化了。因此，它不可能不选择自己的立场——是在“现代性之内”存在，还是自觉地归属后现代主义话语谱系？对这个问题的回答决定了生态批评的自我定位和研究者对生态批评的定位。实际上，有许多生态批评家业已给出了明晰的答案：生态批评奠基于劳伦司·库伯（Laurence Coupe）所说的“完整的后现代主义式的对人类主体特权的剥夺”，[2]其建构策略则是“在后现代主义的临时性（Provisionality）和多元主义（Pluralism）中寻找希望，将生态学对于有机生命的创造性和生态多样性的强调置于其中”，[3]因此，它作为“文学研究的绿色分支”属于后现代主义的组成部分而非对后现代主义的反动。[4]库伯言说后现代主义的临时性和多元主义主要指的是利奥塔等人提出的解构性的后现代主义。虽然他更赞成“生态的或重构的后现代主义”（Ecological or Reconstrctive Postmodernism），但由于解构的后现代主义可以在“现代性的崩溃中扮演角色”，所以仍将其当作话语工具。在《作为退隐者话语的生态学》一文中，利奥塔曾追溯生态世界退隐的语义学根源，明确表示“家（Oikeion，生态世界）的退隐状态是悲剧的起源”。[5]虽然利奥塔所说的生态世界并不专指自然共同体，但后现代主义的解构方法却能够服务于自然的返魅。库伯等人强调生态批评对总体后现代主义思潮的归属关系，说明他们已经发现了这个线索并用它来强化生态批评的解构力度。生态批评在原初意义上已经被置入后现代主义话语谱系中，它是作为后现代主义话语谱系的构成因素生长起来的：1. 它以后现代主义话语谱系的基本理念解构现代性中的人类主体特权（人类中心

[1] 王诺、宋丽丽、韦清琦：《生态批语三人谈》，《三峡大学学报》（人文社会科学版），2006年第3期。

[2] Richard Kerridge & Neil Sammells, *Writing the Environment: Ecocriticism and Literature*, London and New York: Zed Books Ltd, 1995, P.28.

[3] Laurence Coupe, *The Green Studies Reader: From Romanticism to Ecocriticism*, London and New York: Routledge, 2000, P.7.

[4] Richard Kerridge & Neil Sammells, *Writing the Environment: Ecocriticism and Literature*, London and New York: Zed Books Ltd, 1995, P.31.

[5] Laurence Coupe, *The Green Studies Reader: From Romanticism to Ecocriticism*, London and New York: Routledge, 2000, P.135.

主义），为生态主义的文学批评奠基；2. 它运用后现代主义的去中心化方法，在历时性的建构过程中不断消解自身残存的中心主义、整体主义、本质主义，使其理论创造走向圆融和自觉；3. 它为后现代主义文学批评增加了生态学维度，对后现代主义文学批评从单纯解构走向建构有推动之功。

为了对抗以主体特权为中心的话语谱系，解构性后现代主义提倡小叙事，寄希望于语言游戏的元素异质性，号召人们激活差异。生态批评虽然不赞成利奥塔等人对小叙事的迷恋（这造成了小叙事／大叙事的新二分法），但采纳了前者对元素异质性、差异、边缘、多元化的重视。多米尼克·海德（Dominic Head）在《生态批评的（不）可能性》一文中正面肯定了上述理念对生态批评的意义：后现代主义对元叙事和宏大理论的解构伴随着话语的平等结合，这种表达模式创造了边缘话语可能获得倾听的草根阶层的微型政治。此处所说的"草根阶层"已经不仅仅指少数族裔、妇女、劳工阶级，还包括被压抑的非人类个体。后者之所以被压抑，是因为"人的悲剧性弱点"即自我中心主义。在属于现代性话语谱系的人类中心论神话中，人类是地球上唯一的主体，需要通过"使自然人化"来改造、解放、照亮人之外的领域。正是这种改变、塑造、控制万物的冲动消灭着世界的多样性，造成了"自然之蚀"乃至"自然之死"。这种人类中心主义的悖谬，使得生态文学家产生了深沉的羞耻感："我是被叫做文明的可怕征服的一部分。我为我的物种和自己感到羞耻。"在解读《白色噪音》等20世纪80年代的后自然小说时，生态批评家辛西娅·迪特英（Cynthia Deitering）以后现代主义的反讽口吻将人定义为"废物制造者"："废物进入了人的自我，成为人的一部分，我们开始将自己的生殖角色理解为废物制造者。"人作为"废物制造者"本身也是废物，他在制造"自然之蚀"的同时在自我流放：在业已"卫生间化"的地球上，世界不再是家。[1] 此类话语的极端品格造就出巨大的语言张力，揭穿了人类主体自主万能的现代性神话，敞开了主体主义、人类中心主义、进步主义的合法性危机，因而为新的话语平台——生态话语——奠定了根基。

[1] Cheryll Glotfelty & Harold Fromm,eds.,*The Ecocriticism Reader:Landmarks in Literary Ecology*,Georgia:University of Georgia Press,1996,P.198，P.200.

生态批评呼吁恢复灵性主体（Animistic Subject）概念，以消除文学中人类／非人类的界限。在生态批评的话语场域中，自然中的各种生命作为不仅仅是文学表现的对象，而且是文学最原始的创造者。没有众多生命主体的互生和共生，文学就不可能诞生。生态世界是无数生命主体的家，这些生命主体以自己的方式说话，各种各样的"方言"汇合成的世界语言是文学的源泉。因此，非人类的生命主体也是文学艺术的原始作者：绿色植物是地球上最有创造性的机体之一，它们是自然的诗人。既然如此，文学家就必须与自然中的其他生命主体展开作者间际的对话：在自然的伟大网络中，所有存在都值得认知，均可以发出声音。由此，生态批评探讨作者怎样表现风景中人类与非人类声音的相互作用。为了探讨这种对话的可能性，迈克尔·麦克道尔（Michael J. Mcdowell）将巴赫金的对话理论应用到文学批评中，试图以对话模式取代现代文学中流行的独白模式："对话首先有助于强调对立的声音，而非以叙述者的权威性独自为中心。我们从此可以倾听风景中被边缘化的角色和元素。我们的注意力被导向在风景中联合着的各种角色和元素的语言差异。"[1]在对话过程中，好的文学"不但要叙述自然，而且要提及——至少要暗示——自然的抵抗"，展示自然如何"抵抗、质疑、逃避我们试图强加给它的意义"。[2]对话作为语言层面的交流是不同生命主体的交往形式之一，它牵引出不同生命主体更深层的互动关系。如果我们将不同生命主体的互动理解为游戏的话，那么，人在其中的真实角色就既非牺牲品，又不是剥削者，而仅仅是游戏的参与者。自然在这个过程中不是"供人类演出的舞台"，而是"戏剧中的演员"。在这样的世界观中，文学必然由人学升华为不同生命主体呼唤—响应/传达—领受的游戏。人仅仅在将这个游戏用语言表达出来的意义上是文学的作者，文学的最原始作者是生态圈中的无数生命主体。作为被无数作者成全着的作者，人在创作时已经在接受前者的呼唤和委托，理应将自己投入到成全和被成全的基本运动中去。这种成全和被成全的基本运动造就着无数生命主体共同的家（Oikos）即生态圈（Eco-sphere），因而以生态的（Ecological）的立场进行创作是"家事裁决"的必然要求。为了完成符合"家"的根本利益的"家事裁决"，生态批评才推举出以所有生命个体为主体的后现代文学观。

在恢复了非人类生命的主体地位后，文学必须重新勘定自己的领域。被现代性支配的批评理念将文学定义为对社会生活（包括人的精神生活）的呈现。在这种文学观中，"世界"是社会的同义语。生态批评将"世界"概念扩展到生态圈，令边缘、中心、差异等后现代主义范畴有了真实的生态学所指。既然世界概念已经扩展到生态圈，那么，文学就必须由对社会生活的呈现升华为对各种生命主体交往活动的展示。生态批评家通常这样提问：在这首十四行诗中自然如何被表现？在这部小说的情节中物质系列扮演什么角色？在这个戏剧中体现的价值符合生态智慧吗？我们对大地的隐喻如何影响我们对待它的方式？怎么能将自然写作当作一种文体？在种族、阶级、性别之后，场所（Place）是否应该成为新的批评范畴？男人所写的自然与女人所写的自然有什么不同？文学自身以怎样的途径演绎

[1] Cheryll Glotfelty & Harold Fromm, eds., *The Ecocriticism Reader: Landmarks in Literary Ecology*, Georgia: University of Georgia Press, 1996, P.384.

[2] Karla Armbruster & Kathleen R. Wallace, *Beyond Nature Writing: Expanding the Boundaries of Ecocriticism*, Charlottesville: University Press of Virginia, 2001, P.252.

人类对自然的关系？旷野概念在过去的岁月里是如何变化的？生态危机以何种方式和在何种程度上进入文学和通俗文化？不是笼统地谈论自然，而是细致地追问场所、旷野、大地在文学中的意义，如此这般的文学观不但体现了后现代主义对差异、多样性、去中心的重视，而且赋予了其具体的生态学内涵。

生态批评虽然强调对文学的阅读、写作、教授可以在生态圈中创造性地发挥作用，指向生态圈的进化和健康，但并不主张回到整体主义的文学价值观。因为它所说的生态圈是差异的培育者、无中心的开放体系、众多生命主体的复合体："生产性的和稳定的生态体系将毁灭性的侵犯降到最低，鼓励最大限度的分化，试图在其成员间建立平衡。"既然生态圈注定是差异的代名词，那么，单一物种——人——试图在千万个物种曾达到复杂平衡的地方占据统治地位，就必然产生悲剧性后果，所以，文学必须找到两个共同体——人类共同体和自然共同体——共存、合作、繁荣的基础。在以文学维持生态平衡的行动中，人应该发展"交互自我的理性"，激励对生命共同体的参与，以使世界文化和地球生命具有先前自然所不可比拟的丰富性和多样性。由于地球只是银河系中的一颗普通的行星，因此，生态批评最终关注的问题是"星球性、星际间的"。这种生态思考的宇宙论背景不仅意味着文学场域的扩张，而且也暗示了后现代主义重新勘定自身边界的可能性。在这种维度上，生态批评表现为一种全新的人文精神。

虽然生态批评现在还缺乏体系性的理论阐释，但我们在考察它与后现代主义的关系时却可以清晰地发现其深层逻辑。作为后现代主义话语谱系的构成，它将后现代主义对差异、多元化、去中心的强调具体化为对生命多样性的重视，并因而建构出后现代主义文学批评的生态学之维。如果说未来的文学应该在总体上存在于"现代性之外"，那么，生态批评则是展示这种可能性的实验。随着后现代主义文学加快从解构到建构的转向，生态批评的意义将被更多的人所承认。[1]

[1]王晓华：《后现代主义话语谱系中的生态批评》，《文艺理论研究》，2007年第1期。

第5章 生态城市美学社会论

一、隐喻的身体与世界之网

在现代哲学和后现代哲学的演化中，“身体”观念的本体论和认识论地位的提升，是重要的哲学事件。路德维希·安德列斯·费尔巴哈（Ludwig Andreas Feuerbach）在其“未来哲学”的构想中首先提出重新规定身体的本体论位置。随之，尼采的唯意志论哲学在本体论和认识论层面建构了身体优先论。福柯在文化理论域推进了尼采的身体优先论，再次尖锐地凸显身体与理念的紧张。如果说，在当今的哲学思考中还有什么值得认真对待的问题的话，身体优先论就是其一。

现象学思想家们在审理现代哲学问题时，已充分注意到身体的本体论和认识论地位的变化及其导致的哲学难题，并依据各自的现象学思路论述了身体现象。其中论述身体现象最为详尽的，当是马克斯·舍勒（Max Scheler）和莫里斯·梅洛—庞蒂（Maurice Merleau-Ponty）。依舍勒的看法，现代思想的危机表现为一种自然人性观的出现——“人性论”（Humanitarismus），它导致价值相对论和价值虚无论。因为，现代人性论把一切先验的基质降解为人的心理—生理的给予性，同时把人的身体及其感性冲动看作首要的本体论基质，由于这种基质的暂时性和偶在性，它与精神之在和意义连续体（Sinnkontinuitaet）的关系就是偶性的、相对的和脆弱的。在现代思想中，身体及其感性冲动的本体论位置的突升，伴随着身位之在的跌落。身位之在是人的精神之在的此在形式，精神之在总是个体性的，身位是精神的本质必然的和唯一的生存样式，但身位不是一种实体性的存在，而是个体的意向性的生存事件，是由个体的生存行为构成的具体统一体。精神并不是一开始就存在的。相反，它是自然的进化——“升华”——中实现的一种“高级的存在形式”。而且“人的生成和精神的生成必须视为迄今自然的最后一个升华过程”，这一最后升华的产物就是大脑皮层。人的大脑皮层保存并浓缩了有机体的全部生活史和有机体的史前史。因此，它对人来说便有着关乎生死存亡的意义。“精神原本是天生没有自己的能量的”，它只能依托生命，由生命本能赋予其力量。然而，悖异的是，随着精神的逐步发展，精神和生命之间的这一自然关系却开始出现了一种“原始关系的逐步逆转”。[1]也就是说，“精神和意向斩断了生命的时间过程”，它昂首高瞻，最后趋向一“超世俗的、无限的和绝对的存在”的上帝，并因此反过来开始“引导并控制”机体生命的发展。由此，在人身上出现了身心关系，即生命与精神的关系。

[1]马克斯 舍勒：《人在宇宙中的地位》，贵州人民出版社，2000年，第54、52、56页。

梅洛—庞蒂借鉴了舍勒的思想，但更有断裂式的发展。舍勒认为，“‘精神’本质的基本规定便是它的存在的无限制、自由——或者说它的存在中心的——与魔力、压力，与对有机物的依赖性的分离性，与‘生命’乃至一切属于‘生命’的东西，即也与它自己的冲动理智的可分离性。这样一个‘精神’的本质不再受本能和环境的制约，而是‘不受环境限制的’，如同我们所要说的，是对世界开放（Weltoffen）。”[2]既然精神可以脱离自然和生命，那么它也就具有了一种“不仅是超空间的，而且还是超时间的”独立性。这也意味着精神在某种意义上已接近神性，因此也就有了合理性的根据。梅洛—庞蒂不赞同舍勒的这种界定，他更强调的是精神的“依附性”和“暧昧性”，认为精神必须奠基于身体，而且不能脱离开身体和知觉。这就将合理性根据拉回到生存论的维度上，使意识返回到身体性的在世存在中：世界是“合理性的祖国”。[3]这里的世界是现象学意义上的世界。

[2]马克斯•舍勒：《人在宇宙中的地位》，贵州人民出版社，2000年，第26页。

[3]莫里斯•梅洛—庞蒂：《知觉现象学》，商务印书馆，2001年，第539页。

坚持世界存在的实在性是梅洛—庞蒂在对抗传统理性主义时所信守的基本理论立场。他眼中的理性主义有两大内容：一是自勒内・笛卡尔（René Descartes）以来的哲学传统，二是现代科学的内在理念。笛卡尔从“我思”出发，把世界当作“我思”的产物，取消了世界在人的意识之外存在的实在性。现代科学则以主体操作主义思维作为其内在的哲学基础。“科学操纵事物，并且拒绝栖居其中。”“仿佛那曾经存在或正存在的一切，从来都只是为了进入到实验室中才存在似的。”现代科学这种用以建立自身存在的哲学理念，同样否认了世界存在的实在性。在《眼与心》中，梅洛—庞蒂从美学经验出发，对世界的实在性作了充分的强调。他指出，同我思哲学和现代科学的观念相反，绘画“把可见的实存（Existence）赋予给世俗眼光认为不可见的东西，它让我们勿需‘肌肉感觉’（Sens Musculaire）就能够拥有世界的浩瀚”。[1]梅洛—庞蒂所说的“世界”和“世界存在的实在性”当然与传统观念有很大不同：世界的存在是感性具体的存在，它既不表现为客观的理念、理式、神秘的物自体或后现代哲学致力于颠覆的那种“永恒在场”，也不表现为抽象的规律、规则、本质，如同现代科学所追求的那种对象。

梅洛—庞蒂所理解的世界是整体的世界，世界的存在是整体的存在。所谓整体的存在意味着，不能从特定事物的角度来理解世界及其存在。任何特定的事物都不具备存在的绝对性。他强调画家的考问指向世界“万物”，“要么万物变成他，要么……精神通过眼睛走出来，以便穿梭在万物之中。”“视觉是宇宙的镜子或浓缩（Concentration）……个别世界通过视觉向共同世界开放。”而世界能作为整体存在，原因在于世界具有特别的“世界的质地”。梅洛—庞蒂对于“世界质地”的关注与强调是其后期哲学一个非常重要的特征。他的著名术语“世界之肉”所指示的也是“世界的质地”。按照他的观点，“世界之肉”不仅把世界的万事万物统摄在一起，融会在一起，而且也把作为观照者的人包容于其内。依传统的哲学理念，人既然是世界的观照者，人就必然置身于世界之外。而梅洛—庞蒂则说：“世界环绕着我，而不是面对着我。”[2]“面对”意味着“我”在世界之外，“环绕”则表明“我”在世界之中。身体与世界是不可分离的，在它们之间有一种神秘的调谐和原始的“同谋关系”。“我们是贯穿的与世界的关系”，我们身体的每一下震颤都揭示着世界的性质。世界是由我的身体投射的世界，是在我的超越性运动中显现其结构与关联的世界。而我的身体则是世界的一个视点，一种能力或一种“计划”。世界在我的身体中实现了它自己，我就是世界本身的表达。世界通过我的身体而看、而听、而思想，我就是世界的眼睛、耳朵和意识。正是画家把他的身体借给了世界的时候，世界才变成了绘画。身体与精神的关系就如我与世界的关系。精神并非寓于身体之一隅，而是整个地弥透于机体之全身。“身体本身在世界中，就像心脏在机体中。”或者说，“内部世界和外部世界是不可分的。世界就在我的里面，我就在我的外面。”因此，“身体是我们拥有一个世界的一般方式。”[3]

人与世界的关系在某种意义上也就是身体与世界的关系：1. 身体是

[1]莫里斯·梅洛—庞蒂：《眼与心》，商务印书馆，2007年，第30、31—32、43页。

[2]莫里斯·梅洛—庞蒂：《眼与心》，商务印书馆，2007年，第43、43—44、67页。

[3]莫里斯·梅洛—庞蒂：《知觉现象学》，商务印书馆，2001年，第9、261、511、194页。

我在世的方式："我带着我的身体置身于物体之中，物体与作为具体化主体的我共存。""我依靠我的身体移动外部物体，我的身体把物体放在一个地方，以便把它挪到另一个地方。但我直接移动我的身体……我不需要寻找身体，身体与我同在……我的决定和我的身体在运动中的关系是不可思议的关系。""身体是在世界上存在的媒介物，拥有一个身体，对于一个生物来说就是介入一个确定的环境，参与某些计划和继续置身于其中。"[1]2. 身体是感知着的被感知者：身体本身在世界中，就像心脏在机体中。身体不断地使可见的景象保持活力，内在性赋予它生命和供给它养料，与之一起形成一个系统。3. 身体图式是自然物体和文化物体借以获得意义的计划图式：身体在世界中，这个世界首先对它显现为处境，其存在的空间性是一种处境的空间性，在这种处境中它为了实际的或可能的任务而呈现为某种存在，它朝向它的任务而存在，所谓的身体图式乃是计划图式。身体不仅把一种意义给予自然物体，而且也给予文化物体，比如说词语。知觉系统乃是一个场，在这个场中他人出现了，作为心理物理主体与我建立起联系。我的身体与他人的身体是有别的，因为我的身体可以被我的意识所占据，而他人的身体则不能。他人的身体占据着我不能与之重合的位置，有着它对世界的看法，在另一边对存在者进行处理。正如他人在我的身体图式中被定位，我也在他人的身体图式中占据一个位置，于是我与他人联结为一个整体。我把我的身体感知为某些行为和某个世界的能力，我只是作为对世界的某种把握呈现给自己；然而，是我的身体在感知他人的身体，在他人的身体中看到自己意向的奇妙延伸，看到一种对待世界的熟悉方式；从此以后，由于我的身体的各个部分共同组成了一个系统，所有他人的身体和我的身体是一个系统，一个单一现象的反面和正面，我的身体每时每刻是其痕迹的来历不明的生存，从此以后同时寓于这两个身体中。他人和我各自在对方身体图式中存在——作为意象和语言，即一个和一系列他人可以理解的语词。在这种开放中，我和他人相互交往，不断以正在生成的身体图式收留对方。这种交往是生活的源泉。但它也有限度，因为我与他人在世界中的位置是不可重合的。这种不重合性源于身体的不重合性，我和他人的关系从某种意义上说是身体和身体的关系。

[1]莫里斯•梅洛—庞蒂：《知觉现象学》，商务印书馆，2001年，第242、131、116页。

正如身体和心灵的统一从来不是完全的一样，身体和世界之间的蕴涵关系也是不稳定的。小孩要比大人蕴涵得好一些，身在悠闲的乡村要比在紧张的城市蕴涵得好一些。身体健康的时候好一些，疲劳或生病的时候差一些。人在热闹狂欢的时候好一些，在孤独无味的时候差一些。有我抛弃世界的时候，比如说在海德格尔所谓的个人直面死亡之际，周围世界就陷落了；也有我被世界抛弃的时候，如在阿尔贝·加缪（Albert Camus）所描写的那种荒诞感里，人类与世界无理的沉默之间形成了巨大的张力。但是即使那样，身体也不是完全与世界脱离，而是只进入了另一个不同层面的世界。因为我们的身体依据其功能整合的程度而有不同层面，相应的世界也呈现为多层面的世界："有时，身体仅局限于保存生命所必需的行为，反过来，它在我们周围规定了一个生物世界；有时，身体利用这些最初的行为，经过行为的本义到达行为的转义，并通过行为来表达新的意义的核心：这就是诸如舞蹈运动习惯的情况。最后，被指向的意义可能不是通过身体的自然手段联系起来的；所以，应该制作一件工具，在工具的周围投射一个文化世界。"[1]

梅洛—庞蒂也认为，世界和人的依存构成了一种特殊的悖论："世界依据我的视角，为的是独立于我而存在，它为了无我、为了成为世界才是为我的。"[2]他心目中的感性的与人生命密切相关的世界同实用理性主义者眼中的世界是完全不同的。实用理性主义者也承认世界的存在，也承认世界与人的生命相关，但他们所认同的世界是完全生物性功利性意义上的。他们眼中的人与世界的关联是生物性上的关联：人作为自然生物性的存在要依靠世界的生物性资源，否则，人不可能生存。生物性的关注着眼的只是世界的功用效益，对应的是人的生物性需求；它不需要关注世界的感性存在本身。而梅洛—庞蒂认为，世界的感性存在与人生命的关联因为是非功利性的和非生物性的关联，因为这种关联排除了"效用"，是世界本身的出场。世界在这时才是真正彻底的属人的存在，人在这时也才真正进入了世界的怀抱之中。

知觉、身体与物体是梅洛—庞蒂现象学的三个重要概念。知觉是梅洛—庞蒂整个哲学的基础；身体构成了人与自然世界的统一性，身体现象学取代了意识现象学；物体则构成"活"的世界的"肉"，让世界具有"灵性"。身体是自然的身体，必须以特定的大小、形态而存在于世界中，由纯粹意义上的肉体构成，有着与物体同样的特征。因此，它既是自然本身，又是自然的隐喻。但是，身体也可以作为心灵的身体；这时，它不是作为客观的对象，因为身体不像外部世界的物体一样站在我的面前，并且身体最终不能从我的视觉领域消失。[3]一切"高级"的脑力功能也是些身体行为。身体不是自为的客体；它实际上是一个自发的力量综合、一个身体空间性、一个身体整体和一个身体意向性，这样，它就根本不再像传统的思想学派认为的那样是一个科学对象了。梅洛—庞蒂指出，知觉总是从一个特殊地点或角度开始的。正是从身体的角度出发，外向观察才得以

[1]莫里斯·梅洛—庞蒂：《知觉现象学》，商务印书馆，2001年，第194页。

[2]莫里斯·梅洛—庞蒂：《眼与心》，商务印书馆，2007，第86页。

[3]Stephen Priest, *Merleau-Ponty*, London:Routledge,1998, P.59.

开始——如果不承认这一身体理论，就不可能谈论人对世界的感知。我们对日常现实的感知取决于活生生的身体，因为——举例来说——我们环绕着一个房子走动借助于视力、触摸和味觉，但是即便我们一些更“高级”的知觉也一定和我们的（原始）身体遗产有关。身体是主动积极的，它是外向的，或者它被某种习惯所引导。根据胡塞尔的意向性现象学，梅洛—庞蒂断定，基本的意向性扎根于活生生的身体，这个身体则在作为一个化身的主体性之内。这样，知觉和身体活动即便被分离，也只能是人为假想的分离，因为基本的知觉形式（比如看本身）包括了身体活动。我们更多的不是关注作为身体的躯体，而是拥有躯体与灵魂的身体主体。身体和灵魂的分离只在一种情况下发生——死亡，而这时死亡的身体也不应再被称作身体。我的身体之所以有别于桌子或台灯，是因为身体是不离开我的。桌子可以离开我的视线，告别我的触摸，身体则不可以，只要我稍加用心就感受到了身体的作用。身体有着物体所不具有的感知功能，身体是我们得以“在世”的方式，是思想、心灵的载体。这是身体与桌子不同的关键。“灵魂和身体的结合不是由两种外在的东西——一个是客体，另一个是主体——之间的一种随意决定来保证的。灵魂和身体的结合每时每刻在存在的运动中实现。”我把自然下垂的手臂放到背后这个简单的动作中包含了灵魂和身体的结合。心灵给出指示，进而身体完成行为动作。幻肢现象也说明了灵魂和身体在行为中结合。但同时还应看到这种结合是不稳定的。病人的四肢被截去一段之后，他仍然感觉到他四肢的完整，觉得这段被截去的肢体还在。一个失去右臂的人，当你指示他举起右臂时，他也会下意识地去抬没有手臂的空袖子。当你第一次上台演讲的时候，虽然心里努力劝说自己不要紧张，可是你的手还会不小心地颤抖，你的心脏也会跳得剧烈一些。可见灵魂和身体的结合并非一直都是稳定的。但不管怎样，心灵与身体始终是浑然不分的，只有这样才能形成“人”。人是通过身体意识到世界的，“身体是在世界上存在的媒介物，拥有一个身体，对一个生物来说就是介入一个确定的环境，参与某些计划和继续置身于其中。”[1]身体是灵魂得以存在的载体，灵魂是身体行为的方向。而知觉正产生于某物对身体、身体对心灵的作用。身体可以像外在事物一样被呈现给心灵，心灵是身体运动的原因，却置身其中。梅洛—庞蒂主张身体含混地存在于世界之中。这个含混的身体既是可见者，又是能见者。它在观看物体的同时又能自己看自己，被看者与能看者乃是同一个身体。这个肉身化的主体是暧昧的，它在物体的基础上却又不是一般的物体，它不是意识却又包含意识。[2]

[1]莫里斯•梅洛—庞蒂：《知觉现象学》，商务印书馆，2001年，第125、116页。

[2]张尧均：《隐喻的身体：梅洛—庞蒂身体现象学研究》，中国美术学院出版社，2006年，第34—43页；张文初：《将身体借给世界：读梅洛—庞蒂〈眼与心〉》，《湖南师范大学社会科学学报》，2008年第5期；王晓华：《身体美学：回归身体主体的美学——以西方美学史为例》，《江海学刊》，2005年第3期。

梅洛—庞蒂指出，现象学是这样一种哲学："在它看来，在进行反省之前，世界作为一种不可剥夺的呈现始终'已经存在'，所有的反省努力都在于重新找回这种与世界自然的联系，以便最后给予世界一个哲学地位。"世间万物组成一个生命之网，身体既是这张生命之网的物体存在，又是具有知觉能力的精神存在，因此身体蕴涵了整个自然世界、生态世界。从另一方面来说，身体也蕴涵了城市机体。"我们不仅仅思索我们的身体的各个部分的关系，视觉的身体和触觉的身体的相关：我们自己就是把这些胳膊和这些腿维系在一起的人，能看到它们和触摸它们的人。用莱布尼茨的话来说，身体就是其变化的'有效规律'。"我们的身体不仅将"这些胳膊和这些腿维系在一起"，而且将整个大自然维系在一起，它给定人类和自然存在的合理性。"身体本身的不变性则完全不同：它不处在无边际的探索范围内，它拒绝探索，始终以同一个角度向我呈现。"[1]自然万物的感觉亦即身体的感觉，生态的健康水平也即身体的健康水平，城市的健康与否亦即身体的健康与否。而现代化给身体造成的伤害正是自然或城市所受伤害的见证。反过来，自然或城市所受的伤害亦即身体所受的伤害。

[1]莫里斯·梅洛—庞蒂：《知觉现象学》，商务印书馆，2001年，第1、198—199、126页。

二、生态演替与看不见的脑

人类社会的生态关系或生态系统，是自然生态和社会生态的复合体。无论就局部范围的区域生态（城市生态、乡村生态、城乡复合体生态等）还是全局范围的全球生态（生物圈或生态圈）来说，人类社会生态都具有生态的三重属性，即自然性、社会性和经济性，可以统称为社会—经济—自然复合生态系统。人类智慧圈（Noosphere）则是在人类的自觉（有意识）参与作用下所形成的超越自然和社会的整个人智领域，亦即人类智能及其行为所能影响与作用的全部空间范围，包括整个地球表层和近地宇宙空间（如月球、火星等受到人类探索的空间目标）。所以，智慧圈是全人类智慧的总和与外化，它既表现为物质文明的方面（着重体现在科学技术层面上），也表现为精神文明的方面（着重体现在文化艺术层面上）。德日进（Pierre Teilhard De Chardin）指出，既然就外表而言生命的自然历史在每一干上的全部及其长度等于一个巨大神经系统的逐渐建立，则它因此在内部会相应地有一个与地球同样大的心灵安置。在表面上我们看到的是神经系统和中枢，但往深看，则有意识。这个精神圈的薄膜乍看虽然软弱，而且又好似分散成粒状，但却已逐渐展开，并包围自己——围绕了地球。弗拉基米尔·维尔纳茨基（Vladimir Vernadsky）在《智慧圈》一书中指出，智慧圈是生物圈演化的许多阶段中的最新阶段，是在地质史上今天的状态。智慧圈这一概念高度概括了当代人类与大自然的互相关系和状态特征，从而包含了以下几个方面的丰富内涵和作用要素：其一，人类社会（人类圈）是生物圈的重要组成部分之一，智慧圈是生物圈、社会圈（人类圈）、技术圈（人造客体圈）持续演化的自然结果和最高层次；其二，人类的智能要素是智慧圈所具有的主要的和首要的特征，这是因为人类智慧和科学技术才促成了生物圈向智慧圈的根本质变；其三，作为智慧圈主体要素的人类，既要遵循生物圈和技术圈的自然发展规律及科学技术规律，同时也要遵循社会圈和智慧圈的社会发展规律及智能演化规律，由此促进其客体要素即生物圈、社会圈、技术圈的和谐进化与协同发展，以确保智慧圈—人类智能创造的“自由王国”日臻完善和更加优化。因此，从生物圈到智慧圈的演化发展，其实质就是从自然生态到社会生态不断发展与进化的过程。Ю.Г.马尔科夫（Ю.Г.Марков）在《社会生态学》一书中指出，由于生态危机问题的复杂性，我们必须充分利用、协调多学科资料与方法，构建一门新的科学——社会生态学来调节人类与自然的关系。在马尔科夫看来，社会生态学的目标是从对社会—自然过程的简单描述过渡到对这一过程的控制，即通过对环境的管理促进生物圈转化为智慧圈。[1]按照社会要素及其职能的区别，社会生态学可以划分为社会生产生态学、社会管理生态学等分支学科。按照社会职能和组织形态的不同，社会生态学可以区分为实业生态学、运载生态学、文化生态学、民居生态学等分支学科。按照空间分布和组织程度的差别，社会生态学已发展出了城市生态学、乡村生态学、城乡综合体生态学、特殊社会群体生态学等分支学科。[2]

赫伯特·斯宾塞（Herbert Spencer）在《社会静力学》一书中提出这样一个观点：社会在从发展的最低阶段起步到最高阶段时所采取的各种不同的组织，原则上和各种不同的动物组织是相似的。生物有机体中存在相似的部分结合和不相似的部分分离的现象，这个持续的过程导致了有机体不断增加的功能再划分。在社会有机体中存在同样的过程。社会的发展和人的发展及一般生命的发展一样，可以描述为一种个体化——变成一个生物——的倾向。社会中增长的复杂性发生在三个关键方面：人类的多元化，人类与已知所有生命系统一样复杂的组织性，人类亿万成员之间的关联性。我们或可期望，在某一个阶段，人类将整合成某种形式的地球社会超有机体（Global Social Super-organism）。大自然中就有许多超有机体，比如动物世界中有些有机体聚于一处集合成一个社会单元。千百个蜜蜂可以在一个蜂房中生活与工作，以蜂房为一个整体，经历其成员永续不断的

[1]Ю.Г.马尔科夫：《社会生态学》，中国环境科学出版社，1989年，第61—64页。

[2]叶峻：《从自然生态学到社会生态学》，《西安交通大学学报》（社会科学版），2006年第6期。

繁衍和死亡。蚂蚁大军以2 000万之众形成群落，呈单一组织构造前行于森林中。许多鱼成群结队游水，如一个单元在做整体行动。但所有动物超有机体都缺少个体多元性，蜜蜂和蚂蚁群中通常仅有两三个不同种类，如工蜂、雄蜂和蜂王。而人类社会是极端多元化、专门化的，形成数千个不同种类。每一种类都能对整体有独特的贡献。地球社会超有机体将不会是无特征性的细胞聚合，无需为某种更高的利益放弃个性。向地球社会超有机体的转变，意味着社会已经成为整合得更好的生命系统。而且，这将导致更大的自由度和个性自我表述，甚至更加多样化。斯宾塞强调，社会有机体与生物有机体之间不仅存在着一致性，而且存在着差异性：生物有机体的各个器官服从整体的生存；社会有机体则相反，社会本身不应成为目的，整体为部分的存在服务。社会越进化，个人就越重要，社会的生存价值就体现在对公民的个人自由的维护上。国家的调节作用应当是消除个人之间的冲突以及一切对个人自由的侵犯。因此，他反对突出社会、国家整体的学说，认为包揽一切的国家是低级社会形态的特征，以自身的权威扼杀个人自由的国家制度是野蛮的奴隶制。皮尔·泰尔哈德·迪查丁（Pierre Teilhard de Chardin）指出，人类正在朝着整个物种归一为交互思维集团的方向发展。正如生物圈（Biosphere）是生命系统的总和，智慧圈是意识心智的总和。

地球进化经历了地球创生（Geogenesis）和生命创生（Biogenesis）两个阶段，现在正处在智慧创生（Noogenesis）的关口。迪查丁称这个智慧创生过程的完成为欧米伽点（Omega Point），即进化过程的顶点。现在，进化好像进入了一个介于个体意识和全球意识之间的黎明时分。人类表现出两个层次的特征：我们是独立的意识单元，有时为了共同的目的而集体行动，像一个聚合的整体。社会就像一个处在单细胞阿米巴变形虫（Amoeba）集合和真正的多细胞有机体之间的有机物。变迁时期充满危险，人类深陷社会、政治、经济、道德和生态等危机的大网中。危机可能会阻碍新层次进化的出现，但也可能是进化的催化剂，推动进化走向更高层次。地球的三次进化都以大数目为基：1. 约100亿原子的交互作用生成了有生命的细胞；2. 约100亿细胞复杂的交互作用进化成了自我反映系统（头脑和意识），让人类觉知自己是由物质进化而来的；3. 向100亿接近的人口爆炸所导致的复杂的交互作用，使人类逐渐觉知自己是相互关联依存、命运与共的生命体。由于太空梭、火箭、人造卫星已频繁探索外太空，在一个未知的时日，宇宙也会因由100亿觉醒的星球相互作用而复杂地关联，成为终极的觉知体。

在地球进化史上，从来没有像这一次危机一样是由单一物种创作出来的。这个物种既掌握他自己的命运，同时也掌握所有其他物种的命运。但21世纪人类的觉知已把判断个人价值由IQ、EQ进化到心灵商数SQ（Spiritual Quotient）。而SQ的代表特性就是慈悲乃万物之本性。伯特兰·阿瑟·威廉·罗素（Bertrand Arthur William Russell）引用艾伦·瓦慈（Alan Watts）话说，皮封的自我——最通常的自我模型，是独一无二的个体自我，与外界世界截然分开，与其他的自我保持距离。这种封闭的自我意识是社会发展的桎梏。只有认识到宇宙泛我——本质特性是与所有创造物统一为一体，而无分割，对万物有博爱的精神，才能形成全球脑，才有利于人类发展，使人类更幸福。对于有机体而言，协作是生命之根本，它与健康相关密切。当由于某种原因协作减弱时，机体整体不能得到众多个体的全力支持，就会出现疾病。当协作全部消失时，机体将死亡。个体细胞可能依旧生存，但是生命有机体整体已不复存在。社会有机体也是如此。一个社会中协作的程度，是其成员觉知自我与周边世界关系的反映。要增强协作，其前提是，人类需要改变在我们思维和行为核心中的某些根本性的假设。这意味着向内进化，恰如我们已经经历过的向外进化。因而，现在进化的焦点是自我反映意识。如果进化确实向更高层次整合推进，最重要的变化将发生在人类意识的领域。[1]

随着对全球危机的觉知加深，人类明显地认识到，危机的根源在我们的内心里。如果人类要改变对待世界的行为，首先需要改变自己的思想，需要发展新的观念——究竟我们是谁，以及我们想要什么。我们必须超越有限的想法，因为这种想法，使我们仅对从生活周遭得来的愉悦感到满足。我们必须与重视物质发展一样，更多地重视我们的内在发展。瓦克拉夫·哈威尔（Vaclav Havel）指出：解救人类世界的救世主不在别处，而是在人类的心灵里、在人类反省的力量里、在人类的耐心里、在人类的责任里。若没有人类意识层的全球革命，就不会有任何改变使人类在存在的范畴上变得更好，世界面前的灾难——生态灾难、社会人口灾难和文明的普遍瓦解——将因此不可避免。

或许人类需要自省的最重要问题是：内在觉醒的趋势是否步履及时。总体看来，当前主导的价值观仍然来自于对保持和捍卫我们那自我中心的认同感。这种自我中心的态度主要来自于我们的物质文化和对金钱的追求。但是，这只不过是更严重问题的表象征候而已，而不是问题的根源所在。真正的根本是我们内在的健全。在我们所做的一切事情的背后，是因为我们相信更多的物质和金钱，无论以何种方式，将给我们带来更大的满

[1] 彼得·罗素（Peter Russell）：《地球脑的觉醒：进化的下一次飞跃》，黑龙江人民出版社，2004年，第78—89页。

足感、成就感、幸福或心灵的安宁。所以，在我们进化的这个关键阶段，最重要的不是与饥饿战斗、与通货膨胀战斗、与污染战斗、与政府腐败战斗，虽然这些都是根本问题，不可掉以轻心。要战胜这些问题，必须首先打赢我们自己的战斗：在我们思想里的自我中心模型和生命含义超越满足自我需求的内在觉知之间的战斗。基本智慧已经存在，它在所有文化的精神传统中；它被所有时代的圣人和智者精辟地阐述；它存在于我们每一个人中。这是我们每一个人内心深处都知道的真理。但是我们该怎样开启这个智慧，我们能以它为行为准则吗？还是仅口头上讲讲而已？它能渗透到我们的心智和心灵，使我们将智慧付诸实践吗？[1]

全球脑（Global-brain）思想由来已久。根据弗朗西斯·海拉恩（Francis Heylighen）《全球脑常见问题》一书的观点，这个概念至少可以追溯到古希腊或中世纪。当时只是简单地在社会体系和人体之间类推，例如国王是头、农夫是脚。这个类推为19世纪社会学的创始人提供了灵感。斯宾塞的《社会是一个有机体》和后来德日进的《人的现象》都有这种渊源。除了智慧圈（Noosphere）以外，很多人还使用其他不同名称描述了该思想，例如超脑（Super-brain）、全球心灵（Global-mind）、社会脑（Social-brain）、行星脑（Slanetary-brain）、世界脑（World-brain）等。全球脑思想最初只存在于少数思想家高瞻远瞩的预设中，但现在已经吸引了大批学者来研究它。随着面向大众的信息的不断增多，全球脑思想将得到广泛传播，影响每一个人的人生观、世界观，改变人类行为的方方面面。史蒂芬·威廉·霍金（Stephen William Hawking）认为，好的理论应该满足两个要求：它必须在只包含一些任意元素的一个模型的基础上，准确地描述大批的观测，并对未来观测的结果做出确定的预言。全球脑思想基本上符合这两个要求。

全球脑是正在涌现的以地球为基础、数量巨大的拥有发达大脑和创造力的所有人类个体借助于各种信息工具结合成的具有神经系统特征的自组织巨型网络。它处理信息、做出决策、解决问题、学习新的规律和发现新的想法，发挥群集神经系统的作用。它的思维处理工作被分配给所有部件，没有任何人、组织或者电脑控制这个系统，但它具有比人脑更高级的信息处理能力和创造力，所表现的智能是地球智能。在这个智能系统中，每一个人都是一个神经元。全球脑不仅会形成一个人类的脑，而且还面对整个行星地球。盖亚（Gaia）假说将行星地球看作是一个有机体。这个有机体能调节自身的基本变量，例如温度和大气成分。相较于我们所定义的地球社会超有机体，这个盖亚有机体似乎非常原始，或许带有一种和某种

[1] 彼得·罗素（Peter Russell）：《地球脑的觉醒：进化的下一次飞跃》，黑龙江人民出版社，2004年，第1—2页。

细菌同样层次的智能。目前，盖亚有机体和全球超有机体很大程度上仍然是独立的，而人类社会给全球生态系统带来的破坏使它们两者的存在都难以为继。因此盖亚有机体和地球社会超有机体必须演变为一种共生的状态。

由于全球脑是全新的复合交叉体系，需要诸多思想家、科学家和所有世界公民共同来研究问题，并探讨全球脑虚拟脑域和人类自主集体意识、纯精神生命体对人类的影响，包括对现有各学科、文明形态、思维模式、国家竞争、个人发展等的深远变革。在这种意义上，全球脑是心灵互联网与宇宙心网。无数意识流通过数字超越时空、通过无数人脑不断接力接龙形成无数人的思维内语，激发整个人类社会的头脑风暴。这相当于在不同的内脑宇宙空间中诞生复制增殖无数衍生思维流、意识流，从而使得整个虚拟网脑意识空间成为类似生命创新的原汤池，不断涌现全新的精神思维体。[1]

[1]杨友三：《全球脑》，http://www.globalbrain.cn，2009年1月11日。

《国富论》描述的主要是人类整体生命进化到肢体分化阶段实现“分工交换、效率优化”的市场原理，它类似于生命进化出手和脚一样，所以称为“看不见的手”。而全球脑则描述人类整体生命进化到“大脑形成、自发智能、意识涌现、精神产生”的阶段，即“聚脑融智、纯精神智慧体自涌现”，类似生命进化出大脑、意识一样，所以可以称为“看不见的脑”。当地球进入智慧创生阶段，尽管人类尚在迷途，“看不见的脑”已经将看不见的世界、“看不见的城市”的美丽呈现出来。

三、生态城市审美场域

黑格尔从主体自我意识运作的逻辑推理出“艺术终结”的结果：“从这一切方面看，就它的最高的职能来说，艺术对于我们现代人已是过去的事了……毋宁说，它已转移到我们的观念世界里去了。”[2]在黑格尔宣判“艺术解体”一个半世纪之后，阿瑟·C. 丹托（Arthur C. Danto）在1984年出版的《艺术的终结》一书中重提这个“历久弥新”的命题，遂而被称之为“二次终结论”。黑格尔和丹托所谓的“艺术终结”不是指“艺术之死”，而是指“艺术动力”与“历史动力”之间不再重合：艺术与历史的发展不再是同向的，或者说艺术根本失去了“历史的方向”。在这个意义上，艺术超出了“历史的限度”，从而以一种“后历史的样式继续存在下去”，“但它的存在已不再具有任何历史意义……艺术是否会重新踏上历史之路，或者这种破坏的状态就是它的未来：一种文化之熵。由于艺术的概念从内部耗尽了，即将出现的任何现象都不会有意义。”[3]“在现代

[2]格奥尔格·威廉·弗里德里希·黑格尔：《美学》第1卷，商务印书馆，1979年，第15页。

[3]阿瑟·C. 丹托：《艺术的终结》，江苏人民出版社，2001年，第77—78页。

艺术史上，熵逐渐成为了主导，以至于现代艺术渐渐地走向了创造力的失败。”[1]

“艺术终结”不仅仅宏观地与“历史终结”间接相关，而且更微观地与发生在欧美的“现代性的终结”直接相关。在可见的未来，一种“日常生活美学”（Aesthetics of Everyday Life）由此得以产生出来。观念艺术（Conceptual Art）、行为艺术（Performance Art）和大地艺术（Land Art）分别代表了艺术走向终结的几条道路：艺术终结于观念，艺术回复到身体，艺术回归到自然。由此，观念主义美学（Conceptualism Aesthetics）、身体美学（Somaesthetics）和环境美学成为了这种趋势的理论表述。海因斯·佩茨沃德（Heinz Paetzold）则认为当下可以区分“艺术哲学”意义上的美学、“自然美学”意义上的美学（环境美学或生态美学）和“日常生活美学”（The Aesthetics of Everyday Life）三种主要的美学形态。

“艺术终结”在美学上总体反映为“日常生活美学”化。当代审美泛化——生活审美化与艺术生活化——愈演愈烈，人们正在回归“生活世界”以重构一种“活生生”的当代美学和艺术论。“生活美学”认定“生活即生活”，当代艺术则走向“艺术即经验”。自然美学意义上的美学（环境美学或生态美学）其实也是“日常生活美学”的内涵之一，而且在当代正在成为最突出的美学命题。环境美学家艾伦·卡尔松（Allen Carlson）和分析美学家阿诺德·伯林特（Arnold Berleant）都认为环境美学就是日常生活美学。伯林特在一种更为宽泛的意义上理解环境，把环境概念拓展到自然环境（The Natural Environment）、城市环境（The Urban Environment）和文化环境（The Cultural Environment）。但卡尔松与伯林特对于环境美学的核心问题——“自然审美”（The Appreciation of Nature）与“艺术审美”的划分——却是并不相同的。前者主张艺术审美是趋于“静”的“静观”（Contemplation），而自然审美是“动”的“介入”（Engagement）；后者从其“介入美学”着眼，将自然审美与艺术审美统统纳入到“介入”的模式当中。

柏林特的介入美学模式与现代美学所倡导的分离（Detachment）模式相反对。所谓分离模式，是18世纪现代美学确立以来所倡导的审美模式，它的典型特征是无利害的静观（Disinterested Contemplation）。用康德的经典表述来说，这种审美模式不涉及对象的任何功利、概念、目的，只涉及对象的纯粹形式。更具体地说，就是对象的纯粹形式所引起的想象力和知解力之间的和谐合作。欣赏者完全外在于审美对象，并与其保持必要的心理距离。介入模式即全面介入对象的各个方面，与对象保持最亲

[1] Donald Kuspit, *The End of Art*, Cambridge: Cambridge University Press, 2004, P.41.

近的、零距离的接触。朱光潜在《文艺心理学》中采用米勒·弗莱因斐尔斯（Müller Freienfels）的说法，将审美者分成“分享者”（Mitspieler，Participant）和“旁观者”（Zuschauer，Contemplator）两类。“‘分享者’观赏事物，必起移情作用，把我放在物里，设身处地，分享它的活动和生命。‘旁观者’则不起移情作用，虽分明觉察物是物，我是我，却仍能静观其形象而觉其美。”[1]可以将“旁观者”审美模式称为现代审美模式，将现代美学家们批判的“分享者”审美模式称为前现代审美模式。而当代环境美学所倡导的介入模式是对“旁观者”的现代审美模式的反拨、对“分享者”的前现代审美模式的回归，它事实上是后现代审美模式。导致柏林特主张介入的审美模式是基于这样的事实：我们无法将环境作为对象来静观。将环境作为对象来静观需要我们站到环境之外，就像我们必须在一幅绘画的对面才能静观这幅绘画一样，而我们不可能在环境之外，我们总是在环境之中。因此，我们可以采取分离模式来欣赏一幅绘画，但绝不可以采取分离模式来欣赏环境。这就迫使我们去寻找适宜于环境的审美模式。在柏林特看来，这种适宜于环境的审美模式就是他所倡导的介入模式。

[1]朱光潜：《文艺心理学》，复旦大学出版社，2005年，第44页。

柏林特还由此走得更远。他试图彻底推翻分离模式，认为介入模式不仅适合于环境的审美欣赏，而且适合于艺术的审美欣赏。他批评说，以康德为代表的那种现代美学的分离模式在根本上是一个错误。根据约翰·杜威（John Dewey）的思想，审美经验与日常经验没有本质上的区别，只有程度上的差异。与日常经验相比，审美经验只不过显得更强烈、更集中、更完满而已。由于受到当代艺术哲学的影响，卡尔松主张对自然的审美欣赏既需要介入到自然环境之中，也需要介入关于自然的历史和科学知识之中。与柏林特相似，卡尔松也强调欣赏者无法从自然环境中超越出来将自然作为对象来静观。与柏林特不同的是，卡尔松还强调需要将自然放在适当的范畴下来感知。柏林特和卡尔松深刻地批判了分离模式的形式主义问题，认为这种注重自然物的外在形式的审美模式没有将自然作为环境来看待，从而也没有将自然作为自然本身来看。与其说欣赏的是自然物的审美特征，不如说欣赏的是我们在文化世界中形成的某种习惯。或者说是我们将文化世界中的形式美的标准强加到自然物之上。借用杜夫海纳的话来说，这“仍然是人在向他自己打招呼，而根本不是世界在向人打招呼”。[2]

[2]米盖尔·杜夫海纳：《美学与哲学》，中国社会科学出版社，1985年，第33页。

卡尔松在《鉴赏与自然环境》一文中曾提出欣赏自然的三种不同范式：第一种“对象范式”（The Object Paradigm）把“自然的延展”视为类似于一件艺术品，就是按照“艺术形式化”的要求观照自然。比如将自然“看作”一座雕塑，欣赏这座“雕塑”的感官属性、突出式样乃至表现性，等等。第二种“风景或景色范式”（The Landscape or Scenery Model）则退了一步，将自然直接当作“风景画”来加以观照。就好似拿一个事前定好的“画框”置于眼睛与自然之间，将画框里面被吸纳进来的部分看作是一种“风景”。西方17世纪以来的风景画遗产就是典型，它深刻地影响了欧洲人的审美观。第三种“环境范式”（The Environmental Pardigm），按照诺埃尔·卡罗尔（Noel Carroll）的解释，这个范式的关键就在于把自然当成自然（Regards Nature as Nature）。它把自然的延展（及其组成部分）与更广阔环境背景之间的有机关联当成根本性的，从而克服了上述两种范式的局限性。比较而言，第一种范式只将自然当成艺术，第二种范式虽然把风景当作图画，但毕竟还是看作为风景画，同样也阻碍了对真实风景的“全面注意”。第三种范式则不然，它关注到了“自然力”（Natural Forces）本身的交互作用，比如风化现象作用于岩石给人的美感，就呈现出“风”与“石”之间自然力的有机互动。大地艺术是第三种范式意义上的“让自然成为自然”的艺术样式。自然既不是装饰，也不是风景；既不是艺术属性的对象化，也不是风景画的聚焦点。如果说，前两种范式都折射出“我”在那里，那么，大地艺术则是要让自然“在”那里！“大地艺术”以“回归于自然”为主旨，参与进了“同大地相联的、同污染危机和消费主义过剩相关的生态论争”，从而形成了一种反工业化和反城市化的美学潮流。其独特之处在于以地表、岩石、土壤等作为艺术创作的原始材料，通过对自然的“略加修改”形成作品。这种“略加修改”可以使人们重新注意那司空见惯的大自然，获得“陌生化”的审美感受。而传统艺术品被人为划定界定，所谓的“文化拘禁”（Cultural Confinement）现象也就发生了。艺术品一旦被置于展览馆当中，也就失去了价值，逐渐成为表面脱离了外部世界的便携对象。艺术家自己虽然没有拘禁自己，但是他们的作品却被“艺术体制”拘禁起来。大地艺术品巨大得不可移动，因而能远离画廊、美术馆和博物馆，从而外在于“文化拘禁”的世界，使艺术远离大城市艺术中心的污染，摆脱艺术体制和艺术市场对艺术的重塑。大地艺术家们都普遍相信，艺术与生活、艺术与自然之间没有严格的界线。在人类的生活时空或自然时空当中，处处存在艺术。这后一种发展趋向，可以称之为“艺术的自然化”与“自然的艺术化”，自然与艺术相融与同构。在此，所谓的“艺术终结”的艺术指的是有确定边缘的艺术；而大地艺术这种新的艺术样式所寻求的恰恰是一种艺术不确定的外围边缘，而且在这种艺术内部欣赏者是占有重要地位的。在某种意义上，大地艺术倒好似一种“半成品”或“准艺术品”，欣赏者在其中能够借助自然的伟力来“合成”为整个艺术品。在大地艺术家的视野里，相对于终结的艺术而言，公园就是终结的景观。[1]

[1]刘悦笛：《阿诺德·伯林特主编〈环境与艺术：环境美学的多维视角〉译序》，重庆出版社，2007年；彭锋：《环境美学审美模式分析》，《郑州大学学报》（哲学社会科学版），2006年第6期。

从思想渊源来说，大地艺术和介入模式事实上也是利奥波德大地美学的深度实践。利奥波德将“美”与大地伦理学密切结合起来，探讨了审美活动与伦理意识的关系，并在大地伦理学这种规范伦理学的基础上初步提出了一种“规范美学”。他的《沙乡年鉴》最后一篇《大地伦理》将生态学的“群落”概念扩充为“大地共同体”（I and Community）。利奥波德指出：“大地伦理改变了现代智人（Homo Sapiens）的角色，使之从大地共同体的征服者改变为大地共同体的普通成员和公民。它隐含着对于共同体其他成员的尊重以及对于整个大地共同体的尊重。”“在考察任何问题的时候，我们都要根据那些伦理上和审美上正确的标准，也要根据经济上有利的标准。一件事情，只有当它有利于保持生命共同体（Biotic Community）的完整（Integrity）、稳定（Stability）和美（Beauty）的时候，它才是正确的。否则，它就是错误的。”这段话的4个英文关键词都以Y结尾，可以概括为“4Y”原则。“美”在这里被视为生命共同体的重要特征之一。利奥波德认为任何自然物都可以成为审美对象，他非常蔑视“美学的未成年的烙印”，认为它“将‘风景’的定义限制在湖泊和松树上”。这就意味着，生态审美的主要任务是将日常审美惯性所遮蔽的丰富之美重新发掘、展示出来。建立生态审美观是这样一种工作：它不是“修建通向乡村的公路，而是修建依然丑陋的人类心灵的感受力”。[2]这意味着，必须对于敏感性进行培养，必须获得“对于自然对象的一种提纯了的纯净趣味”，从而捕捉大地上超越优美和如画风景的审美潜力。这种提纯和修养的基础亦即伯林特所说的是自然史，特别是演化生态生物学史。《沙乡年鉴》中不少地方描述到野生动植物的生动之美，利奥波德意在通过这些描述表明生物学知识能够改变和强化我们的感知。

[2]Aldo Leopold,*A Sand County Almanac:with Essays on Conservation,* Oxford:Oxford University Press,2001,P.204, P.224 225, P .191, P.176 177.

伯林特于1970年出版《审美场：审美经验现象学》一书，提出“审美场”概念，并从现象学的角度论述了审美生态学，为他本人后来所有的论著划定了理论框架。因此也可以说，审美场理论是西方环境美学的重要思想基础。审美场是一种审美时空心境，指审美活动展开所必需的特定的时空组合和人的心境的关系，是一种审美经验融合场域。伯林特呼吁“重新思考美学”，提出对现代美学的基础进行彻底的重新考察。他认为，现代美学是以哲学为前提和基础的，而新的美学要从审美探求（Aesthetic Inquiry）出发，而不是从审美探求之外的哲学传统出发。由这种美学还可引导出一种新的哲学研究，或用他的话说是一种新的“做哲学”（Doing

Philosophy）的方法。伯林特指出："审美生态学是基于经验的生态学。它并不研究某个特定区域中事物的相互联系与相互依赖，而是从人类的视野出发去研究环境基于经验的维度。而且，审美生态学将人类也纳入整体系统的相互依赖关系之中。如果我们将审美融合作为环境生态学模式，事件就转化为我们对栖息于其中的那个生活世界的体验。审美融合是人造环境的试金石：它能够验证人造环境是否宜居，是否有助于丰富人类生活和完善人性。"[1]

[1]阿诺德·伯林特：《审美生态学与城市环境》，《学术月刊》，2008年第3期。

科欧从1978年开始致力于将伯林特的审美场思想当作一种现象学美学的普遍理论，并将其与生态设计理论联结起来。他于1982年发表了《生态设计：整体哲学与进化伦理的后现代设计范式》一文，讨论如何将建筑融合到自然景观之中。在生态设计思想的基础上，他于1988年又发表了《生态美学》一文，提出"生态美学"概念。科欧认为生态意义上的美学有两种含义：一是"环境美学"。它植根于人与环境二元论观点的基础上，其缺陷与形式美学相关。二是"生态美学"。这是一种关于环境的整体的、演化的美学，就像伯林特在其审美场概念中表述的那样，既适用于艺术品，也适用于人造环境。科欧从11个方面对比了形式美学、现象学美学与生态美学。1. 哲学基础：形式美学是二元论的、科学的、实证的、客体的，现象学美学是整体的、现象学的、人文的、主体的，而生态美学是整体的、生态的、演化的、主客体统一的。2. 焦点：形式美学是形貌美学，现象学美学是体验美学，而生态美学是自然与艺术中的创造力美学。3. 原始数据：形式美学是审美概念，现象学美学是审美事实，而生态美学是创造性事实。4. 研究方法：形式美学依赖内省，现象学美学考察对于艺术美的审美体验，而生态美学则对自然与艺术创造力进行经验（实验）性研究。5. 思想观念的本质：形式美学是排外的、形式的、静态的，现象学美学是包括性的、描述性的、动态性的，而生态美学是包括性的、描述性的、演化性的。6. 与设计的关系：形式美学与秩序原理相关，现象学美学不一定与秩序原理相关，而生态美学与秩序原理相关。7. 观赏者与艺术品之间的关系：在形式美学看来，艺术品是从一定距离之外观赏的艺术品，近似博物馆艺术，艺术与公众之间的距离增大了；现象学美学重视通过参与而体验艺术品，艺术是活的或行为艺术，观赏者与艺术品之间在审美场中的距离减小了；而在生态美学看来，艺术品是被欣赏的艺术品，是通过参与和适应而生产的，是为了人和场所的艺术；在人—环境系统中，观赏者和艺术品的距离减小了。8. 艺术家对艺术工作的理解：在形式美学中，设计师 / 艺术家倾向于创造以客体为中心的艺术

（例如创造形式和对象）；在现象学美学中，倾向于创造以体验为中心的艺术（例如创造体验）；而在生态美学中，倾向于创造以体验/环境为中心的艺术（例如创造处于演化中的环境）。9. 与大众传媒的关系：形式美学容易吸引大众传媒注意力，现象学美学不容易吸引大众传媒，生态美学也不容易吸引大众传媒。10. 艺术家的形象：在形式美学中，设计师 / 艺术家是英雄、天才、大师；在现象学美学中，艺术家是体验者 / 表演者，参与创造和鉴赏体验；而在生态美学中，艺术家是体验者 / 表演者，参与设计和鉴赏创造过程。11. 焦点的宽幅：形式美学强调视听感官，现象学美学强调积极的感知和体验，而生态美学强调整体的意识、无意识体验与创造力。科欧所说的"形式美学"主要指西方文艺复兴时期经典的、形式的、实证主义的美学及其在环境美学中的体现。它注重优美风景的形式美，诸如色彩、形状、声音等。他所说的现象学美学主要是伯林特的美学理论。在构建生态美学时，科欧确认并辨析了与设计原理、美学理论相连的核心概念，提出"包括性统一"（Inclusive Unity）、"动态平衡"（Dynamic Balance）和"补足"（Complementarity）三个原则是美学的生态范式。前两个概念是对传统形式美学原理中"统一"与"平衡"两个概念的扩展，最后一个概念则是在吸收东方建筑美学基础上的独立创造。"包括性统一"的反义词是"排斥性统一"（Exclusive Unity）。后者指传统美学中静态的、形式方面的统一，比如一个客观对象的各个部分的统一使对象成为一个有机整体。这一整体具有对称、和谐、生动等特性。"包括性统一"超越了客观对象本身，它将客体或对象置于一个具体的"语境"中，将之视为这个整体语境中的一部分，强调它与人、场所的统一，否定主体与客观之间、人与自然、秩序与无序之间的距离和二元对立。传统美学中的"平衡"原理指相反力量、数量、体量之间的均衡状态。这是一种形式上的平衡。而"动态平衡"是"过程"的动态不对称，它既指向源自创造"过程"的定性不对称，也指向隐含在审美"形式"中的形式不对称。因此，这一原理将西方美学的静态的、形式的平衡与东方美学（主要是日本美学）的动态的、定性的平衡结合起来。为了表明生态美学是东西方美学的融合，科欧使用了一个形象的说法：生态美学可以通过给列奥纳多・达・芬奇（Leonardo da Vinci）的理想人物叠加上一个阴阳符号来象征。在生物系统的演化过程中，雄性和雌性通常必须通过补足（Complement）来生育。其实，通常所说的许多二元"对立"都是"补足"关系，诸如主体与客体、时间与空间、形式与内容、物质与心灵、能量与信息、浪漫主义与古典主义、情感与思想、无意识与意识，等等。将补足观念运用到建筑和景观设计中，就是让自然和景观来补足人类与建筑，也就是麦克哈格所倡导的“设计结合自然”的思想。弗兰克·劳埃德·赖特（Frank Lloyd Wright）的建筑可谓典范。在东方园林设计中，室内与室外的连续性表明了一种补足关系，建筑物与园林空间也存在着补足关系。科欧认为，建筑中使用自然材料不仅仅出于节省材料和能量的考虑，自然材料还产生了自然形式的丰富性与表现性，将自然的象征意义带入到人类意识中。西方形式美学关注客体的、客观的外部世界，关注表达的清晰以及将复杂环境秩序化；东方美学则关注主体的内部世界，关注感性表现以及对于自然的象征性、存在性体验。科欧认为补足性观念将二者结合了起来。科欧在讨论他的三个核心原理时首先将其作为“创造过程的原理”来论述，然后才将之作为环境设计中的审美原理来研究。[1]

自20世纪80年代起，中国学者也开始了对审美场理论的研究，其中最系统、而且又结合生态问题进行探讨的是袁鼎生。袁鼎生先后出版《审美场论》《审美生态学》《生态艺术哲学》《民族生态审美学》《生态视域中的比较美学》等专著，运用审美场理论对生态美学进行了较为独特的论述。他的生态美学体系以审美场的运动发展为纲，以统观的整生为中心，由理论生态美学的研究走向历史生态美学的研究，再走向应用生态美学的研究，继而从应用生态美学的研究走向历史生态美学的研究，最后回到理论生态美学的研究。审美场不同的展开构成他的不同层次的生态美学：《审美场论》以微观审美场的研究展开理论生态美学，《审美生态学》则从系统生成的角度将审美场作为美学整体范畴，展开逻辑生态的生发，构成美学原理的生态逻辑。以生态审美主体对象的形成统一即生态审美场的生成为结合点，原理生态研究体系的逻辑终结成为基础生态美学体系的开端。在《审美生态学》中，审美场与生态场对应对生，生态性审美场与审美性生态场对接融通，构成生态审美场生态逻辑和生态理论系统的耦合并进，形成理论生态美学的总体建构。在此基础上，生态审美场又分化为诸多部门生态美学，《民族生态审美学》即以分化出的民族生态审美场为基点生发理论结构。基础形态与分支形态的生态美学作为生态审美场的具体化，构成生态审美场展开的理论网络。在这一网络构成的理论平台之上，理论生态研究走向历史生态研究。在《生态视域中的比较美学》中，历史生态研究聚焦于人类审美场，纵横双向地展现了中西美学整体生成、发展的生态谱系，构成宏大的比较美学统观理论。历史与逻辑、应用与原理双向往复，构成良性循环的对生关系，理论生态美学规范历史生态美学、应用生态美学，历史生态美学提出的规律又成为理论生态美学更高一轮的生

[1] 程相占：《美国生态美学的思想基础与理论进展》，《文学评论》，2009年第1期。

态生发。

袁鼎生认为审美场与生态美学的共构形成了如下一些论域：1. 微观审美场研究。世界美学在进入当代重视整体研究的新里程之后，审美场这一源自物理现象暗合整体生命状态与力量之运行的概念，拓展了生态美学的空间。审美场可以初步界定为主客体相吸相引、相聚相合、相融相会、同构同化的最佳审美现象与最佳审美境界。这种审美场理论首先从主体生理、心理感官功能与客体审美信息最根本层次的对应出发，论证审美场在主客体双向网状移情中的生成；然后从生物学的研究出发，逐级探讨审美需要、功利快感等作为基础与中介在审美场审美关系历史生成中的转换、链接；同时，将散布于审美场的诸种生命力共同构成审美场运行的活态整体，共同论证现实审美场的构成。“在审美场里，持续递进地同化审美主体的审美客体，不是纯粹的、静态的审美客体，而是不断融汇主体内容的审美客体，不断主体化的审美客体，或者说就是不断发展的审美场整体。”审美场中存在着各种各样的力，如审美对象的吸力和审美主体的趋力，审美场的聚力、融力、张力，审美场对主客体的同化力，主客体相互间的同化力。每种还可以进一步细分，如主体的审美趋力可分为审美原动力与审美应力、审美期待力与审美寻求力、审美注意力与审美依恋力三个层次。正是这种种力的作用才形成了审美场并使审美场发生潜移默化的审美效应。“在物理场中，磁块相对于铁也有着较强的吸引力、同化力，而铁相对于磁石也不乏应力、趋力，从而出现相吸相引的情形。但从总体来说，磁石之力占据着主体的地位。而审美场的吸引力则更由主客体共同构成，双方相互吸引，‘主动’靠拢，相互同化，构成互蕴互含、物我难分的整体，而非一方被另一方通过吸引拉拢、一方被另一方通过‘吸力’同化。这就见出，审美场的吸引力，更具相吸相引性，主客体的相互作用力比较平衡，具备更加全面的主动性、综合性与融合性，场本身也更加弥漫着亲和的氛围。”[1]审美场理论超越了过去的审美关系论，它不再把审美活动当作是主体认知对象身上固有的什么美，而是当作审美主客体在相互作用、相互交流、相互融会、和谐共振状态中主体获得的一种体验、达到的一种境界。2. 从审美场的生态运行到生态审美场的成立——美学原理的系统生成。审美场历史化逻辑地生态展开将生态过程和生态关系所蕴涵的美学规律包蕴于审美发生、发展的深层规律，审美场与生态场在生态运行中相互影响、逐步同化，重合融通而为形质合一的生态审美场。审美场理式的范式性生成产生整体调控力双向调节、匹配审美主客体，使其潜能对应性自由实现共生美感——审美意象，其美感生成成为贯通、同化审美

[1]袁鼎生：《审美场论》，广西教育出版社，1995年，第256、10—11页。

主体与对象的审美生态圈回环，从而构成审美场整体生态系统。3. 生态审美场的生发——基础形态的生态美学系统构成。生态审美场以人与自然贯通流转的生态整体为审美理式。这一审美理式的整生，一要凭借人与自然贯通的大自然系统的生态整生与拓展，二要凭借人类日常生活的生命存在、功利实践、道德伦理、科学认知等关系与审美关系的融合构成生态审美关系。美、审美、造美与生命全程和生态全域的立体复合推进所构成的整生构成生态审美场的最高本质，在此基础上展开自上而下的范生式质态结构的完善，从理式向理论具体生成发展了审美范型的生态圈，形成更为有机的生态化质态结构，进而内化于形态结构，并以此规范形态结构，构成生态美学完整的本质与系统。4. 应用生态美学研究——生态审美学的分支形态。部门形态的生态美学是生态审美场学说的具体应用，是生态审美场分化体的逻辑展开。5. 历史生态美学的建构——从审美场逻辑到历史的展开与统观比较美学的系统生成。生态审美场的生态逻辑和生态审美场的理论系统耦合并进，最终以天人合一的生态审美场为终结，合于更高质度和更大量度的生态审美场。基于这一审美场的构成，《生态视域中的比较美学》进一步提出了一个最高的审美场范畴：统观审美场。统观审美场以人类全部的审美事实为基础，成为人类美学理论总纲的标举和整体理论系统的表征。审美场的三个历史形态——古代天态审美场、近代人态审美场、当代及未来的生态审美场，纵横双向地形成比较美学中西统观研究历史与逻辑统一的结构。[1]

伯林特指出："我们可以用如下论断来总结：无所不包、相互依赖的环境系统是一个生态概念，它在审美融合中有其基于经验的类似情形……艺术性和审美性两者都是环境体验所固有的。前者使环境体验更加精微，后者使我们意识到环境体验的方方面面。作为复杂环境动力系统的一部分，人类并不、也不可能站在环境之外来静观环境。我们必须像艺术家一样，通过我们的活动进入环境之中，同时，积极而敏悟地参与到环境欣赏中。这样，艺术和审美才能切实地在我们与环境的密切融合中结合起来。""现在，都市化已经超越了上述两种简单模式而走向更加复杂的生态系统模式（Ecosystematic Pattern）。一种更加富有生机的、有机的洞察，取代了机器模式中单调的、可调换的部件等观念。与'机器城市模式'完全相反，'生物生态系统模式'认识到城市区域是一个复杂的统一体，它具有许多不同而相互关连的部分，每个部分都首先具有其独自的目的；但是，每个部分又同时对整体系统做出贡献、并依赖于整体系统。这样，生态系统已经成为城市环境的富有想象力的模式。大规模的工业社会

[1]季芳：《以"审美场"为纲的生态美学建构》，《南方文坛》，2005年第6期；蒋美荣：《中国当代审美场研究综论：兼评袁鼎生〈审美场论〉》，《钦州师范高等专科学校学报》，2000年第3期。

中充斥着极大的复杂性，不协调的各种活动制造着无序和无效，最终导致社会崩溃和混乱。机器模式是不适当的，因为它是产生无人格的、混乱的、非人性的工业化城市区域的根源。‘生物生态系统模式’似乎能够克服早期指导原则的不足：它似乎比‘历史偶然模式’更能回应人类社会生活的工作和需要，比‘机器城市模式’更加真实地回应人类境况，也比两者能够更加富有弹性地回应人类社会形式和活动的多样性。生态系统城市模式开放且连贯，灵活而有效，独立又平衡，它似乎为生存于城市化环境的当代人类提供了一种人性化洞察。那么，我们如何用生态模式来指导社会活动？什么样的洞察能够引导我们走向更富人性而成功的社会秩序？我们需要一种富有想象力和吸引力的动机。我认为，这里正是艺术—审美模式的用武之地：这一模式具有融合性体验。”[1]我们需要建构审美场，通过审美场去体验自然、体验城市。

[1]阿诺德•伯林特：《审美生态学与城市环境》，《学术月刊》，2008年第3期。

第6章　生态城市美学语言论

一、生态恢复与设计结合自然

城市是人工生态，其人文特征无可否定，但源于自然生态的有机性也不可丧失，它必须最大限度保持或回归于自然状态。生态恢复是使一个生态系统回复到较接近于受干扰前状态的过程。其内涵远远超出以稳定水土流失为目的绿化，也不仅仅是恢复种植具有多样性的当地植物，而是创造良好的条件，解除生态系统所承受的超负荷压力，依靠生态系统自身规律演替，恢复其生物学潜力，引导、加速或重造自然演化过程。生态恢复的方法有物种框架方法和最大多样性方法。物种框架方法以建立一个或一群物种作为恢复生态系统的基本框架，这些物种通常是植物群落中的演替早期阶段（先锋）物种或中期阶段的物种。最大多样性方法是指尽可能地按照生态系统退化以前的物种组成及多样性水平种植物种的恢复，它需要大量种植演替成熟阶段的物种，而先锋物种被忽略。

城市自然生态功能取决于区域自然生态系统和生活、生产人工生态系统的健康程度，特别是绿地（肺）、湿地（肾）、地表和建筑物表层（皮）、废弃物排泄的归属（口）以及人、物、信息流通渠道（脉）的生态健康状况。城市生态恢复包括自然生态服务功能的修复（净化、绿化、活化和美化）、产业生态耦合关系的修整（横向耦合、纵向闭合、区域协和与社会整合）以及生态文化的修养。发展生态产业、生态建筑、生态交通、可再生能源是调理城市生态关系的有效途径。

麦克哈格在美国社会面临城市化和环境危机的关键时刻把生态学和相关科学引入景观与区域规划，将景观设计或城市设计引向拯救城市、拯救地球和拯救人类的发展之路，因而成为美国环境运动和人地关系设计的中坚。他向追求人为秩序的传统城市物质规划方法提出了挑战，提出“设计结合自然”（Design With Nature）的思想，追求最大限度的生态恢复，实现了城市生态规划方法论上的一次重大变革。

直到20世纪中叶，建筑设计和城市设计及相关的大学课程中仍很少考虑社会问题，对环境问题或生态问题更加忽视。设计师虽然懂得一些社会学知识，一般全然不懂自然生态问题。麦克哈格写了一篇题为《自然在人居城市中的地位》的文章，阐述关于在城市建设中保留和尊重自然生态要素的道理。其中包括这样一些问题：为什么在大都市中不能保留一些自然地，让其免费地为人们提供服务？为什么城市中不能有高产的农田来提供给那些需要食物的人们？为什么城市建设不能保护有价值的植物群落和动物栖息地？为什么不能利用自然生态环境来构建城市的开放空间，让城市居民世代享用？这些思考将城市设计的主要问题聚焦到生态化和人性化方面，被认为是革命性的创新思想。麦克哈格因此赢利了人们的尊重。1960年前后，他组织了一个由海洋学家、海洋生物学家和植物生态学家组成的研究队伍，对海岸带进行研究，得出当地面临风暴危险的结论。果不其然，他们的研究工作刚刚结束，一场风暴就将海边的所有民宅摧毁。这次经历给他很大的震动，使他对景观设计有了更加深刻的认识：“人们必须得听景观设计师的，因为他告诉你在什么地方可以居住，在什么地方不能居住，这正是景观设计学和区域规划的真正含义。不要问我你家花园的事情，也不要问我你那区区花草或你那棵将要死去的树木，关于这些问题你尽可以马虎对待，我们（景观设计师）是要告诉你关于生存的问题，我们是来告诉你世界存在之道的，我们是来告诉你如何在自然面前明智地行动的。”[1]由此，他开始对生态规划有了成熟的认识，并将其推上了解决大问题、解决人地关系危机研究的前沿。

麦克哈格认为，城市所要解决的问题不仅仅是一个物质规划的问题，更是一个关于人与自然相互作用以及人在地球上的存在问题。他借用博尔丁的宇宙飞船概念，通过宇宙舱比拟地球生态系统：“人们在对土地进行改造以前，需要了解物质的演进和生物的进化过程，这是不可缺少的一步，但这是远远不够的。还必须知道世界是怎样‘工作’的。谁是行动者和他们是如何对环境、物质演进过程和其他生物产生影响的？”[2]他

[1] E.L.Miller & S.Pardal, *The Classic MeHarg, An Interview*, Published by CESUR, Technical University of Lisbon, 1992, P.30.

[2] 伊恩•伦诺克斯•麦克哈格：《设计结合自然》，中国建筑工业出版社，1992年，第138页。

在宾夕法尼亚大学（University of Pennsylvania）开设了一门内容宏阔的生态设计课程，并通过电视广为传播。这门课分为四部分内容：第一部分是关于物质、植物、动物及人类进化科学认识的，第二部分是关于宗教信仰中关于人与自然关系认识的，第三部分是关于人与自然生理与心理关系的，第四部分是关于生态观的，即关于大气圈、岩石圈、土壤圈、水文圈、生物圈以及动植物和系统生态学的。当时的许多著名环境运动领袖都是这门课的讲授者。在麦克哈格看来，西方人的傲慢与优越感是以牺牲自然为代价的，为此他把眼光投向了东方。他发现，在东方的哲学中，相信人与自然是不可分割的，人的生存状态与社会的和谐取决于人对自然的尊重和适应。但是，麦克哈格同时发现，东方人与自然的和谐是以牺牲人的个性而取得的。如果说东方是一个自然主义艺术的宝藏，而西方则是人本主义艺术的宝库。这两种不同的哲学和艺术不必截然割裂，而是可以找到平衡点的。这个平衡点就在于：我们既要承认人是自然中不可分割的一部分，同时也必须尊重人的独特性，从而赋予人以特殊的生存价值、责任及义务。他认为这正是生态学思想。麦克哈格将自己的规划称为人类生态系统规划。人类生态系统规划实际上是区域土地利用价值的鉴别系统，是诊断土地利用适宜度和生态健康与否的技术标准，用它为底图来检验其他规划的有效性一目了然。城市设计应当注重自然因素与社会因素相结合，寻求城市特性的基础——从自然特性和人造特性中选择有表现力和有价值的、对新发展提供机会和起限制作用的诸要素，从而清晰地把握构建城市形式的基础。麦克哈格企图用他的人类生态系统规划为城市设计设定前置性基础，以此来规约城市设计，确保其不违背生态原则。他用这种规划理念对城市或区域进行精致的逻辑性规划，堪称楷模。如对沃辛河谷（Worthington Valleys）地区的研究，涉及以下10个论题：1. 这是一个美丽而又容易遭到破坏的地区；2. 发展是不可避免的，但必须容纳增加的人口；3. 不加控制的发展必然是破坏性的；4. 发展必须和区域的目标相一致；5. 遵守保护的原则能防止破坏和保证提高环境质量；6. 这个地区能接受所有预期的发展而不受破坏掠夺；7. 有规划的发展较无规划的发展更理想，它可以得到更多的利润；8. 公共和私人的力量能联合起来，共同参加到实现规划的过程中去。他认为："每一种自然演进过程和其他的自然演进过程是相互影响的，每种自然演进过程和开发建设是密切相关的。在弄清每一个地区的承受开发能力、对掠夺的敏感性以及景观内在的限制和机遇等等问题上，这些自然演进过程是起主要作用的。"[1]

麦克哈格争取到了高达100万美元的福特基金的资助，召集包括气象

[1]伊恩·伦诺克斯·麦克哈格：《设计结合自然》，中国建筑工业出版社，1992年，第121—134页。

学家、地质学家、土壤学家、植物生态学家、野生动物学家、资源经济学家、计算机专家和遥感专家共同组成了一个多学科教学与研究团队。他相信，这样的团队能解决几乎所有人与土地的关系。在把这些互不交流的科学家和他们的知识组织在一起来解决一个共同的问题时，麦克哈格发现“时间”是这些专门学科之间可以联系的纽带。从远古的地质地貌的形成过程，到地表水文过程，再到土壤和植被的发育过程，每个专门学科都可以讲述土地上发生的故事。而为了把这些不同年代中发生的故事整合起来，综合地描述土地上的自然过程和现象，麦克哈格找到了分层制图的方法，即“千层饼”模式。这其实是一种通过信息地图的层层叠加进行设计综合和筛选的方法。如在做纽约斯塔腾岛（Staten Island）环境评价研究时，他对包括自然地理、表层地质、气候、水文、土壤、植物生态、野生动物生存环境和历史地段等资料进行采集，并绘制成图，然后加以叠加研究。他说：“一项完整的研究应包括识别自然演进过程对人所起的作用，分清：哪些土地是保护人的或者对人有危害的；哪些土地是稀少的或特别珍贵的和有价值的；哪些土地的价值是容易被破坏的。属于第一类的有自然净化水，驱散大气污染，改善气候，储存水，控制干旱、洪水和冲蚀，促使表土增厚，森林和野生物数量增加等作用。对人有保护作用或有危险的，包括江河湾的沼泽地和洪泛区等。第二类是有重要的地质、生态和历史意义的地方，而海滩上的沙丘、产卵和繁殖的场地和集水区等是属于价值易破坏的第三类土地。”麦克哈格重点对地表水、沼泽地、洪泛平原、地下含水层、地下水回灌、陡坡地、头等的农业地、森林和绿地八种元素的自然演进过程进行研究和评价。“普通的土地利用图，甚至规划方案，它所表示的土地利用类别是泛泛的，这一研究中的图更像马赛克镶嵌而不像招贴画，这是有充分根据的。这些图是经过对土地进行质疑，使它显示出明显可区分的属性后画出来的。不同的土地属性经过叠加后，显示出土地的极大的复杂性。但这正是为人们提供使用机会和限制的实际存在的复杂性。”[1]

[1]伊恩 伦诺克斯 麦克哈格：《设计结合自然》，中国建筑工业出版社，1992年，第89、166页。

“千层饼”叠加方法并不是麦克哈格的发明。瓦伦·亨利·曼宁（Warren Henry Manning）继承和发展了弗雷德里克·劳·奥姆斯特德（Frederick Law Olmsted）特别是查尔斯·埃里奥特（Charles Eliot）的系统规划思想，发明了使用地图分层叠加技术来理解和评价场地包括土壤、坡度、植被等多因素的空间关系。1912年，他在给波士顿附近的比勒里卡（Billerica）做规划时，用一系列的地图来显示道路和人文属性、地形、细分地界、土壤、森林覆盖以及现有的和未来的保护地，再用地图分层叠加技术进行分析，这被认为是有文献记载的最早使用手工地图分层叠加技术的例子。曼宁也是区域规划的积极倡导者，在美国国家公园管理署（National Park Service）基金的支持下，他主持完成了大量的区域调查数据制图工作，并于1919年编制了《国土规划》。这份长达927页的规划将各种气候、森林、动物、水系、矿产、铁路、公路系统等信息资源综合起来，很显然也利用了地图分层叠加技术。杰奎林·蒂里特（Jacqueline Tyrwhitt）在1950年出版的《城乡规划教材》一书中，对地图分层叠加技术进行了系统的介绍。到20世纪60年代，地图分层叠加技术在北美洲被用于大规模的景观资源调查和规划。麦克哈格的独特之处在于引进多学科专家进行资源调查，并将基于透明纸的手工地图分层叠加技术发展到极致。他于1969年出版了名著《设计结合自然》，十分完整地介绍了制图的过程：首先，将景观的单一因子逐一制图，用灰白两色区别其对某种土地利用方式的适宜性或有害性；然后，将这些单因子评价图层叠加，再通过感光摄影技术得到综合的土地适宜性分布图；最后，根据灰度来区别不同程度的适宜性。书中还指出，每一块土地的价值是由其内在的自然属性决定的，人类只能认识这种价值，并在自然规约的范围内去适应或利用它。只有达到这种适应，人类才能构建健康舒适的生活。规划的过程就是帮助居住在自然系统中或利用系统中的资源的人找到一种最适宜的途径，让自然环境告诉人们该做什么、不该做什么。从找一条红鳟鱼到找一块地方居住，再到置地开发，只有取得足够的自然系统的信息数据，才可能实现良好的愿望。设计师是个触媒，最主要的工作是收集这种数据，然后加以解释、评价。

从1912年曼宁开始应用到麦克哈格的完善，在近半个世纪的里程中，地图分层叠加技术的发展一直是生态规划思想和方法发展和完善过程的一个有机组成部分。首先是设计师的系统景观思想要求对土地上多种复杂的因素进行分析和综合的需要，然后是测量和数据收集方法的规范化，最后是计算机的发明和普及，都推动了地图分层叠加技术的发展。1993年麦克哈格在哈佛大学开设生态规划课程，并采用GIS技术对美国东海岸的阿卡迪亚国家公园（Acadia National Park）进行调查和规划实践。而哈佛大学设计学院最早将GIS技术应用于景观规划和设计。1965年，哈佛大学设计学院与麻省理工学院联合成立计算机图像实验室，研制出数字计算机地图绘制方法和技术。其空间分析、多解方案的预景模拟等技术将景观生态规划大大推进了一步。如果将景观生态规划过程分解为分析与诊断问题、未来预测和解决问题三个方面的话，GIS技术在分析与诊断问题方面具有很大的优势，主要反映在其可视化功能、数据管理和空间分析三个方面。另外，它在寻求解决问题的途径方面也有很大的潜力。现在运用高度发达的RS、GPS、GIS技术来进行信息地图“千层饼”式的因素叠加分析，为麦克哈格式的生态规划应用研究开辟了十分广阔的前景。[1]

[1]俞孔坚、李迪华：《景观生态规划发展历程：纪念麦克哈格先生逝世两周年》，载俞孔坚、李迪华：《景观设计：专业、学科与教育》，中国建筑工业出版社，2003年。

在城市或区域发展史上，从城市绿地系统和自然资源保护规划，到以时间为纽带的垂直生态过程的叠加分析和人类活动对自然系统的适应性研究，进一步发展到强调水平过程与格局的关系和景观的可持续规划，无论从方法论上还是在技术发展方面，麦克哈格都在关键时刻起到了承前启后的作用，他因此成为生态规划理论界的巨人。麦克哈格在《设计结合自然》的开篇中指出：“本书是关于太阳、月亮、星星、四季变化、播种和收获、云彩、雨水和江河、海洋和森林、生灵与草木的威力及重要性的个人见识。这些自然要素现在与人类在一起，成为宇宙中的同居者，参加到无穷无尽的探求进化的过程中去，生动地表达了时光流失的经过，它们是人类生存的必须的伙伴，现在又和我们共同创造世界的未来。我们不应把人类从世界中分离开来看，而要把世界结合起来观察和判断问题。愿人们以此为真理。让我们放弃那种简单化的隔裂的看问题的态度和方法，而给予应有的统一。愿人们放弃已经形成的自我毁灭的习惯，而将人与自然潜在的和谐表现出来。世界是丰富的，为了满足人类的希望仅仅需要我们通过理解、尊重自然。人是唯一具有理解能力和表达能力的有意识的生物。他必须成为生物界的管理员。要做到这一点，设计必须结合自然。”[2]

[2]伊恩•伦诺克斯•麦克哈格：《设计结合自然》，中国建筑工业出版社，1992年，第14页。

二、生态适宜性感知与反向规划

最早作为土地测量术的几何学，在笛卡尔开始建立现代科学之后就被数学化和观念化，失去了最初的直观意义和丰富的文化内涵，成为“数学化的几何学与自然科学”，即胡塞尔所言“理念化的几何”。建筑或城市设计中的几何学能否和其他现代科学一样，成为胡塞尔《欧洲科学的危机与超越论的现象学》中的一个现象学问题?

随着伽利雷·伽利略（Galileo Galilei）将自然数学化，近代物理学主义的客观主义强势冲击人文与艺术的各个领域，早在文艺复兴时期就已被归入艺术门类的建筑学，自然难以逃脱。数学化的客观主义在建筑或城市几何学的演变中表露无遗。建筑或城市史通常以风格史来描述发展线索，如文艺复兴、巴洛克、新古典主义、现代主义，等等。然而，如果按照观念史来分，建筑或城市史则可以按文艺复兴、科学革命、现代主义来划分。文艺复兴强调以人为中心，科学革命以机械宇宙为核心，现代主义则是科学革命观念的普遍与合法的运用。从文艺复兴到科学革命，建筑或城市几何学从空间直观的测量术和人文主义的象征性几何学，最终转化为“数学化的几何学与自然科学”。

几何学的开端可以追溯到古埃及、古印度和古巴比伦。早期的几何学是关于长度、角度、面积和体积的经验原理，用于测绘、建筑、天文和各种工艺制作。通常认为，几何学是“geometry”的音译，其词头“geo”是“土地”的意思，词尾“metry”是“测量学”的意思，合起来即“土地测量学”。可见，建筑或城市学与几何学的关联由来已久。几何学在古希腊作为一种技术，在文艺复兴时期作为一种文化观念；科学革命之后，开始作为一种数学观念在建筑或城市学中发挥作用。因此，几何学在建筑或城市学中的运用，可以分为前几何学、测量术的几何学、人文的几何学和数学化的几何学四个阶段。

古希腊人把宇宙理解为建筑的放大模型，把天空理解为穹顶。如米利都学派（Melisian School）的思想家将宇宙看作一所房子，建筑被理解为“宇宙结构”或天堂。那时的算术是关于数字的研究，几何是关于空间关系的研究，天文是关于天体运动的研究，音乐是为耳朵所理解的运动的研究，它们构成四门高级的数学化的学科。而绘画、雕塑和建筑则被视为一种手工职业。为了提升其等级，必须使其数学化。这一转化是由15世纪的艺术家完成的。文艺复兴时期，人们确信建筑学是一门科学，建筑的每一部分，无论是内部还是外部，都被整合到数学比例中。“比例”成为建筑或城市几何学在文艺复兴时期的代名词，而像心形、圆形、穹顶则是文艺复兴时期建筑的基本形式。只要人们用几何化的形式来诠释宇宙和谐概念，就无法避免这些形式。在这一时期，设计师追求绝对的、永恒的、秩序化的逻辑，形式的完美取代了功能的意义。17世纪科学革命所揭示的宇宙是一部数学化的机器。这一时期法国最重要的建筑或城市学家都是科学家。在笛卡尔理性主义精神的引导下，一切问题讨论的基础都以理性为原则。数学被认为是保证“准确性”和“客观性”的唯一方法。特别是透视学的发明，对文艺复兴时期的建筑乃至对整个建筑学的发展都起到了关键性的作用。其影响涉及各艺术门类，绝非仅仅局限于美术界。透视学使真实的建筑与建筑图像出现了差异，建筑图像开始独立于实物而存在。笛卡尔通过解析几何沟通了代数与几何，加斯帕德·蒙日（Gaspard Monge）则将平面上的投影联系起来，在《画法几何》中第一次系统地阐述了平面图式空间形体方法，将画法几何提高到科学的水平。与传统的模拟视觉感受方式不同，画法几何切断了视觉与知识之间的直接联系，赋予建筑以不受个人主观认识影响的客观真实性，时至今日仍然是建筑学交流最重要的媒介。

建筑最初起源于实用性的遮风避雨的棚屋，人类在建造、美化房屋的活动中逐渐形成了建筑学。作为欧洲建筑学源流的古代希腊罗马建筑文化，是那个时代辉煌的建筑技术与艺术的统一。它既体现了早期建筑几何学的空间直观性，也蕴涵着古希腊罗马人日渐丰富的精神需求。然而，建筑学发展到现代建筑阶段，其渊源因被数学化过程所遮蔽而远离我们，几何学在建筑中的地位已经弱化到了极点，沦为彻底的工具；建筑不再像文艺复兴时期那样充满精神意义，工业化生产和功能需要成为建筑或城市设计中最重要的东西，从而导致建筑几何学的危机。[1]

[1]周凌：《建筑几何学的危机与超越》，《中国社会科学报》，2007年7月1日。

空间意识现象学的基本问题是：我们如何有空间意识？各种形式的空间感知是如何产生的？为什么我们每个人对空间的感受不一样？为什么不同的空间形式会给我们不同的感受？这些问题类似于心理学的空间问题，但前者比后者更为哲学化。因为心理学讨论的空间问题主要局限于主观空间及其与客观空间的内在联系，而现象学讨论的是客观空间如何在空间意识中被构造起来并被客体化。正是在这一意义上，空间问题是联结建筑或城市设计学与现象学的重要的中介线索。

胡塞尔在空间构造问题上的一个重要思考向度，就是阐释与空间表象起源问题直接相关的几何学起源问题。用德里达的话来说，胡塞尔在50年里都“忠诚于”同一个问题，即算术和几何的起源问题。算术与数学一样，包括在莱布尼茨意义上的普全数学模式，都可以被纳入到胡塞尔构想的纯粹逻辑学中。但几何学是一个例外，它不属于纯粹逻辑学。因为几何学的概念含有直观的因素，不属于形式范畴。然而，算术和数学不是建基于感性直观，而是建基于时间意识之上的。从意识层面来看，即便没有感性直观，时间意识依然会形成。因为这是意识流动的本性所先天规定了的，只要意识流动，就会有绵延感即内时间意识，对内时间意识的反思会使一个对象产生出来。因此，在时间意识这里，即使没有后天的感觉材料的加入，纯粹形式的东西仍然可以独自成立。

胡塞尔在空间构造问题上的另一个思考向度，是客观空间与现象空间的关系，这是更为基本的思考向度。从现象学的角度来看，现象空间的构造是客观空间构造的基础，至少前者在发生学意义上要先于后者。空间现象学需要描述分析的是意识如何在自身中将现象空间构造出来，并将这个空间理解为客观的。这与胡塞尔对时间从内时间意识到客观时间的构造过程的分析相似。

时间分析与空间分析的结果却不相同。按照胡塞尔的时间意识分析，我们之所以会有时间感，并且最终具有客观时间，是因为我们的意识在流动，从而形成延续：即使天生不具有眼耳鼻舌身五觉，却仍然可以意识到时间。这表明时间是一种先天的、综合的形式，它是意识本身的固有形式。与此不同，胡塞尔的空间意识分析表明，我们的空间经验首先依赖于我们的视觉和触觉。一个天生没有视觉和触觉的人很有可能无法形成空间意识。因此，几何学的观念在本质上不同于形式存在论或纯粹逻辑学的观念，不能被纳入戈特弗里德·威廉·莱布尼茨（Gottfried Wilhelm Leibniz）的普全数理模式。

上述分析是否会导致空间意识是奠基于时间意识之中的结论？显然不能。时间意识原则上先于空间意识，并不意味着空间意识必须以时间意识为前提。但从另一角度则可以得出上述结论。胡塞尔是通过动感概念才建立起他的空间构造理论的。借助于现象学还原，胡塞尔使动感概念摆脱了所有心理学、心理物理学、生理学、解剖学的预设，亦即超越了所有预设的同时，却并没有失去与这个概念相联结的纯粹描述性的、现象学的确定内涵。这一意义上的动感概念，当然也包括通常意义上的动感概念，已经预设了时间意识的存在。甚至可以说，“动感”与“时间意识”就是对同一个东西的不同命名。

胡塞尔的空间构造分析主要不是几何学分析，而更多是现象学分析。两者最主要的区别在于：现象学分析要求排斥超越的东西，仅仅关注于“纯粹的现象”，这是胡塞尔现象学的还原理论在空间理论上的运用。这不仅是现象学的空间构造分析有别于几何学空间解析的地方，也是它有别于心理学的空间起源理论的地方。在排斥了所有这些超越的、外在于意识的实在之后，我们面对的将是内在的空间意识。

现象空间与客观空间的关系，在现象学上类似于意向相关项与实在客体的关系，也类似于内时间意识与客观时间的关系。现象空间是空间现象学研究的主要课题。这种现象空间的研究有助于我们对空间的认识，因为对现象空间的认识会有助于对想象空间的认识，例如可能有助于对建筑或城市设计空间的认识。任何一张设计图纸，从构思到成型，都是以现象空间为基础的想象空间之构造。想象空间一端联系着客观空间，尤其是设计付诸实施时；另一端联系着现象空间，因为脱离开现象空间，就意味着想象空间可能变异为虚幻空间或错觉空间。

空间意识不同于时间意识。时间意识是可以内感知到的，无须借助于眼耳鼻舌身五觉便可产生。空间意识则必须随外感知的产生才能产生，甚至可以说，它以外感知或事物感知为前提。但空间意识并不拘泥于事物感知，它可以以想象的方式既超越对事物的感知，也可以超越被感知的事物。这时，空间意识从对空间事物的感知，变为对空间本身的想象。这里有双重变化：一方面，空间事物可以从感知的显现变为想象的显现，例如对空间事物的回忆；另一方面，被感知的空间事物可以变为被想象的空间事物。空间意识在这一双重变化中日趋丰富。最后，空间事物可以完全脱离空间意识，使空间意识成为纯粹空间形式的展示场所。这样我们便可以理解，客观空间的形式化是作为意识对象而被构造出来的空间形式本质，它是几何学的研究课题；而现象空间的形式化是构造空间的意识活动本身的形式本质，它是空间现象学的研究课题。

建筑或城市是人造的空间事物。从实用的角度来说，设计师的工作只是为人提供可以使用的空间。但从艺术或工艺的角度来说，设计师应当是一个将空间本质了然于心、并将空间事物与空间意识之间的关系玩弄于掌中的人物。作家、艺术家可以描述客观的世界以及其中的人物，并因此而成为特定意义上的现实主义者、客观主义者；或者他们也可以描述主观的世界以及在其中显现的客观世界与人物，并因此而成为特定意义上的心理主义者、主观主义者；好的作家和艺术家还可以更进一步去把握在客观世界中起作用的客观（不为人所支配的）命运，以及在主观世界中起作用的主观（受人的本性决定的）命运，从而成为特定意义上的本质主义者——这同样适用于设计师。[1]

[1]倪梁康：《空间构造的现象学分析》，《中国社会科学报》，2007年7月1日。

生态适宜性是指在一个具体的生态地质环境内，环境中的地质要素为环境中的生物群落所提供的生存空间的大小及对其正向演替的适宜程度。生态适宜性评价是对地质环境生态适宜性的优劣程度进行的定量描述，即按照一定的评价标准和评价方法对一个特定区域内地质环境为生物群落提供的生存空间的大小和对其正向演替的适宜程度进行说明。评价主要从地质环境的物质组成、地质结构和动力作用三个方面来考察。

自麦克哈格提出生态适宜性概念以来，生态适宜性评价被广泛应用到诸如农业、林业、牧业、自然保护区规划、基础设施规划、景观规划、环境影响评价、土地规划、城市规划等领域。由于评价对象范围大小不一样，有微观和宏观的尺度差异。城市生态适宜性评价属于宏观尺度领域。城市土地的用途分为两类：一是建设开发用地，二是生态保护用地。城市生态适宜性评价就是论证城市建设开发用地在生态背景下的适宜程度。生态学家普遍认为城市土地的生态适宜度是客观存在的，因为城市中的每块土地都处于特定的生态位，对整个城市生态系统发挥着特定的作用，应当根据其生态特性加以有效利用。

麦克哈格的“千层饼”法形象直观，运算公式简单，可以将社会和自然等不同量纲的因素进行综合分析，但评价指标权重确定主观性较强。为了解决这个问题，演化出了逻辑规则组合法。该方法以生态因子逻辑规则为分析准则，不需要通过确定生态因子的权重就可以直接进行适宜性分析。但目前仍未达到理想状态。造成这种困境的主要原因是受生态适宜性评价的二象性和生态适宜性评价的系统性规定的制约。生态适宜性评价的二象性表现在两个方面：一是垂直性和水平性。土地的生态价值不仅仅是由垂直生态要素土壤、水文、地质、植被等决定的，还由其在景观水平生态过程中的作用而决定。上述两种方法强调土地景观单元的垂直过程，也就是将各种生态要素垂直叠加起来，只不过“千层饼”法及其修整模型是数学叠加，而逻辑规则组合法是逻辑叠加，它们都忽略了土地景观单元间的水平生态过程，即景观单元之间的流动或相互作用，包括物种和人的空间运动、物质（水土营养）和能量的流动、干扰过程（如风灾、虫害等）的空间扩散等。二是自然性和社会性。麦克哈格的生态适宜性概念可以从价值和价值限制两方面来理解，即从生态价值来判断土地在生态保护方面的适宜程度或者对某种特定用途的限制程度。前者针对土地自然属性而言，后者针对社会属性而言，因而城市土地生态适宜性评价是自然、社会的复合体系。两者之间的相辅相承关系很容易被忽视。上述两种评价方法的前提条件是各个生态因子的独立，因为只有这样才能确定各个因子的权重和制定逻辑规则，而实际上生态因子之间是相互联系相互制约的，它们之间的耦合联系形成的有机系统决定生态适宜度。由于人类的知识还难以对城市生态系统的复杂性进行预测模拟，尚不能科学地了解城市每块土地在生态系统中的作用，因而就不能作出客观的生态适宜性评价。但这不能成为放弃适宜性研究的理由。当前可以从以下三个方面加强这方面研究：一是包括垂直机理、水平机理、自然机理、社会机理在内的机理研究；二是评价指标体系与方法研究；三是与规划实践相结合探索规划新模式。

1994年，迈克尔·巴蒂（Michael Batty）和保尔·朗利（Paul Lougley）合作出版的《分形城市》一书实际上对麦克哈格的“千层饼”理论进行了更高的理论概括。其理论基础是混沌学的一个推论——分形理论。他们在分析了一系列城市形态后得出两个结论：1. 复杂的城市可以理解成非常简单的实体组成；2. 分形不仅存在于空间还存在于时间。人们在此基础上可以建构可猜测的城市模型，用重复、迭代的递归程序构建和发展理想的城市。俞孔坚等人通过对“千层饼”理论、分形城市理论等的研究，提出景观安全格局（Security Patterns）理论和景观生态规划思想，以期在有限的土地资源上以最经济和较高效的生态格局安排维护可持续的生态过程和安全健康的人居环境，有效阻止生态环境恶化。景观安全格局理论综合运用博弈论中的防御战略、城市门槛理论中的门槛值、生态学中的承载力、生态经济学中的阈值等测量方法，以几何语言或理论地理学理论建立空间分析模型。其中包括将水平过程如城市的扩张表达为三维潜在表面（Potential Surface）。它对各个层次安全格局的综合分析是土地利用辩护的战略防线和空间“交易”的依据。他们将这种理论称作“反规划”或“反向规划”。“反规划”一般将防洪、生物保护、文化遗产保护、休闲等作为基本要素进行叠置交融，寻求边界模糊的分形城市生长方式，使其如同自然一样自行演进，而不是经过规划的。具体来说，有如下要点：一是保留区域和城市原有的水系统，如河流湿地系统。二是保护和保留大地上的历史文化遗产，不仅包括故宫、圆明园这样的官方文化遗产，还包括祖先的坟墓、祠堂、家宅。它们是和日常生活、家族信仰密切相关的乡土文化遗产。三是保护生物廊道，维持城市生物圈的完整结构。四是形成游憩系统，如沿绿色廊道的人行系统。

如果把目前常规的建设规划程序作为“正”或“顺”规划的话，那么“反规划”表达了在规划程序上的一种反动或逆动。俞孔坚、李迪华等人在《“反规划”途径》一书中从哲学和土地伦理的高度，把“反规划”途径和生态基础设施方法论隐喻为一个“寻找土地之神”的旅程，是再造秀美山川的必由之路。他们既没有陶醉于对中国农业时代田园牧歌的怀旧之中，也没有迷信当代科学技术的万能，而是鲜明地提出：我们既不能寄托于前科学时代的生态经验和土地神来解救当代中国的国土生态安全危机，也不能完全依赖现代科学技术将自己武装成“超人”和“超人”的城市——用钢筋水泥构造一个远离自然过程的安全堡垒。他们主张让现代科学技术插上土地伦理的翅膀，成为“播撒美丽的天使”。

“反规划”概念是在中国快速的城市化进程和城市无序扩张背景下提出的，它不是反对规划或不规划，也不是简单的“绿地优先”的规划，而是一种应对快速城市化和城市发展不确定性条件下如何进行城市空间发展的系统途径。与通常的“人口—性质—布局”的规划程序相反，“反规划”强调生命土地的完整性和地域景观的真实性是城市发展的基础，是一种强调通过优先进行不建设区域的控制来进行城市空间规划的方法论。它以土地生命系统的内在联系为依据，建立在自然过程、生物过程和人文过程分析的基础上，以维护这些过程的连续性和完整性为前提。国内外生态规划的思想、绿地优先的思想、景观规划的传统都可以作为对“反规划”概念的一种理解，但“反规划”是一种系统的规划途径。它不以产业发展和人口预测为城市空间扩展的依据，而是以维护城市生态功能为前提。认为规划的成功与否，恰恰不在其是否准确预测了社会经济发展规律和是否在此基础上制定完备的空间规划，而在于对不确定的社会经济发展规模和速度的适应能力，特别是“非常发展速度”的适应能力；在于当其空间结构满足不可预测的发展规模和速度情况下，仍然能持续地保持安全和健康的生态条件。它将理性建立在确定的土地生命和自然系统之上，将城市母体的自然山水、生态过程和生态格局看作是确定的而非假设的。“反规划”思想主要包涵如下一些基本方面：第一，反思城市状态：表达了对中国城市和城市发展中一些系统性问题的批判；第二，反思传统规划方法论：表达了对中国几十年来实行的传统规划方法的批判；第三，逆向的规划程序：首先以生命土地的健康和安全的名义和以持久的公共利益的名义，而不是从眼前城市土地开发的需要出发来做规划；第四，负的规划成果：在提供给决策者的规划成果上体现的是一个强制性的不发展区域，构成城市发展的“底”，用它定义未来城市的空间形态，并为市场经济下的城市开发松绑。“反规划”秉持这样的观念：给自然最小干预，让城市最好发展；如果我们的知识尚不足以告诉我们做什么，至少可以告诉我们不做什么。所以，“反规划”作为一种城市物质空间规划的途径，旨在为城市的扩展建立一个真正理性的框架，为混沌而急于增长的城市提供一个渐进的、富有弹性的“答案空间”。这意味着城市规划必须将“图—底”关系颠倒过来，先做一个底——即大地生命的健康而安全的格局，然后，再在此底上做图——一个与大地的过程与格局相适应的、可以持续增长的城市。

“反规划”与传统规划具有本质上的差异。1. 目的不同。“反规划”以土地生命系统的内在联系为依据，是建立在自然过程、生物过程和人文过程分析基础上的，以维护这些过程的连续性和完整性为前提的。传统规划中的不建设区域把绿地作为实现理想城市形态和阻止城市扩展的“工事”，而绿地本身的存在与土地生态过程缺乏内在联系。2. 次序不同。“反规划”是主动的优先规划，它在城市建设用地规划之前确定，或优先于城市建设规划设计。传统规划中不建设区域的确定是被动的、滞后的。其中的绿地系统和绿化隔离带的规划是为了满足城市建设总体规划目标和要求进行的，因而是滞后的。它一般是专项规划，与规划总体相隔裂。3. 功能不同。“反规划”是综合的，包括自然过程、生物过程和人文过程（如文化遗产保护、游憩、视觉体验）。传统规划中不建设区域是单一功能的，如沿高速公路布置的绿化隔离带，缺乏对自然过程、生物过程和文化遗产保护、游憩等功能的考虑。4. 形式不同。“反规划”是系统的、预设的和具有永久价值的网络，因而构成大地生命肌体的有机组成部分。传统规划中不建设区域是零碎的，往往是迫于应付城市扩张需要的产物，作为城市建设规划的一部分来规划和设计，缺乏长远的、系统的考虑。尤其缺乏与大地肌体的本质联系。

生态基础设施（Ecological Infrastructure）是维护生命土地安全和健康的空间格局，是城市和居民获得持续的自然服务的基本保障，因而是城市扩张和土地开发利用不可突破的刚性限制。它必须先于城市建设用地的规划和设计而进行编制。景观安全格局建设是判别和建立生态基础设施的一种途径，它们构成区域和城市的生态基础设施或潜在的生态基础设施。生态学家所关注的自然系统的生态服务功能，通过生态基础设施这种景观和空间语言，变为在城市规划中可以被规划和控制的过程。“反规划”也可以解读为“负规划”。与“正规划”主要规定城市中的建设区域相反，“负规划”规定城市的不建设区域。前者通过红线来体现，而后者则体现为绿线（包括界定绿地范围的绿线、界定河流水域的蓝线和界定历史文化遗产的紫线），并与前者一样具有同样的法律效应。“负”规划与传统规划的不建设区域的本质差异如下表所示。[1]

[1]俞孔坚、李迪华、刘海龙：《“反规划”途径》，中国建筑工业出版社，2005年；俞孔坚、李迪华、韩西丽：《论“反规划”》，《城市规划》，2005年第9期。

比较方面	“负”规划	传统规划的不建设区域
目的不同	以土地生命系统的内在联系为依据，是建立在自然过程、生物过程和人文过程分析基础上的，以维护这些过程的连续性和完整性为前提的。	把绿地作为实现“理想”城市形态和阻止城市扩展的“工事”，而绿地本身的存在与土地生态过程缺乏内在联系。
次序不同	主动的优先规划。在城市建设用地规划之前确定，或优先于城市建设规划设计。	被动滞后的。绿地系统和绿化隔离带的规划是为了满足城市建设总体规划目标和要求进行的，是滞后的；是一种专项规划。
功能不同	综合的。包括自然过程、生物过程和人文过程（如文化遗产保护、游憩、视觉体验）。	单一功能的。如沿高速环路布置的绿化隔离带，缺乏对自然过程、生物过程和文化遗产保护、游憩等功能的考虑。
形式不同	系统的。与自然过程、生物过程和遗产保护、游憩过程紧密相关，是预设的、具有永久价值的网络，是大地生命肌体的有机组成部分。	零碎的。往往是迫于应付城市扩张的需要、并作为城市建设规划的一部分来规划和设计，缺乏长远的、系统的考虑，尤其缺乏与大地机体的本质联系。

生态服务是人类社会经济系统最根本的依赖。和谐社会及和谐的城市结构和功能关系，最终来源于人和土地的和谐关系。真正的规划灵感来源于大自然本身。大自然才会告诉我们适宜的功能布局、适宜的居住地、绿色而快捷的交通方式以及连续而系统的游憩网络，甚至城市的空间形态。这是麦克哈格的人类生态系统规划和俞孔坚们的“反规划”的精髓。

三、数字化生存与数字化修辞

1994年，尼古拉斯·尼葛洛庞帝（Nicholas Negroponte）出版了《数字化生存》一书，探讨了数字技术给人类生产、生活带来的各种改变和冲击。科学技术的发展使人类社会进入了一个新的时期，无所不在的信息成为当今社会的重要特征。阿尔文·托夫勒（Alvin Toffler）等人用信息社会来定义这个新时代，并认为信息将带来财富。然而，托夫勒所指的信息还只是广播、电视、报纸、杂志、书籍等媒介所传播的新知识。尼葛洛庞帝称之为原子媒介和原子时代。而当今正在发生一场新的革命——数字化信息革命，比特（Bit）迅速取代原子而成为人类生活中的基本交换物。[1]比特没有颜色、尺寸或重量，能以光速传播，就好像人体内的DNA一样，是信息的最小单位，又叫“信息DNA”。所谓的“信息高速公路”指的是比特以光速在全球的传播，而“多媒体”不过是混合的比特罢了。尼葛洛庞帝将信息社会仍看作工业社会的一个阶段，而认为数字技术发展将促使人类在经历过农业文明、工业文明后跨入一个全新的文明社会，即后信息时代或比特时代。

[1]Bit是Binary Digit的省称，即二进制数字的简称，是计算机数据的最小单位。

尼葛洛庞帝指出，在后信息时代条件下，大众传媒正演变成个人化的双向交流，信息不再被“推销给”消费者，人们将把所需要的信息“拿过来”并参与到创造它们的活动中。广播、电视、报纸、杂志、书籍等媒介将所有的智慧都集中在信息传输的起始点，信息传播者决定一切，接收者只能接收到什么算什么。而当所有的媒介都数字化以后，会出现两种结果：第一，比特会毫不费力地相互混合，并同时或分别地被重复使用。声音、图像和数据混合则构成多媒体。第二，产生了一种新形态的比特，它会告诉你关于其他比特的事情，即关于比特的比特（Bits about Bits）。混合的比特和关于比特的比特使媒体世界完全改观，它使智慧向接收者一端转移，前所未有的信息交换方式将从全新的资源组合中脱颖而出，从而开创了无穷的可能性。

尼葛洛庞帝认为数字化世界有“分散权力、全球化、追求和谐和赋予权力”四个特质。[1]“沙皇退位，个人抬头”，所谓的“管理信息系统”沙皇几乎销声匿迹。民族国家遭受巨大冲击，并迈向全球化。而相对于“全球化”，“消灭空间”更能反映数字世界的特点。新的一代完全不受地理的束缚，正在被吸引到一个更加和谐的世界之中。而其“平等开放”的特点更为突出。数字化容易进入、具备流动性以及引发变迁的能力，赋予个人权力。这四个特质相互联系、互为因果，“消灭空间”和“平等开放”是数字世界的固有特征，“赋予权力”和“分散权力”则是这种特征对人类社会权力结构的调整。消灭空间、平等开放、赋予权力和分散权力既是比特时代的外显特征，也是它的内在本性。

比特时代将在创造一个新文明的同时重塑公共领域：第一，强化公共领域参与者的私人特征。“消灭空间”的方式不但使人们能够调动起世界范围内的信息资源，而且这种“自助式”的信息获取方式也有益于公众独立人格的构建。而“平等开放”和“赋予权力”的特点，则使每个人都可以自由地交流。这些私人一旦就普遍利益问题达成共识，那么这种共识就不再是普通心理学意义上的个人意愿，而是社会学意义上的“公意”。第二，互联网成为公共领域最理想的沟通媒介。网络传输中相互屏蔽的分层协议不但保障了各类信息的平等自由流动，而且保证人们能够得到最及时、最充分的信息交流和反馈。网络在融合报纸杂志、影视广播以至私人信函（E-mail）等迄今所有媒体的同时也超越了这些传统媒体：它以光速把全世界连在了一起，任何人、在任何时间既可以在各种公共数据库、图书馆、专业论坛和愿意提供帮助的私人中间检索自己需要的资源，也可以向他们提供资料、发布信息或提出建议。从而形成一个“与思考等快的世界”。第三，网络空间为公共领域的参与者提供了更为理想的论辩环境，从而有助于辩论共识的达成。分散在世界各地的网民以匿名的方式参与各种讨论，消除了既有的偏见和歧视，因此这种论辩在一定意义上有更多的真性。总之，比特时代正在导致“地理国家”和“区域社会”的分离，而国家与社会的分离恰恰是公共领域存在的必要基础。[2]

1998年，阿尔·戈尔（Al Gore）在美国加利福尼亚科学中心（California Science Center）所做的《数字地球：认识21世纪我们这颗星球》演讲首次提出“数字地球”概念。“数字地球”是继“信息高速公路”后美国政府计划实施的又一项旨在未来时代继续保持高科技、经济发展领先地位的顶尖技术系统工程。数字地球是一个以地理坐标为依据的、具有多分辨率海量数据的、立体显示的地球技术系统，是新一代全球信息基础设施。它基于互联网地理信息系统技术（Web—GIS），将任何物理

[1] 尼古拉斯•尼葛洛庞帝：《数字化生存》，海南出版社，1997年，第269页。

[2] 张冬夏：《论信息时代公共领域的结构与功能》，《医学动物防制》，2007年第3期。

上、逻辑上与地理位置有关的各种数据进行科学有机地组织，形成三维可视化的具有信息查询、管理监控、决策支持等多种功能的全球数字神经系统。人们可以据此快捷、便利、完整地了解全球各方面的信息，协调人与环境的关系，实现社会经济的可持续发展。基于对科技、经济、军事的战略考虑，这一概念一经提出即受到各国的广泛关注，成为发达国家在高新技术领域中的竞争焦点。

数字地球给人类社会发展创造了新的契机，使世界资源实现了在最佳配置、最有利条件下的生产与销售，使科学技术成果和文化遗产成为人类的共同财富。它融合了地域性、民族性与国际性，使地方或民族文化可以为全球发展服务，而全球文明又反过来推动民族或地方文化的更新和发展。它使全球意识成为全人类的共同价值取向。这种全球意识既增进同一，推动人类社会共同进步，也鼓励差异性，构成人类社会的多样繁荣。首先，高速迅捷的信息网络构筑了另外一个人类活动的世界，这个世界充满幻象，实现了人类远距离但具有高感度的接触；其次，人类文化的交流日益广泛深刻，并因为观念、思想、政治、制度的碰撞冲突激发出一系列变革、创新；再次，作为人类活动背景的自然也在弹性恢复健康，一方面其承载力借助高科技手段有了更大的发掘，另一方面人类的干预行为范围与强度也在受到一定程度的约束。

数字地球缔造了国际人，他们的活动超越国家、地域和民族界线，获得了生命体验的极大拓展。他们既有开阔的视野，也有较强的批判接受各种信息和迅速决策的能力。人工智能对人脑功能的补充、完善使他们更有想象力和创造力。他们的交往方式更丰富、多样，而社会生活更趋于分散，人性有了更大程度的回归。随着在职工时锐减及寿命延长，他们有更多时间从事艺术和创造性活动。他们作为整体更加统一，作为个体更加丰富。他们拥有更恰适的新自然观：1. 自然是人类才智的源泉，人类的发明创造大都从自然获得灵感，而人类的大部分错误、破坏性行为都是藐视大自然的结果；2. 自然界存在着高度的智慧，一直在运用着可持续、创造性、实用性的原则，展示着自我调节能力，体现着生动的多样性、差别性、活跃性规律；3. 在越来越人工化的社会里，自然可以帮助人类从自我禁锢、环境压力、被忽略的情感世界中解放出来；4. 自然是人类活动的永恒背景，保护自然实际上是保护人类自身。

数字地球战略分三个层次，即全球层、区域层和国家层。数字城市则是数字地球的关键节点，在实现数字地球计划中占有举足轻重的地位。数字城市是城市网络化、智能化和可视化的技术系统，是物质的城市在信息世界的反映和升华。通过运用数字地球的关键技术，数字城市中广泛的、多源的空间信息被有效地集成和管理。数字城市建设着眼于现代社会难以解决的复杂问题，以构建高度发达的城市数字神经系统和数字文明，以期从根本上变革城市的生产、生活和交往方式。它提供虚拟的用户界面以实现市民的数字化生存，也辅助政府进行包括城市规划、城市设计和城市管理在内的综合决策。数字城市可以划分为数字社区、数字家庭和数字个人三个层次。从城市规划角度看，数字城市又可以概括为地理数据6D化、地图数据和规划管理三维化。地理数据6D化是指城市空间基础地理信息数据由数字线划图（DLG）、数字栅格地图（DRG）、数字高程模型（DEM）、数字正射影像地图（DOM）、属性数据（DA）、元数据（DM）等组成；地图数据和规划管理三维化指地图数据由现在的二维结构转换为三维结构，规划设计和规划管理由现有的二维作业对象升级为三维作业对象。其关键技术包括：高分辨率卫星遥感技术、遥感数据智能化获取技术、三维地理信息空间表现技术（3D—GIS）、空间数据库管理技术、虚拟现实和仿真技术（VR—GIS）、互联网地理信息系统技术及其集成技术。利用数字城市系统，可以动态、快速、高精度、规范化地获取和存储城市的各种空间和属性信息，快速而方便地进行数据统计，并进行广泛的讨论互动，完成有效和智能化的空间分析，实时监测空间和其他因素的变动，使规划编制、修订、管理进入动态的科学过程，较大限度地避免失误。这种“规划—实施—监督反馈—实时调整修改—完善规划”的规划管理体系有利于城市规划从过去的“蓝图型”向“过程型”转变。城市可持续发展可以概括为：城市在一定的时空尺度上和一定的地域内与其外部相和谐、统一，城市内部组织结构和运行机制协调优化，以公平的原则进行城市资源和环境的管理，城市资源、城市经济、城市社会和城市环境之间相互协调。因此，《21世纪议程》关于城市可持续发展战略的总目标是改善城市社会、经济环境和所有人的生活质量和工作环境。而数字城市为之提供了重要保障。

城市是具有开放性、多层次性、非线性、不确定性和涌现性等特性的复杂巨系统，是复杂性科学研究的主要对象之一。复杂巨系统是指，子系统种类很多并有层次结构、相互关联的关系十分复杂的系统。如果这个系统又是开放的，与外界有能量、信息、物质的交换，则称为开放的复杂巨系统。城市是这样的开放的复杂巨系统。钱学森在研究复杂巨系统时指出，传统的整体论方法和还原论方法已难以透彻地研究该类系统，必须采用新方法，即从定性到定量的综合集成方法以及综合集成研讨厅体系。[1]

[1]钱学森：《一个科学新领域：开放的复杂巨系统及其方法论》，《城市发展研究》，2005年第5期。

综合集成研讨厅体系是由专家体系、机器体系、知识体系三者共同构成的虚拟工作空间。在这个空间中，一方面专家的心智、经验及由专家群体互相交流、学习而涌现出来的群体智慧在解决复杂问题中起着主导作用，另一方面机器体系的数据存储、分析、计算以及辅助建模、模型测算等则发挥切实的辅助功能，构成一个高度智能化的人—机结合与融合体系，从而形成综合优势、整体优势和智能优势，使多方面的定性认识上升到定量认识。在综合集成研讨厅框架下，较为成熟的规划理念有可能逐步形成。从人本主义方面来说，表现为重视社会调查（包括群体问题、个体活动、环境心理、行为认知、亚文化区需求等）、公众参与等一系列方法。从生态主义方面来说，提出了生态足迹调查、生态景观设计、生态缓冲区设置等方法。

数字化生存给城市发展带来新的机遇：一是文化碰撞。数字地球突破不同文化的隔阂，实现文化大碰撞，带来更为广阔的借鉴和比较的视野，使设计师可以用新思维、新角度审视传统，并将其精神、形式转换入世界的当代景观语境。二是社会开放。数字地球使社会开放程度越来越高，设计师可以各自富有特征的设计语言对话。三是公众参与。数字地球使人类认同公共价值和批判标准，并积极参与社会事务。这会使其自身提高审美趣味与欣赏水准，从而影响设计师进一步提高设计水准。四是提高技术。数字地球使设计师拥有广阔的视角、丰富的资源和新锐的观念，而对新材料和新结构的见识也同样激发他们进行新的美学创造。五是市场拓展。数字地球所强化的竞争促使设计进步，并使设计朝向更生态化、更人性化、更多样化和更加特色化的方向发展。

数字城市进一步强化了结合自然的设计观念：不仅考虑如何有效利用自然的可再生能源，而且将设计作为完善大自然能量大循环的一个手段，充分体现地域自然生态的特征和运行机制；尊重地域自然地理特征，尽量避免对于地形构造和地表机理的破坏，尤其注意继承和保护地域传统中因自然地理特征而形成的特色景观；从生命意义角度去开拓设计思路，既完善人的生命，也尊重自然的生命，体现生命优于物质的主题；通过设计重新认识和保护人类赖以生存的自然环境，建构更好的生态伦理；改变思维定式，注重探索性，肯定弹性、模糊、不确定设计的价值；虚幻世界与现实世界并驾齐驱，以多重尺度拓展创意空间；将审美的生存观体现于设计中，通过设计将审美上升为人的生存范畴；结合时代特征，注重对现实的了解、文化的领悟、技术的掌握和个性的发挥。

数字城市也在拓展设计工具。一是永恒性。可以在电脑上以三度空间再现、复原创制，并且作为深化、修正、发展的有效直观工具。二是无限性。虚拟空间建立在电子环境里，可以无限扩张和多样变化，并可以通过互联网不断补充。三是层次性。可以层层分离、自由组合，以适应不断的试错。四是自由性。由于设计所采用的材料的质感、色彩、透明度、反射性、弹性程度、运动惯性等几乎所有属性都被数值化，并且被精确设计和轻易更改，因而使设计获得极大的创作实验空间。五是反馈性。设计信息可迅速深入每一家庭，使设计师与业主及使用者有更多交流，获得反馈意见。六是模拟性。可模拟建成环境，提供虚拟体验情境，有利于设计前期判断和把握发展方向。同时，设计程序也因此得到拓展。一是基础研究拓展。可以通过预设统计程序自动记录环境使用频率、行为轨迹等资料，据此分析使用者活动、反应模式。二是步骤安排拓展。可以先提出设计来源，以跨越多领域的哲学、艺术等内容作为设计主题，然后发展出有机的设计功能。三是反馈过程拓展。通过信息交流迅速将环境使用者的反应反馈回来，甚至在设计过程中就可以通过虚拟空间进行试探调查。设计完成后也可以继续汇总使用意见。四是使用对象拓展。可及性和共享性增大，可超越国家、城市疆界和时间限制，人们在家中借助网络就可感受到遥远和过去或未来的景观。[1]

[1]周向频：《全球化与景观规划设计的拓展》，《城市规划汇刊》，2001年第3期。

汉斯·昆所倡导的全球伦理理想自20世纪后期以来引起了人们的强烈关注。昆反对把全球伦理理解为一种统一的宗教或统一的意识形态，而认为应将其理解为“一些相互有联系的、有约束力的准则、价值、理想与目标”。他认为，后现代的人类需要共同的价值、目标、理想以及共同的对未来的憧憬。从心理需要的角度看，“人们能感觉到一种无法根绝的愿望，希望遵守点什么，信赖点什么……人们感觉到希望拥有某种类似伦理的基本态度的东西”；世界需要一种秩序，而“没有一种世界伦理，这种世界秩序又算个什么呢”？[2]昆认为后现代的伦理学应该是责任伦理学而不是成就伦理学或思想伦理学。成就伦理学颇像功利主义的伦理学，是一种以后果的优劣为价值取向的伦理学。思想伦理学是只关心行为的动机不管行为的后果及具体影响的伦理学。所谓责任伦理学，是指以承担责任为价值导向的伦理学。后现代的人类所肩负的责任是“行星级”的责任，即责任的立足点是人类生存于其上的这个星球，人类应对这个星球承担责任。1993年在美国芝加哥召开的世界宗教会上通过的《走向全球伦理道德普世宣言》，在世界范围内产生了重大影响。许多人提出，从建立全球伦理着手，寻找不同民族之间的“最低限度共识”，使这种“共识”成为对各民族有“约束力的价值观”，以便形成新的全球秩序。在数字化生存语境

[2]汉斯·昆：《世界伦理构想》，生活·读书·新知三联书店，2002年，前言第4页，第38、44、45页。

下，这种可能性被大大提高。城市设计也将因此获得全球设计伦理内涵：其一，确立世界设计理念。突破“我们”的城市的范围，以人类共同的智慧为大智慧，在人类共识和普世伦理的基础上设计与管理城市。其二，确立生态设计理念。以生态为大美，用长远的眼光对待近期的设计。绝不单纯从一已利益出发考虑问题，重视人类和地球的利益，培养一种与后代休戚与共的意识。其三，确立节约使用物质资源的理念。最大限度降低物质消耗，最大程度集约利用资源，最大限度利用信息或智力资源。全球化的趋势是全球设计伦理成为可能的外部条件，价值观的趋同则是其内部条件。许多看似有巨大差异的不同民族的设计作品，在伦理上常常惊人地一致。这说明在多样的设计文化之间建立普遍伦理的现实可能性和可行性。而数字化生存提供了最有利的条件。

第7章　生态城市美学系统论

一、机体主义美学

约翰·B. 科布（John B. Cobb）将怀特海的过程哲学或机体主义思想概括为如下一些论题：1. 哲学的任务在于提供对实在的一种全面的理解。2. 这种哲学是由一些总是面向进一步的检验的假说和理论构成的。3. 西方思想一直是以“世界是由有属性的实体构成的”这一信念为基础的，但最好是把世界当作一个事件的领域。4. 这一领域是以多种复杂的方式构造的，它导致了诸多构成了我们日常经验的世界的实体以及只有通过科学才能了解的实体。5. 较大的事件可以被分解为较小的事件，基本的事件包括瞬间的人类经验。6. 这些经验在很大程序上是由它们和其他事件的关系构成的，所有这些事件都处于其过去之中。7. 但这些事件并不只是其过去的产物，它们也决定着它们将如何整合过去并融入它。因此，尽管关于它们的许多事情是可以预测的，但也有一种自决的要素是不可预测的。8. 所有事件都既有物理的特征，又有心理的特征，因而没有纯物理的或纯心理的事件。9. 构成世界的大多数事件都比瞬间的人类经验要简单得多，但又都具有那种包括了其过去、并把它们整合到一个新的事件中去的要素。所有事件都可以被认为是经验的机遇（Occasions of Experience），尽管大多数过去的可疑的经验是完全无意识的。10. 机遇中所具有的创造性的新质，取决于那些不只是由过去提供的可能性的有效在场。这些可能性的源泉乃是实在中的神圣要素。[1]

[1]曲跃厚：《过程哲学：当代哲学发展的一个新生长点——科布教授访谈录》，《哲学动态》，2002年第8期。

现代科学将自然界看作永恒的物质，它们有自己的形状、体积、运动等。怀特海认为，光和声的传播原理表明色彩和声音都是第二性的，它们并非真实的存在。因此，那种想从感官知觉出发理解事物本质的观点是肤浅的，在认识论上迷失了方向。另一方面，由于永恒物质在空无所有的空间中运动的图景已被一种不断活动的观念所代替，所以实物被视为和“能”同样的东西。怀特海所建立的过程哲学不承认存在着客观的物质实体，而只承认在一定条件下由性质和关系所构成的“机体”。机体的根本特征是活动，活动表现为过程。过程则是机体各个因子之间有内在联系的、持续的创造活动，它表明一机体可以转化为另一机体。因而，整个世界就表现为活动的过程。怀特海发现，宇宙的美和秩序在场方程（Field Equations）中得到了表达。理解事物之间的关系对理解宇宙的发展以及宇宙间所有过程和机体的发展是至关重要的。正如阿尔伯特·爱因斯坦（Albert Einstein）已经指出的，光的速度既不是常量，也不是最大的速度。尽管事件离散地划分了事件的时空流，但并没有为普朗克常数（它假定了一种最小的空间尺度和一种最小的时间延续，正如量子力学已经假定的那样）所穷尽。能量是可以转移的，而且宇宙被划分为量子。整个宇宙是由各种事件、各种实际存在物相互连接、相互包涵而形成的有机系统。世界过程则是事件之流，永恒客体构成可能性的领域。它一旦离开事件流，只是一个抽象世界。只有当它进入时空流后，才成为具体的显相。而实在世界就是由具体的显相组成的，每一种显相是全部潜存于可能性领域内的无限多的世界中的一个。正如科学已经将复杂的“物质的”客体分解为较小的客体一样，它也能将复杂的事件分解为它借以构成的较小的事件。在某个点上，我们达到了那些不能被进一步划分的事件。瞬间的人类经验就是这样一种事件，能量子的爆发可能也是如此。怀特海称这些单位事件为“现实际遇”（Actual Occasions）。在怀特海看来，现实际遇最好被理解为它们与其他事件的关系的综合。换言之，先前的事件分有了构成它们的东西。当我们根据实体来思维时，我们就会问，事物本身究竟是什么？而当我们根据事件来思维时，我们就会承认，“现实际遇”乃是各种关系的综合，而且不能脱离这些关系而存在。自然、社会和思维乃至整个宇宙都是活生生的、有生命的机体，处于永恒的创造和进化过程之中。过程是构成有机体的各元素之间具有内在联系的、持续的创造过程，它表明一个机体可以转化为另一个机体，因而整个宇宙表现为一个生生不息的活动过程。怀特海有时也把自己的这种实在论叫做“有机实在论”，认为

“用物理学的语言来说，从唯物论向‘有机实在论’的这种转化——正如这种新的观点可以被称呼的那样——是用流动的能量概念取代静止的质料概念”。[1]

[1]阿尔弗雷德·诺思·怀特海：《过程与实在》，中国城市出版社，2003年，第564页。

怀特海的过程哲学是对柏格森生命哲学的发展。他们两人都强调生命的创造性和未完成性，但怀特海更重视生命的有机整体性。怀特海认为，过程就是实在，自然、社会、人类思维乃至整个宇宙都是活生生的有机整体，处在永恒的创造进程之中。过程哲学有四个基本概念构成，即实际存在物（Actual Entity）、摄入（Prehension）、联结（Nexus）和本体论原理（Ontological Principle）。其中“实际存在物”也可称为“实际场合”，是构成世界的最终的实在事物。每一种实际存在物都是真实而个别的存在，它们通过某种方式而彼此关联。这种方式就是“摄入”。“摄入”具有“矢量特征”，涉及情感、意图、评价和因果性。因此，摄入不是盲目的，而是一种主动的利己选择。“摄入”分为“积极的摄入”和“消极的摄入”，前者是一实际存在物进入另一实际存在物的过程，而后一种则是将其他实际存在物从自身排除并把它的材料归于无效的过程。实际存在物可以相互摄入的连接点就是“联结”，它实际上是不同存在物的“共在”，即交叉相通的地方。世界是一个“合生”的过程，实际存在物通过不断地摄入、联结而促成新事物的“合生”，因而“合生”是世界构成的基本方式。上述四个基本方面将生命组织成一个环环相扣、不断发展的有机整体。“那些直接的现实经验的终极事实就是这些实际存在物、摄入和联结。对于我们的经验来说，所有其他一切都是派生的抽象物。”[2]

[2]阿尔弗雷德·诺思·怀特海：《过程与实在》，中国城市出版社，2003年，第73、31、50、33页。

怀特海还提出表述事物之间关系的“把握”概念，把握是指一物握住或抓住另一物。一个实在的实体就是一个“把握性的事态”，亦即该实体对其所把握的一切事物关系的综合体。每一个实在都不是永久性的事物，而只是过程的基本活动中的一次暂时的选择。怀特海将把握看做是世界的基本活动，认为一个机遇的肯定的和否定的把握决定着实在的特性。而使一个机遇最终如是的东西叫做“主观目的”。主观目的是事物要成其为自身的内在冲动；它开始是潜在的，在事物发展过程中逐渐变成实在。主观目的决定着事物在自我形成过程中加入何种把握。宇宙中每一事物都与其主观目的的实现有关。这种关于万物之间相互“把握”的观点与普遍联系观点不同。怀特海强调，认识是经验主体的一种机能，认识的任务在于分析感官知觉中的自然界，而认识过程就是主体“包容”客体的过程。主体是“包容统一体”，客体是“感官对象”，客体的性质不在于客体中，而是由主体的认识机能产生的，正像疼痛在我身上而不在割我之刀上一样。因此，“世界在精神之中”，“我们在世界之中，而世界又在我们之中”。怀特海通过把这些联系方式神秘化的手法暗示万物之间存在着神意的调配，并将事物之中的“主观目的”当做具体化的神意。

过程哲学意义上的过程有两种含义：一是通常意义上的过去、现在、未来的时间历程，即变化、生成、增长、衰亡的过程；二是空间意义上的动态共生活动，表达了空间宽容的可能性。“这些构成暂时过程的实在的个体机遇本身就是过程。它们只是其自身瞬间生成的过程。从外在的、暂时的观点看，它们是突然发生的，但在更深层次上，它们又不是被理解为历经了极短的不变的时间的事物，而是被理解为利用这一丁点时间得以生成的事物。”[1]享受使过程的每一单位有着某种主观直接性，因而都具有内在价值，这使空间并存成为现实。较早的过程思想认为“过程”这个词语暗示着外在的和客观的事物，而过程哲学所理解的过程是外在的客观机遇（Occasion）和内在的主观享受（Enjoyment）的统一。享受是一切活的存在的一个特征，它使内在价值得到肯定，因此尊重他物有了根据，生态学的态度也就成为可能。按照过程哲学的观点，宇宙万物都是自然系统的一部分，都是彻底相关的。人类毁坏了其他生态系统，也就毁坏了自己的生存系统。

[1]约翰·B.科布、大卫·雷·格里芬：《过程神学》，中央编译出版社，1999年，第4页。

怀特海还详细考察和论证了宇宙的过程性，并把这种过程区分为宏观过程和微观过程。“过程有两种类型：宏观过程和微观过程。宏观过程是从已获得的现实性向获得之中的现实性的转化；而微观过程是各种条件的变化，这些条件纯粹是实在的，已进入确定的现实性之中。前一过程造成了从‘现实的’向‘纯粹实在的’转化；后一过程造成了从实在的向现实的增长。前一过程是直接生效的，后一过程是目的论的。未来是纯粹实在的，没有成为现实；而过去是由诸现实性所组成的一个联结。诸现实性是由它们的实在的发生状态所构成的。现实是目的论的过程的直接性，实在是通过这种直接性而成为现实的。前一过程提供了那些实际上支配着获得的条件；而后一过程提供了现实地获得的种种目的。‘有机体’概念以双重方式同‘过程’概念相结合。由种种现实事物构成的共同体是某种有机体；但是，它不是一种稳定的有机体。它是某种处于产生过程之中的未完成物。因此，就种种现实事物而言，宇宙的扩展是‘过程’的首要意义；而宇宙在其扩展的任何阶段上都是‘有机体’的首要意义。”[2]所有的现实存在都是一种能量存在，是一系列复杂能量事件的结合。不存在物质与精神的绝对对立。上帝和我们的精神都是能量事件，正像每一事物都是能量事件一样。怀特海把这种能量事件称为经验机遇。每一能量事件都有两

[2]阿尔弗雷德·诺思·怀特海：《过程与实在》，中国城市出版社，2003年，第391—392页。

极：一是物理极，二是精神极。物理极是过去能量事件的纯粹重复，精神极具有主体性，对于最初的目的及其在未来的发展有一定的决定性，也就是具有格里芬所说的创造性的自决。现实的存在是一种高级的创造过程，其中过去的事件被结合进现在的事件里，也将被未来事件所占有。如果某些事件（如人类经验的瞬间）中有内在的价值，那么一切事件中也有内在的价值。这一点尽管对其他感性存在来说尤为重要，但它却使我们对无机界的态度产生了差异。当然，事物的相互关系表明，一切事物都对另一事物具有价值。但重要的是要加上，没有任何事物只对其他事物具有价值，每一种"现实际遇"也都有其自在价值和自为价值。人类所栖居的是一个活生生的、活动的、具有内在价值的世界，而非一个死气沉沉的、被动的、没有价值的世界。我们应该经验到人与自然的密切关系并分有自然，而非疏离一个纯客观的世界。这具有两种含义：第一，它诉诸的是一种再现魅力的科学，即一种寻求把世界理解为活生生的、活动的和有价值的世界的科学；第二，它诉诸反思那些建立在现代世界观基础之上的公共政策。这一点对经济学来说尤为重要，因为它在形成政府政策的过程中已经成为支配性的学科。人类与其他生物是有区别的，正如其他各种物种之间也有区别一样。这些区别是很重要的，因为人类对整体有着一种其他生物所没有的责任。但是，人类仍然是自然界的组成部分。我们的关系不只是和他人的关系，我们也和其他生物相关。[1]

德里达和其他解构主义者所解构的很多东西也是怀特海所解构的。例如，他们都解构了那种曾在西方思想中起着重要作用的实体的自我，他们也都解构了仍在控制我们的大学和政府的那种启蒙运动的或现代主义的世界观。但他们也有一些重大的区别。解构主义者相信，现代世界观的错误内在于世界观本身，因此，现代性应该被那些不主张普遍性的思维方式所取代。怀特海则相信，我们大家都是基于各种明确的理解我们的世界的方式而运作的，而且应该致力于构建最好的可能的世界观。因此，解构应该与重构相伴随。"我们必须轻轻地走过这个世界、仅仅使用我们必须使用的东西，为我们的邻居和后代保持生态平衡，这些意识将成为常识。"[2]过程哲学寻求一种广阔的宇宙生态观，要建构的是人与自然、地球与宇宙的和谐统一的生态链。这一链条是由宇宙+地球+大陆+民族+生物区+社团+邻居+家庭+个人构成的，其中所有的存在不仅结构上通过宇宙联系之链而联系在一起，而且所有的存在都内在地与他人相关。因此，这种生态观的主要表征是生态智慧、基层民主、个人与社会的责任、基于社团的经济、非暴力、非中心主义、尊重差异、全球社团、可持续的未来发展和女权主义。

[1] J.B.科布：《怀特海哲学和建设性的后现代主义》，《世界哲学》，2003年第1期。

[2] 阿尔弗雷德·诺思·怀特海：《教育的目的》，上海三联书店，2002年，第227页。

怀特海又认为，实在世界是选择的结果，最终决定这一选择的是上帝。上帝把限制施于无限多的可能世界，才使这个唯一的世界得以实际产生。所以上帝是现实性的源泉，也是限制性的根源。并且，由于限制的根源必定存在于运用了限制才产生出来的世界之外，理性也就不能够发现这一限制性的根源。这样的上帝实际上是自然神或最高自然原则。过程哲学拒斥作为宇宙道德主义的上帝，拒斥不变的、冷漠的、绝对的上帝，拒斥作为控制力量的上帝，拒斥现状之维护者的上帝，拒斥作为男性的上帝和肢解了现代刚性的、机械的上帝。正如格里芬所说，怀特海与查尔斯·哈茨霍恩（Charles Hartshorne）两个都经常使用“上帝”这一词语，但却与民众传统中的“上帝”的意思相反。“他们用这个常规词语表示非常规的目的，既伤害了许多有神论者的感情，也同样冒犯了无神论者。”[1]

怀特海的过程哲学的基本逻辑是：用静态来综合动态，把价值输入事实，用潜能来组合现实，用宗教来调和科学，从而由事件引向实在，再导向机体或机体主义。怀特海认为，科学危机来源于心物分离以及所导致的事实与价值的二分，而后者根源于西方文化中所特有的数学抽象。正如怀特海所指出的，科学的“错误就在于引出了关于缺乏‘生命和运动’的形式的理论”。[2]他认为对人类具有最强大影响的两股力量，一个是宗教体验，另一个是精确观察和逻辑推理。为了解决科学危机，他使过程哲学转向宗教，将价值因素引入宇宙。他竭力反对两者的冲突，也反对“一真一假”的简单化的判断。他说，“在这种意义上，科学兴趣仅仅是宗教兴趣的一种不同的形式。即是说，二者是价值态的两种形式，一者求真，一者求善，最后在审美的经验中得到综合。”[3]他在《宗教的形成》一书中也指出，上帝是生命中的那种因素。借助他，评价超越了实存的事实而直达实存的价值。因此上帝就是制造价值的最高存在。而未来的历史完全要由人处理宗教与科学间关系的态度来决定。“必须记住，宗教与科学所处理的事情性质各不相同，科学所从事的是观察某些控制物理现象的一般条件，然而宗教却完全浸入了道德与美学价值的玄想中。一方面拥有的是引力定律，另一方面拥有的则是神性的美的玄想。”[4]怀特海把宗教纳入他的哲学体系，也是将它作为一种恒定的因素，即以“静态”因素来同川流不息的“事件流”保持平衡。宗教是对处于活生生流动的直接事物的外面、背后和中间的某种东西的直观。它是实在的，又有待于实现；它是缥缈的可能性，又是最伟大的当下事实；它赋予流动的万物以意义，又使人困惑，难于理解；它拥有终极的善，又不可企及；它是终极的理想，又是无望的探索。在怀特海看来，宗教体验赋予了我们自然观的必然的完备性。“宗

[1] 约翰·B.科布、大卫·雷·格里芬：《过程神学》，中央编译出版社，1999年，第3页。

[2] 阿尔弗雷德·诺思·怀特海：《思维方式》，商务印书馆，2004年，第83页。

[3] Alfred North Whitehead, *Process and Reality:An Essay in Cosmology*,New York:The MacMillan Company, 1919,P.21.

[4] 阿尔弗雷德·诺思·怀特海：《科学与近代世界》，商务印书馆，1959年，第177页。

教洞察是把握这一真理，那就是世界的秩序，世界实在的深度，世界在其整体与部分中的价值，世界的美，生活的热情，生活的和平，对邪恶的控制，所有这些都被联系成一个整体——并非偶然的联结，而是借助于这一真理：宇宙展现出一种带有无限自由的创生性，一种带有无限可能性的形式领域；但这种创生性与这些形式只有借助于完善的理想化的和谐，也就是上帝才能达到，否则两者在一起也不可能获取实际性。”“宗教真理的特殊性质是它明确地处理价值。它使我们意识到我们所关注的自然的伦理与善的方面。”价值不仅意味着“自我享受”，“主观目的的实现”，而且还是“从事物的本性中引申出来的一种意义的实现”。[1]

托马斯·柏励（Thomas Berry）提出“生态纪”思想。他指出，我们正面临地球生命系统崩溃的严峻挑战。要走出这一危机而获得一种可持续的人类生存方式，唯有实现向“生态纪”的转变。包括从人类中心论向地球中心论的转变，由“榨取经济”向“有机经济”转变，由自我放纵向自我约束转变。人类要通过教育、文化和制度改革，恢复人类与大自然的内在联系。柏励认为，在每一历史阶段，人类都有一个伟大的工作要做：旧石器时代早期走出非洲，并在旧石器时代后期创立语言、礼仪和社会结构；在新石器时代建立农业共同体，发展伟大的古典文明；在现时代推动技术、城市文明、管理理念和人权观念以及全球经济等方面的进步。我们的伟大工作不是选择的结果，而是生而面对的东西。我们和我们的后代所面对的伟大工作是避免由人的行为而导致的地球的毁灭。在地球史上，这种毁灭的规模和严重程度，只有6 700万年前的中生代结束和我们现在的新生代开始时恐龙和其他一切物种灭绝这样的大事件才可与之相比。[2]地球的新生代正在结束——这是地球的地质—生物纪元，生态纪即将开始。生态纪是人类即将面对的伟大时代，人类将从事伟大工作——生态生存。科学与技术必须发挥新的作用。科学要提供一种对世界更加整体的理解：理解地球的功能，理解地球的行为和人类的行为怎样能够相互促进；技术必须与自然世界的技术更加和谐一致。人类不仅需要爱因斯坦的智慧，更需要一种整体依赖生存的智慧。

[1]Alfred North Whitehead, *Religion in the Making*,New York:The MacMillan Company, 1926,P.119,P.124.

[2]赫尔曼·F. 格林（Herman F.Greene）：《托马斯·柏励和他的“生态纪”》，《求是学刊》，2002年第3期。

二、环境协同律

赫尔曼·哈肯（Hermann Haken）于20世纪60年代创立了协同学（Synergetics）。协同学一词来源于希腊文Synergós，意为共同工作。协同系统是指由许多子系统组成的、能以自组织方式形成宏观的空间、时间或功能有序结构的开放系统，协同学是研究协同系统从无序到有序的演化规律的新兴综合性学科。协同学研究大量子系统组成的系统如何于一定的条件下，由子系统间相互作用和协作孕育出有一定功能的自组织，并在宏观上如何织造出时间结构、空间结构或时间—空间结构，从而演化出新的有序状态。哈肯说："我把这个学科称为协同学，是由于我们所研究的对象是许多子系统联合作用以产生宏观尺度的结构与功能。"[1]这里所谓的协同作用，指的是诸多子系统之间相互协调、相互合作或同步的联合作用。协同作用广义地包含了竞争的合作，所以协同学又被称为"协调合作之学"。[2]哈肯创建协同学的目的，一是试图找到一条能对结构自发形成现象起支配作用的原理，二是探寻可以计算出进化形成的结构和预测结构未来进化的方法，建立普适支配原理的数学理论，以期解决是否存在着某种能够支配各类系统的自组织过程的一般规律。而这种一般规律具有与子系统性质无关的普遍性。[3]协同学以一般微观方法（如支配原理）和一般宏观方法（如重要的信息和最大信息熵原理）来构筑理论体系，打破了各学科之间的界限，越过自然科学和社会科学的鸿沟，通过系统论的方法横断学科间隔，为在各学科中研究有序结构形成的质变行为开辟了广阔的前景。协同学有广泛的应用，在自然科学方面主要用于物理学、化学、生物学和生态学等，在社会科学方面主要用于社会学、经济学、心理学和行为科学等。

[1]赫尔曼•哈肯：《协同学引论》，原子能出版社，1984年，序。

[2]赫尔曼•哈肯：《协同学：大自然构成的奥秘》，上海译文出版社，1995年，第6页。

[3]赫尔曼•哈肯：《协同学：理论与应用》，中国科学技术出版社，1990年，第10页。

协同学与耗散结构理论及一般系统论之间有许多相通之处，以至于它们彼此将对方当做自己的一部分。实际上，它们既有联系又有区别。一般系统论提出了有序性、目的性和系统稳定性的关系，但没有回答形成这种稳定性的具体机制。耗散结构理论则从另一个侧面解决了这个问题，指出非平衡态可成为有序之源。协同学虽然也源于非平衡态系统有序结构的研究，但它摆脱了经典热力学的限制，进一步明确了系统稳定性和目的性的具体机制。协同学的概念和方法为建立系统论奠定了基础。协同学也汲取了当代科学研究的最新成果——信息论、控制论、突变论的思想，从描述系统的一阶联立微分方程出发，通过动力学和统计学两方面的考查，建立了一套从无序到有序演变过程所遵从的共同数学模型，求得有序结构形成的条件和特性。它深刻揭示了一切系统——不管是生命系统还是无生命系统、微观子系统还是宏观系统、简单系统还是复杂系统、低级系统还是高级系统——的演化规律，也反映了表面上看来完全不同的系统在这种演化过程中的相似性。因而协同学是当代科学发展的必然产物，是自然现象和社会现象内在联系的必然反映。

哈肯研究激光理论成就卓著。他在研究过程中发现，本来混乱无序的原子受激幅辐射在协同律作用下产生很大的光场，成为宏观序参量，发出波长、相位、偏振高度协调一致的有序激光。无论是平衡态的有序化相变过程，还是远离平衡态时所发生的从无序到有序的演变过程，都遵从类似的演化规律。在这个自然过程中，能体会到一种协调、合作的精神。20世纪70年代以后，现代性问题在整个世界爆发。战争问题、生态问题、妇女问题、种族问题、教育与文化问题所引发的群众运动在各地发生，引起思想界的深刻反思。哈肯于1981年出版《协同学：大自然构成的奥秘》一书，将协同现象视做自然界乃至人类社会的普遍现象，并将协同学理论发展为一种普遍的自组织理论和竞争合作理论，运用于生物进化论、个体发生学、经济学、政治学和社会学解释。例如：为什么凡是有老虎的地方，各种物种的生存和繁殖都是欣欣向荣的；为什么同一行业竞争着的商店会聚集在一条街上协同地出卖同一种类商品；为什么分散的居民点会集中到一个地方协同地建设一个城市，以至于上班的路程通常走得很远都在所不惜；社会秩序又是怎样由各个组成部分协同形成并协同地进行调整的。

达尔文的进化论强调自然选择，忽略了生物世界中的合作现象。哈肯指出："在为生存而进行的激烈竞争中，只有绝对的最适者才能生存？……在严密的考察下只有适者才生存的这个理论存在着许多难于理解的问题。"[1] G. W. 弗莱克（G. W. Flake）在《自然的计算美：复杂系统与适应性》一书中也指出："自然界的合作比人们所期望的达尔文自然选择所强调的胜者为王（Winner-take-all）普遍得多。"[2]整个生态系统的各个物种虽然组成一条食物链，但从物种繁荣的角度上看，它同时是物种之间的广泛合作，它构成有序的生态循环。推演开来，协同学意义上的生物进化是一种相生相克关系。一些生物与另一些生物个体、物种、种群和群落既相互竞争、制约，又相互依存、受益。协同进化论与达尔文的生存竞争论相比，在反映自然界和生物界的进化方面更为全面、更为准确。

哈肯认为，并非只有合作才是协同的积极因素，竞争同样有积极作用。将协同合作与矛盾竞争相统一来考察，会看到很多个体——不论是原子、分子、细胞还是动物或人——都以其集体行为，一方面通过竞争，另一方面通过合作，间接地决定着自己的命运。这表明在竞争中有协同，在合作中有竞争；竞争导致合作，合作又促进竞争。激光是由于不同光波通过非线性相互作用而导致协同动作的结果，但在诸多的激光模之间也存在着某种达尔文主义。激光虽然反射单色性、方向性极好的相干波列，但它所发射的光波并非是清一色的。实际上，激光在每一次发射之初，就存在

[1]赫尔曼•哈肯：《协同学：大自然构成的奥秘》，上海译文出版社，1995年，第76—77页。

[2]G. W. Flake, *The Computational Beauty of Nature*, A Bradford Book, The MIT Press, 2001, P.288.

不同的光波。它们彼此竞争，而那些符合光电子“内部舞蹈节拍”的光波，则优先得到其他受激光电子赋予的能量而加强，因而战胜了所有其余的光波。反过来它们又不断迫使每一个新受激的光电子在波的轨道上有节奏地共同振荡，从而使激光朝着越来越有序化的方向发展。也就是说，不同的激光模互相竞争，某种特定的模或组态最终被选择出来，淘汰和突变引发了新的激光模的发生。或者说，随着时间的推移，最后只有一种增殖最快的光子生存下来，而其他光子都消亡了，所以系统的集体行为由某一特定的集体模所支配。[1]

[1]赫尔曼·哈肯：《协同学：理论与应用》，中国科学技术出版社，1990年，第55页。

根据这种竞争性协同现象，乌杰在《系统哲学》一书中提出差异协同律思想，认为差异协同律是系统自组（织）涌现规律的外在表征，贯穿于系统的一切方面和一切过程中，系统发展的原因在于系统内部要素结构涨落的差异性、协同性、和谐性、放大性与自组织性。差异是指系统内整体诸要素、诸层次、诸功能在结构核和在时空中的差别，是系统存在、自组（织）涌现、层次优化、协同发展的内在自组织非线性相干机制的渊源。系统的发展是系统内部要素差异协同的非线性相干的运动，是系统结构功能差异耦合的结果。因此，多样性是进化的源泉，协同是必要的手段、必要的工具和不可或缺的机制。差异协同就是世界的本质，世界（宇宙）就是一个序列差异协同体。任何系统也都是差异和协同的整体、统一体。[2]

[2]乌杰：《系统哲学》，人民出版社，2008年。

协同系统的状态由一组状态参量来描述，这些状态参量随时间变化的快慢程度是不相同的。当系统逐渐接近于发生显著质变的临界点时，变化慢的状态参量的数目就会越来越少，有时甚至只有一个或少数几个。这些为数不多的慢变化参量完全确定了系统的宏观行为并表征系统的有序化程度，故称序参量。那些为数众多的变化快的状态参量由序参量支配，并可绝热地消去。序参量是描写系统宏观有序度的参数。当系统处于完全无规律的混沌状态时，其序参量为零。随着外界条件的变化，序参量逐渐变化。当接近临界点时，序参量增大很快，最后在临界区域突变至最大值。序参量的突变意味着新宏观结构在变化中编织组合。序参量支配、主宰、役使系统状态的其他变量，同时它本身又由系统的其他变量构成，并受到其他变量的钳制。序参量的数目决定了系统是处于稳定状态、振荡状态还是无规则状态。当系统处于临界点时，系统的宏观行为只被为数极少的几个自由度支配。这一结论称为支配原理，它是协同学的基本原理。序参量随时间变化所遵从的非线性方程称为序参量的演化方程，是协同学的基本方程。演化方程的主要形式有主方程、有效朗之万方程、福克—普朗克方程和广义京茨堡—朗道方程等。

协同学不只是物理学的延伸，更不仅仅是非平衡态理论，而是从更高的层次以更为宽阔的视野对自然现象的描述。地球表层系统是由许多子系统组成的巨系统。地球表层作为一个物质体系，其范围上至大气对流层顶层（极地上空约8km，赤道上空约17km），下至岩石圈的上部（陆地上约深5—6km，海洋下平均深4 km）。自从人类诞生以来，地球表层增加了一个新的圈层——智慧圈。人类社会组织的出现急剧地加快了生物圈甚至整个地表的演化过程，可谓地球进入了另一时期——地球的“人类时期”。人类的发展使地表经历了几个不同的阶段。原来地球表层有序度增加的过程是由于系统之间的相互作用、自然协同而产生的。人类起初是在天然生态系统内部作为一个普遍的消费者、参与物质、能量的循环，后来由于生产力的发展突破了这个系统，建立了人类生态系统。人类生态系统叠加在天然生态系统之上，直接与自然地理系统发生联系，今后还将突破地球发展到太空中去。地球表层生态系统演化的序参量是该系统的生产力。生产力越高，则系统更有序。而工业革命以后，地球生态有序度大幅度降低，表明这一系统严重受损，也意味着人类正在丧失其生存环境。在以人地关系为中心的地球表层生态系统中，只有靠人类自身来协调人地关系才能避免有序程度降低。“协同学的精神就是通过将控制参量即参变量作一个全局性的变化，在自组织的作用下，让系统发生一个质的变化。”[1]就人口—资源系统来说，人类需从两个方面着手控制外参量的变化来协调人地关系：一方面将人口控制在资源允许的范围内；另一方面在利用资源的过程中提高资源的更新能力，起码不降低更新能力。如果人类不能正确地利用资源，最终会使地球表层生态系统丧失更新能力；如不控制人口的增长，这个系统将会走向完全无序。

[1]赫尔曼•哈肯：《协同学及其最新应用领域》，《自然杂志》，1982年第6期。

从协同学的进路来研究社会合作、研究社会和谐关系，既具有社会学意义，也有生态学价值。曾健、张一方借鉴哈肯的理论创建了社会协同学。社会分工必然伴随着社会协同，这是一个辩证的命题。社会协同学就是在社会分工的基础上，为促进“如何通过社会协同，实现社会系统跃迁，将无序变为有序”这一宏伟事业而研究其核心机制的一门学问。由于人类生存和发展方式失当造成的与人类共生的“生物圈—水圈—岩石圈—大气圈”被过度扰乱、破坏，诱发了圈际关系的“失度—失序—失衡”；而社会圈内的支撑系统和消费系统之间的“失调—失控—失衡”也在进一步加剧。“人口—资源—环境”等全球性矛盾因而日益尖锐。生态问题自然成为社会协同学的关键论题。曾健、张一方的《社会协同学》提出协同社会必须满足的三个条件：满足社会发展更大需求，同时又不违反自然界基本法则的条件；维持人类社会的存在和发展的生产方式和生活方式的条件；社会系统选择进化避免退化的条件。"这就揭示了协同学的一个更为重要的方面：如果一个群体的单个成员之间彼此合作，他们就能在生活条件的数量和质量的改善上，获得在离开此种方式时所无法取得的成效。大自然为我们提供了丰富的有关协同作用这种极其重要的性质的范例。通常在共生的形式中，由数以百万计的细胞的协同作用，构成了植物和动物的各种优美而高效的有用结构，并且成功地履行着能够生存的完美功能。至于在人脑中，更由于无数神经细胞的协同作用，使我们不仅能看和听，还能够思考和感觉。"[1]

[1]赫尔曼•哈肯：《〈协同社会学〉序》，曾健、张一方：《社会协同学》，科学出版社，2000年。

三、生态美学控制

自从1948 年诺伯特・维纳（Norbert Wiener）发表著名的《控制论：关于在动物和机器中控制和通讯的科学》一书以来，控制论（Cybernetics）思想和方法已经渗透到了几乎所有的自然科学和社会科学领域。控制论研究生物体和机器以及各种不同基质系统的通讯和控制的过程，探讨它们共同具有的信息交换、反馈调节、自组织、自适应的原理和改善系统行为、使系统稳定运行的机制，从而形成了一套适用于各门科学的概念、模型、原理和方法。控制论在希腊文中是Kubemetike，是"向导"和"舵"的意思。按照柏拉图的理解，是"一种引导人的艺术"或者是统治的艺术。古代希腊人敞开地接受和见识那些呈现在他们面前的事物，但也趋向于控制这些事物。

控制论的研究表明，无论自动机器，还是神经系统、生命系统，以至经济系统、社会系统，撇开各自的质态特点，都可以看做是一个自动控制系统。在这类系统中，有专门的调节装置来控制系统的运转、维持系统的稳定和目的功能。控制机构发出指令，作为控制信息传递到系统的各个部分（即控制对象）中去，由它们按指令执行之后再把执行的情况作为反馈信息输送回来，并作为决定下一步调整控制的依据。整个控制过程实际上是一个信息流通的过程，控制就是通过信息的传输、变换、加工、处理来实现的。反馈对系统的控制和稳定起着决定性的作用，是控制论的核心问题。无论是生物体保持自身的动态平稳（如温度、血压的稳定）或是机器自动保持自身功能的稳定，都是通过反馈机制实现的。

维纳在阐述他创立控制论的目的时说："控制论的目的在于创造一种语言和技术，使我们能有效地研究一般的控制和通讯问题，同时也寻找一套恰当的思想和技术，以便通讯和控制问题的各种特殊表现都能借助一定的概念加以分类。”[1]控制论将系统的功能作为主要研究内容与对象，为研究具有多变量的复杂系统提供了简便宜行的方法。基于此，维纳用技术装置模拟生命过程和思维过程，提出了功能模拟方法，即在未弄清或不必弄清楚对象系统特定结构和内在组织的条件下，仅仅以功能相似为客观基础来建立模型的方法。功能模拟方法产生了重要的影响：首先，推动了具有特定功能和实际效用的电子计算机等技术装置的发展；其次，由人造机器的研究深化对生命机体组织的认识；最后，为研究内部结构不甚明了的系统提供了指导性方法，并由此延伸发展出了仿生学。控制论主要由三个基本部分构成：一是信息论。主要是关于各种通路（包括机器、生物机体）中信息的加工传递和贮存的统计理论。二是自动控制论。主要是反馈理论。三是与人类思维过程相似的自动组织逻辑过程理论。即自动高速电子计算机理论。其基本方法包括如下方面：1. 在确定控制工作的预期目标时，基于控制对象的结构、控制对象的功能、控制工作的实际效果等因素的不确定性，设定一个正（最好的结果）、负（最差的结果）区域值，给调整留下余地。2. 实现预期目标要选择可靠易行的控制机构，作为有效控制特定对象的手段与工具。这个控制机构的选择与建立，必须同时既满足控制者达到控制目标的要求，又适合特定的控制对象的活动性征，并最终通过其控制功能使受控对象产生出控制者所需要的预期目标功能。3. 通过系统辨识方法观测和控制对象，使其输出逐渐靠近乃至最终达到预期目标。系统辨识方法亦即黑箱法。黑箱指不能打开又不能从外部观察内部状态的假设系统，黑箱法就是通过考察系统的输入与输出关系认识系统功能的研究方法。它是探索复杂大系统的重要工具。4. 为了确保控制的有效性，不但要建立通畅的反馈通道，还要保证反馈有清晰度，使位于预期目标处的制定该目标的控制者随时随地了解到受控对象的真实功能状态与过程。

[1]诺伯特·维纳：《维纳著作选》，上海译文出版社，1978年，第3页。

控制论思想和方法已经渗透到几乎所有的自然科学和社会科学领域。它打破了生命与无生命的界限，使人们能用统一的观点和尺度来研究人、机、环境这三个物质属性不同的对象，并使其成为一个密不可分的有机整体。20世纪70年代以后，控制论由工程控制论、生物控制论向经济控制论、社会控制论发展。其中生物控制论又分化出神经控制论、医学控制论、人工智能研究和仿生学。社会控制论（Sociocybernetics）则将控制论应用于社会的生产管理、效能运输、电力网络、能源工程、环境保护、城市建设以至社会决策等方面。随着电子计算机的广泛应用和人工智能的发展，控制系统显现出规模庞大、结构复杂、因素众多、功能综合的特点，使得控制论向大系统控制论发展。大系统控制论（Large Scale Systems Theory）是面向工程技术、社会生活、生态系统等领域，研究开发大规模复杂控制与管理系统的建模、分析与设计的理论、方法和技术的一门新学科。

生态控制论或环境控制论是研究生态环境质量变化、污染控制与处理、环境保护与优化的科学原理及技术措施的科学，涉及地球生物圈和人类生产活动的各个领域。它以生态学和地球化学为基础，以控制论或大系统控制论为基本方法，并综合利用包括美学等在内的社会科学理论，是一门多学科交叉的综合性边缘学科。而美学控制论涉及艺术控制论和生态控制论等领域。维纳在《人有人的用处：控制论和社会》一书中写道："美，就像秩序一样，会在这个世界上的许多地方出现，但它只是局部的和暂时的战斗，用以反对熵增加的尼加拉。"[1]尼加拉大瀑布无疑是自然美的一种类型，维纳把它看做某种自然秩序的象征。这种秩序如同尼加拉瀑布一样，它的存在与增熵倾向不断进行着对抗。从控制论的观点来看，美的事物和现象具有自身的特殊规律和秩序，而美的规律或美的秩序就好像美丽的瀑布那样始终反对增熵而保持固有的有序性。在维纳看来，在一个总熵趋于增加的世界中，一些局部的和暂时的减熵地区是存在着的。在这一样的地区，会出现大量具有美的秩序和规律的事物和现象，即自然美、社会美和艺术美。阿克·苏霍金在《节奏与算法》一书中直截了当地把美和熵看做是相反的依存关系，认为越是美的事物熵越小，混乱的、无秩序的高熵事物绝不能引起任何美感。因此，秩序和美这两个概念在作为对自然现象或艺术作品的评价时是一致的。减熵可以通过控制论来实现。而从生态美学控制方面来说，美学控制论主要包涵仿生学和实践性的美学控制两方面。

[1]诺伯特•维纳：《人有人的用处：控制论和社会》，商务印书馆，1978年，第109页。

美学控制论在艺术领域主要被表述为仿生模拟方法。控制论者认为，通过电子计算机这种运算工具，利用拓扑学、统计学、概率论、算学以及综合方法等，可以模拟人的创造直觉能力。包括艺术模拟在内的人工智能模拟目前主要有三种方法：一是仿生学的人工方法。按照麦克—卡洛—匹兹定理，任何可以用有限句话描述的自然神经系统的功能，都可以用形式的、人工的神经网络来实现。也就是说，任何严格描述人的思维活动的领域原则上都可以用算法提出，而可以用机器进行复制。二是启发式的程序设计。即对所研究的问题提出某种假设，用电子计算机算出临界"极端"情况，并求出临界情况的一些特解，将所得结果与假设的结果相比，然后再形成新的假设。这种循环可以重复多次，直至求得可接受的、按研究者所提出的标准通解为止。三是进化的模拟方法。不是模拟现在已有的东西，而是试图模拟可能有的东西，即用模拟人的智能进化的过程来代替模拟人的智能的过程。预见是进化模拟的主要部分。约翰·冯·诺伊曼（John von Neumann）关于自动机的进化的基本原理是这种方法的理论基础。诺伊曼设想了一架巨大的细胞自动机，这个细胞自动机按着一定的规则运行。他证明，如果自我繁殖是生命的本质特征，那么这个特征完全可以由细胞自动机获得。生命的本质不在具体的物质，而在物质的组织形式。生命并不像物质、能量、时间和空间那样是宇宙的基本范畴，而只是物质以特定的形式组织起来所派生的范畴。这种组织原则完全可以用算法或程序的形式表达出来。所以，只要能将物质按照正确的形式构筑起来，那么这个新的系统就可以表现出生命。而这种所谓的“正确的形式”就是生命的算法或程序。所以，算法和程序是把非生命和生命连接起来的桥梁，是生命的灵魂。起着进化有机体作用的自动机在研究过去和现在许多符号的基础上，解决了预见以后符号的问题。随机数发生器使预测公式中的参数产生随机变化，就会导致原有自动机的进化，从而出现自动机的后代，它将比自动机的双亲更好或更坏地预报符号。如果预报的准确性提高了，那么“后代”将得到巩固而“继续生存”，并且这个过程将继续下去；如果准确性降低了，就抛弃这个后代，并继续产生新的“后代”。这样的进化模拟，可以用来对形象进行辨认和分类，也可以对艺术作品进行分析和评价。这种方法的核心是通过仿生模拟进行美学创造。作为一种仿生生态系统的城市生态系统，与自然生态系统有很大的差异性，但其存在必须遵循自然生态系统的机理，因此城市必须按仿生模拟方法发展或建设。这种仿生模拟包括物理和美学两个方面。而仿生的一般都是美的。依据上述美学控制论的“熵美”原理，仿生的也必定是减熵的，因而又必定具有物理机能。

实践性的美学控制即以美学控制论原理控制人工生态过程。随着人们对客观世界各种事物内在联系的认识不断深化，以前看来似乎互不相关的系统被认识到是相互联系着的大系统，如社会经济大系统、生态环境大系统、工程技术大系统等。同时，人类创造的各种系统的规模确实也越来越大，复杂度越来越高，不断形成新的大系统，如大规模信息网络体系、综合交通网络体系、公共服务网络体系、全球制造网络体系等。所有这些复杂大系统及其运行状态，都与人类的生存环境息息相关。因此，如何控制复杂大系统是当代科学技术面临的重大研究课题，也是社会控制论的研究主题。

从控制论的角度来看，可以将人类社会看做高度复杂的政治—经济—文化—生态综合的多级递阶控制系统。社会的宏观调节和控制依靠各层次之间的双向信息流联系，其通信模式多种多样。维纳在《控制论：关于在动物和机器中控制和通讯的科学》一书中曾经指出，用控制论方法研究社会系统有两个主要的困难：一是极难使观察者与被观察对象间的耦合降到最低限度。相反的，观察者会对被观察对象施加巨大的影响。二是社会科学家没有从与时间、地点无关的角度来冷静地观察研究对象的那种方便。因此，有的控制论学者提出退馈原理，认为前馈和反馈都是在系统外部研究系统的行为，属于行为研究方法。研究人体系统和社会系统则往往要从内部干预，属于结构研究的范畴，应使用退馈的概念。退馈就是要求系统内部的观察者将自我认识上升到更高的综合水平，这要忽略细节、承认事物间质的差异和边界的相对模糊性。因为系统的输入和输出都涉及人的主观估计和模糊信息，所以必须用模糊逻辑才能进行近似描述。

自然生命体是大自然几十亿年来在无数偶然事件中逐渐积累进化而形成的高级自组织系统，人类社会则是在人脑创造性信息选择条件下构建的高级自组织系统。它表面上好像是没有目的的，但实际上通过社会选择表达了目的。在社会系统中，社会结构与社会行为往往是不可分的。要改变系统的行为方式，必须改变系统的结构。社会系统存在自学习的功能。W. R. 阿什比（W. R. Ashby）关于没有目的的随机系统会通过学习来寻求自身目的的思想在社会领域也同样适用。在社会系统中，观察者与对象往往处于同一层次，无论在物质需求、心理需求和信息需求方面都是不可分的。因此，不可能采用一般自然科学中常用的主客体单向反映的研究方法。目的性学习的最基本的方法是观察者全面参与社会实践，即观察者在一定的初步设想和预估的条件下把自己当作社会系统的一部分，通过反复尝试而选择以达到目标。因为实际协调和控制社会系统的信息既不是观察者外部环境产生的信息，也不是观察者内在认识过程产生的信息，而是观察者与外部环境不断相互作用而逐步形成的信息。全面参与社会实践的方法，是观察者参与环境、适应环境、改造环境的行动方法。在社会控制论中，一切概念和命题都必须是能实践的，这样才有定量研究的可能。因此，生态美学控制除了仿生一面以外，必须具有实践性。

社会控制论强调整体结构的协变、子系统结构的协同和子系统行为的互补。赫伯特·亚历山大·西蒙（Herbert Alexander Simon）提出划分强相互作用和弱相互作用来分解递阶结构的大系统，使人们可以在相对独立的条件下考察各子系统结构的协同和行为的互补。社会控制论模型是一种信息—实践模型，它可以模拟子系统，也可用于社会预测和社会预警。城市美学控制系统即是信息—实践模型，模型设计者要使自己的行为遵循自己规定的规程，因为社会的信息结构蕴涵在一切社会成员的参与实践之中，特别是设计者本人的实践之中。

控制论学者用随机微分方程和分岔理论列出非线性方程组来描述社会系统。非线性相互作用表明了系统的发展会出现几种可能性，这可以用分岔理论来计算，并做出最优选择。但非线性方程组不能唯一地确定系统的演化，必然性要通过偶然性来表现。系统处于不同状态时，涨落的作用也不同。在稳定状态时涨落是一种干扰，系统的抗干扰能力使涨落衰减，使系统回到原来的稳定状态；在不稳定状态时，涨落使系统离开原来的稳定状态，涨落被放大，使系统发生质变，变成新的有序状态，即到达新的稳定状况，这就是社会变革。目前生态系统正处在极度不稳定的状态，我们应当通过包括美学控制在内的社会控制构建一个符合自然机理的新的稳态系统。

国际正义是构建能够获得伦理辩护的国际制度安排的基本原则，是判断国际制度是否合理的重要标准。顾名思义，国际正义的基本含义就是给予每一个国家所应得到的。但是，究竟什么是一个国家"应得"的，则由一个时代的人们所持有的伦理观，特别是国际伦理观所决定。在现代社会，人人享有基本的权利（特别是生存权和发展权）、所有国家一律平等、国家是一个道德主体、国家间的交往应遵循基本的伦理规范等价值理念，是得到绝大多数人认可的道德共识。因此，任何一种国际正义，包括国际环境正义都必须反映人们的这些道德共识，同时还要兼顾人们对基本权利与民族平等的价值诉求。国际环境正义是国际正义原则在全球环境事务中的具体运用和体现。如果说，国际正义关注的主要是罗尔斯所说的"基本的社会善"的分配，那么，国际环境正义关注的则主要是环境善物与环境恶物在不同国家之间的分配。环境善物指的是环境中被赋予正面价值的部分，以及环保政策所带来的各种好处。环境恶物指的则是环境中被评价为具有负价值的部分，以及环境保护政策所支付的各种成本。国际环境正义的实质是确保环境善物与环境恶物在各国之间的公平分配。

约翰·罗尔斯（John Rawls）的正义论是当代最具影响力的正义理论，他提出的分配正义的两条基本原则为我们探讨全球环境正义之具体要求提供了基本的框架。罗尔斯认为，对基本的社会善的分配应当遵循两条基本的正义原则：一个是自由原则，它要求每一个人对该社会所确定的基本自由都享有相同的、不可剥夺的权利；一个是差别原则，它要求社会和经济的不平等安排应满足两个条件，即应该基于机会公平原则向所有人开放——机会平等，同时利于最不利成员的最大利益——惠及最不利者。根据罗尔斯的这两条正义分配原则，我们可以引申出两条基本的全球环境正义原则，即国际环境正义的权利原则与差别原则。

国际环境正义之权利原则的主要要求是：第一，关于环境恶物，国际社会应确定一个适用于全球范围的最低限度的安全标准。不遭受低于此种标准的环境恶物的伤害，是每一个人所享有的基本权利；对于这种权利，必须平等地加以分配。每一个国家的政府及其公民都有义务保障所有人的这一基本权利得以实现。第二，关于环境善物，国际社会也应确定一个适用于全球范围的最低限度的分享标准。对这种最低限度的环境善物的分享，乃是人之为人所享有的基本权利；对于这种权利，必须平等地加以分配。确保这种基本权利在全球范围内得到普遍实现，也是每一个国家的政府及其公民的基本义务。

国际环境正义之差别原则的主要内容包括两个方面。第一，对满足了最低安全标准的环境恶物的国际分配可以是不平等的，但这种不平等分配必须满足三个条件：一是这种分配必须遵循知情同意的原则，即对满足了最低安全标准的环境恶物的这种不平等分配，必须是环境恶物之承受国及其人民自愿接受的；二是这种不平等分配必须最有利于全球范围内最不发达国家，特别是环境恶物之承受国及其人民的最大利益；三是环境恶物的制造者必须承担较大的补偿责任。第二，对高于最低必需标准的环境善物的分配也可以是不平等的，但这种不平等分配也必须满足两个条件：一是这种不平等分配，不构成贫穷国家发展其经济或保护其环境的结构性和制度性障碍；二是这种不平等分配，符合最不发达国家及其人民的最大利益。[1]

[1]杨通进：《后京都时代的国际环境正义》，《中国社会科学报》，2009年7月1日。

第8章　生态城市美学范畴论

一、生态美与生态城市美学范畴

康德在《纯粹理性批判》中通过对范畴（Categories）的先验演绎来回答我们做出关于自然的断定的内在可能性问题："先天（A Priori）为什么能让自然存在者提交给我们而我们又没有扭曲和弄错自然存在者。"自然存在者总是以一种真理的客观方式来和我们打交道，当我们言说自然时，为什么总是正确地言说——这是康德的先验逻辑学要解决的基本问题，"康德的主要问题就是要解释作为表面上看起来是'主观的'构成断定的范畴如何能够对自然做出'客观的'陈述。"[1]康德认为是作为断定基础的范畴构建了经验本身，范畴"是先行于一切经验并使一切经验按其形式首次成为可能的"。"但我们在范畴的先验演绎中所能完成的没有别的，而只不过是使知性对感性的这种关系以及凭借感性而对一切经验对象的关系，因而使知性的纯粹概念（范畴）的客观有效性，先天地得到理解，并由此确定这些纯粹概念的起源和真理性。"[2]这是康德引出范畴的先验演绎的"一切理由中唯一可能的理由"。康德的范畴演绎就是为了回答知性（范畴）与感性以及对象之间的关系之建立的根据问题，对范畴的演绎同时是对范畴的客观有效性地阐明，从而将这样的关系之建立给予合法性说明。就范畴作为我们和对象世界之间关系的可能性基础而言，范畴能使对象作为现象而提交给我们，它作为我们经验的先天形式而必然地起作用。

[1] M. Weatherston, *Heidegger's Interpretation of Kant: Categories, imagination and temporality*, Lodon: Palgrave Macmillan, 2002, P.9, P.12.

[2] 伊曼努尔·康德：《纯粹理性批判》，人民出版社，2004年，第133、132页。

因为先验总是通过经验而起作用，范畴总是在现象中来实现和完成自身。海德格尔同样关注经验中的先天形式所起的作用，同样认为我们经验知识有其先天的条件，但他认为，康德对范畴的先验演绎之所以是对范畴的客观有效性的成功阐明，是因为康德对范畴的解读是存在论的——“在我看来，重要的是要指出，在此作为科学理论而被提取出的东西，对康德来说并不重要。康德并不想提供任何一种自然科学的理论，而是想指出形而上学的问题，也就是存在论问题。在我看来，重要的是在于，康德把《纯粹理性批判》中积极的主要部分的核心内容建设性地引入到了存在论之中。”康德的范畴演绎是探求范畴的存在论根源：范畴作为那种能让我们与自然之间建立关系的东西，它首先标明的是我们在和自然打交道时的人的有限性，同时“存在论就是对有限性的一种指示”。[1]就存在论和人的有限性来说，先验逻辑所阐明的范畴的真理性和其中的假相都一同“必然属于人的自然”。

从传统形而上学及其逻辑而言，断定（Assertion）是形成知识和其逻辑的核心，给以“断定”就是形成认识，就意味着“言说”，“断定的问题就是我们怎样能说出一些东西（Something）是关于某个事物（Anything）的事情的问题”，[2]“作为一个命题，简单的断定是一个‘在说出’，在它里面某物被断定为是关于某事物的。”[3]既然范畴是构成断定的基石，那么任何研究传统和对传统逻辑做出调查的人首先就要检查范畴的本性。康德把范畴看作是先行于经验并使一切经验成为可能的一种人类认识中的先天形式，它构成了经验本身。范畴不仅作为知性的纯概念与我们的思想（Thought）相关，而且与我们的感性相关。因为没有感性，范畴就没有可以构造的对象。“实际上，纯粹知性概念即使在离开了一切感性条件之后……而对这些表象却并未给予任何对象，因而也未给予任何可以提供一个客体的概念的意义……所以范畴离开图型就只是知性对概念的机能，却不表现任何对象。后一种意义是由感性赋予范畴的，感性通过限制知性，同时使知性实现出来。”在康德看来，仅仅通过范畴不能得到任何思辨性知识，但同时康德一直在强调“范畴并不被直观所限制，范畴拥有其一个不被限制的领域”，[4]而这也是范畴能构成经验的关键所在。由此可见，范畴和直观之间的关系对形成知识（经验）似乎存在着一种隐匿的联系。但不论怎样，范畴总是与感性（直观）相关。在海德格尔看来，这是康德对传统的突破，也是先验逻辑对传统形式逻辑的突破。海德格尔认为，逻辑是让我们能通达存在者的那种东西。当我们言说时，我们是把某物作为某物而带到我们的眼前，在这个意义上某物向我们显现、让我们看

[1] Martin Heidegger, *Davos Disputation Between Ernst Cassier and Martin Heidegger: Kant and the Problem of Metaphysics*, Indiana:Indiana University Press,1997,P.194,P.197, P.194.

[2] M.Weatherston, *Heidegger's Interpretation of Kant: Categories,imagination and temporality*, Lodon:Palgrave Macmillan,2002,P.9.

[3] Martin Heidegger, *What Is a Thing?* Chicago:Regnery/Gateway,Inc,1967,P.62.

[4] 伊曼努尔•康德：《纯粹理性批判》，人民出版社，2004年，第144—145、110页。

见、和我们照面。那么要回答这个“通达”如何可能，首先就要弄清楚作为逻辑基础的范畴的本性。

康德在《纯粹理性批判》开首说：“一种知识不论以何种方式和通过什么手段与对象发生关系，它借以和对象发生直接关系、并且一切思维作为手段以之为目的的，还是直观。”[1]海德格尔指出：“《纯粹理性批判》的第一句话已经不是对认识一般的定义，而是对人类的知识本质的判定。”而知识的本质来源于人自身的本质，“纯粹知识属于人的有限性”。[2]海德格尔将人的本质标明为人的存在本身（此在），并认为“比人更原始的是人的此在的有限性”。[3]正是通过直观，人类知识的有限性问题和认识的可能性问题才凸显出来。直观的有限性在于其接受性，接受（直观）同时有给予（Giving），所以直观对绝对知识本身来说比知性更为源始。直观作为一种“给定性”在规定着我们的思想，同时直观能作为一种“视界”的给定者是因为它自身是有限的。只有明白了直观的有限性本质，思想才能在其正确的道路上被弄清楚，知识的有限性本质才可以理解。“直观只是在对象被给予我们时才发生”，直观不直观那些不可直观的，直观只直观可直观的，“按照它的本质，有限直观必须被那个在它里面是可直观的东西所恳求或刺激。”直观对知识来说是起源性的，它是让某物从自身中生发出来，是“让…显明”。所以，海德格尔认为，“康德是首先在存在论意义上而不是在感觉主义上获得了感性这个概念。”[4]

海德格尔对知识首先是直观、思想服务于直观的强调，目的是为了说明范畴是受作为存在论意义上的感性规定的，即受直观规定的。就直观与知性对我们知识（经验）的可能性而言，康德把纯粹直观叫做“源始”表象，但并没有很清楚地解释这个纯粹直观的源始性。而在海德格尔看来，纯粹直观的源始性在于其“事先给出统一的观”，即一种“总揽”（Synopsis）。而自古以来一种概念之所以称为范畴，是因为它具有存在论谓词的特征。它的多样性本身要具有能表达我们作为一种能力的知性自足性的系统的完整性。只有这样，范畴才能陈述关于存在者的存在，一切直观对象（存在者）才能够以范畴为其存在方式、在范畴中展开其存在。也就是说，范畴具有与我们知性的自足性相关的完整性，并且能作为存在论谓词。康德在双重意义上使用范畴这个概念，即包括形式和内容、形式和质料两个方面。形式关系到范畴的普遍性（能给不同的表象以普遍性，能在许多的表象中给出一个表象，即一种联结功能），但它只是一个被知性的逻辑功能所引导的概念，是范畴的先验意义；内容或质料关系到范畴的客观有效性或经验使用，即关系到范畴的对象问题和能不能被表达存在

[1]伊曼努尔 康德：《纯粹理性批判》，人民出版社，2004年，第25页。

[2]Martin Heidegger,*Davos Disputation Between Ernst Cassier and Martin Heidegger: Kant and the Problem of Metaphysics*, Indiana:Indiana University Press,1997,P.16 17,P.30.

[3]马丁•海德格尔：《康德和形而上学问题》，载马丁•海德格尔：《海德格尔选集》，上海三联书店，1996年，第118页。

[4]Martin Heidegger,*Davos Disputation Between Ernst Cassier and Martin Heidegger: Kant and the Problem of Metaphysics*, Indiana:Indiana University Press,1997,P.18,P.19.

者的存在的问题。康德指出："概念要么是经验性的概念，要么是纯粹的概念，而纯粹概念就其仅在知性中（而不是感性的纯粹形象中）有其来源而言，就叫做观念（Notion）。"[1]海德格尔也把范畴叫做"观念"，但强调的是范畴的逻辑方面和反思性方面，他认为是反思（Reflection）构成了范畴的形式方面的本质。反思是知性的纯粹活动，范畴不是作为一个反思行为的结果而形成的已反思概念（Reflected Concept），而是"反思着"的概念（Reflecting Concept）。"反思着"的概念可以表象杂多的联结，不仅给杂多以联结，而且能给众多表象以联结和统一。就反思与判断一样具有联结的功能而言，他认为反思与判断是同一的。"记住在作为形成概念的基本行为反思与作为判断的基本行为的联结功能之间的联系是至关重要的。两者是同一的。"[2]既然判断与反思同一，而范畴又由反思构成，那么通过对判断的类型与数量的分析就会得出范畴的数量与类型。也就是说，通过判断表我们可以得出范畴表。而判断又是知性的"一切行动"，"知性一般来说可以表现为一种做判断的能力"，所以范畴来源于知性。

[1]伊曼努尔•康德：《纯粹理性批判》，人民出版社，2004年，第274—275页。

[2]Martin Heidegger,*Phenomenological Interpretation of Kant' s Critique of Pure Reason*, Indiana:Indiana University Press, 1997,P.163.

康德从12种判断形式中推演出12个范畴，又把这12个范畴按三三式分成4组进行排列：量（Quantity）——单一性（Unity）、殊多性（Plurality）、全体性（Totality）；质（Quality）——实在性（Reality）、否定性（Negation）、限制性（Limitation）；关系（Relation）——实体与偶性（Substance and Accident）、因果性（Cause and Effect）、交互性（Community）；样态（Modality）——可能性与不可能性（Possibility and Impossibility）、存在性与不存在性（Existence and Inexistence）、必然性与偶然性（Necessity and Contingency）。海德格尔认为康德并没有从对知性的本质分析中发展出范畴表，没有从对作为联结功能的判断的一般本质中发展出判断的形式，因而范畴表并不来自知性的"自然"（Nature），并不能反映知性的所有形式。"范畴具有双重的起源。作为'观念'，它们起源于联结的功能；作为存在者的种类，它起源于感性的纯粹形象，起源于时间。"[3]范畴只有在其形式方面起源于反思，才能本质上与知性相关，也就是说才是知性的纯粹概念，知性在形式上才可以得到其自足统一性的概念把握，范畴同时也在知性的纯粹活动（反思）中得到一种充分的形而上学演绎。但是这个演绎只是对范畴的形式在其来源上所做的完整性说明，它还只是"观念"。范畴的完整性就在于它使一切事物的被述说（一种存在方式）成为可能。

[3]Martin Heidegger,*Phenomenological Interpretation of Kant' s Critique of Pure Reason*, Indiana:Indiana University Press, 1997,P.172.

范畴之所以与存在者的存在相关，是因为范畴不只是形式的，而且是有内容的，而这与我们的知性本身（统觉）相关。"统觉（Apperzeption）

的意思是：一、预先在一切表象中与之相随而起着统一作用；二、在这种对统一性的预先确定中同时依赖于情感（Affektion）。”[1]统觉是一种自足的自发的能力，但同时依赖于接受性，是一种有限性基础上的自发性。统觉的本质就在于其综合统一性，统觉通过判断与范畴而给出客体、形成知识。在康德看来，综合是思维的自发性的结果，知性（统觉）是“综合”的根源，一切逻辑的联结都来自于统觉的自发的综合。海德格尔认为综合指的是一种对知识的诸要素——思想与直观——的一种结合（聚集）行为。综合既不是反思，也不是“总揽”，显然综合不属于我们两个已知的任何一个心灵的基础源泉——思想（知性、统觉）与直观，所以必须有第三种能够给出这种综合的心灵的源泉（Source of Mind）。为了能够结合思想与直观，这个第三种源泉不但要有自发性，而且也要有接受性，因为综合意味着将内容带向概念。这个第三个能给出这个综合的源泉是想象力。直观能力需要来自客体的刺激，而想象力能给以没有客体的刺激的直观，所以作为综合的根源的想象力是我们最基础的官能。它同时具有思想和直观的特征，思想（知性）和直观（感性）都来源于想象力。范畴就其作为存在论谓词而言来源于先验想象力。

[1]马丁•海德格尔：《路标》，商务印书馆，2001年，第541页。

先验逻辑学不同于形式逻辑的地方在于它是有内容的逻辑学，而这个内容的获得总是与“自我”相关。“主观”的范畴要能获得“客观”的有效性，关键就在于“自我”。不论是感性、知性（统觉）还是想象力都是“自我”的官能，同时它们必须是先天的，能独立行动的。“统觉的综合统一性就是我们必须把一切知性运用、甚至全部逻辑以及按照逻辑把先验哲学都附着于其上的最高点，其实这种能力就是知性本身。”[2]在康德看来，先验逻辑学存在于知性（统觉）本身，整个逻辑学只有在“自我”的一种能力之下才是可能的，这种可能性是一种基于“自我”的本质（有限的能力）的批判性。海德格尔认为，“康德在关于判断的逻辑说明中，看到了从谓词到主词的设定过程中植根于其中的那个东西。只有作为对认识着的自我主体（Ich-Subjekt）而言的客体，陈述句的命题主词（Satz-Subjekt）才可能是论证的。”先验逻辑之所以是有“内容”的，关键就是“我”能让“客体”与“我”相遇，“我”能给客体以具有存在意义的接受性，能将客体作为客体接受下来，并自发地在逻辑空间给以完全的逻辑形式显现，让客体以逻辑的方式存在，即在范畴中展现其自身。所以，接受性构成了我们知识的起点，没有接受性无从言说，知识也就无从发生。而接受性首先来自于情感（刺激），是我们的感性在和对象打交道的一种能力。感性之所以能接受，是因为我们有感性的纯形式（时间），时间同

[2]伊曼努尔 康德：《纯粹理性批判》，人民出版社，2004年，第30页。

时也是一种构造意义上的自发性。不论是统觉的综合的统一性还是范畴的逻辑统一性，它们本质上都受时间规定，否则知识便是没有内容的知识。我们说范畴来自于知性其实就是说有一种东西（逻辑）能体现我们的能力（统觉），同时这种东西在“我”的先验世界里，但没有说范畴是如何和“我”之外的东西（客体）是如何关联的。范畴在这里依然还是一个形式逻辑的范畴，范畴不只是与一个知性的我相关，而且本质上与一个更大的完整的我相关，它才可以关联到客体，所以范畴不是纯反思的或纯形式的，而是一个先验的我的完全显现。在范畴中表达的是“我”和“物”的相遇以及这个相遇如何可能的问题。这正是范畴的存在论本质之所在，同时也是范畴得以起源的一种存在论境域。由此可以看出，作为西方哲学的伟大开端的“存在与统一性”问题在康德那里通过先验逻辑学给以了回答，存在者的存在问题被转化为客体的客体性问题；知识总是存在论知识，是对存在者的存在的一种规定。“康德本人生活在那种确信中，他确信已经获得了一个位置，由之而来，对存在者之存在的规定便得以进行了。”而且，“把知性使用限制到经验上的做法同时开启了通向一种更源始的对知性本身的本质规定的道路。”“思想始终由先验统觉来规定，并且始终通过感官与情感相联系。思想深入到人的那种被感性所关涉的、也即有限的主体性中。”[1]康德的先验逻辑学始终回响着那种客体、对象与思维着的自我主体的关系。逻辑学由人的有限性而来，是人的存在论问题，是人的形而上学，是对人的本质的揭示；范畴之所以具有演绎而来的合法性，能与存在者的存在相关，能陈述对象、具有客观有效性，关键是因为它在人自身（有限性）那里获得了合法性支持——人必须去面对在世的存在者。问题只是：面对如何可能，为什么如此面对？由此可见，存在与思想、存在与统一性、思想与自我、自我与反思（逻辑、定律）共同构成了康德的哲学主题，海德格尔将想象力（时间）作为范畴的起源只是为了揭示康德哲学的主题，以让我们在西方哲学的开端那里、在一个更恢宏的思想形势下来理解康德。[2]

格里芬指出：“现代范式对世界和平带来各种消极后果的第四个特征是它的非生态论的存在观。”[3]他从批判的角度提出“生态论的存在观”这一重要的哲学理念。这一哲学理念是对以海德格尔为代表的当代存在论哲学观的继承与发展，标志着当代哲学与美学由认识论到存在论、由人类中心到生态整体以及由对于自然的完全“祛魅”到部分“返魅”的过渡。存在论哲学关注的是“此在与世界”的在世关系，只有这种在世关系才提供了人与自然统一协调的可能与前提。“主体和客体同此在与世界不是一

[1]马丁·海德格尔：《路标》，商务印书馆，2001年，第538、540、542、542页。

[2]谢亚洲：《海德格尔对康德范畴思想的存在论解读》，《兰州大学学报》（社会科学版），1982年第2期。

[3]大卫·雷·格里芬：《后现代精神》，中央编译出版社，1998年，第224页。

而二二而一的。”这种“此在与世界”的“在世”关系之所以能够提供人与自然统一的前提，是因为“此在”成为了世界关系中的人，人在与世界的关系中生存与展开。海德格尔指出，“此在”存在的“实际性这个概念本身就含有这样的意思：某个‘在世界之内的’存在者在世界之中，或说这个存在者在世；就是说：它能够领会到自己在它的‘天命’中已经同那些在它自己的世界之内同它照面的存在者的存在缚在一起了”。他又进一步将这种“此在”在世之中与同它照面并“缚在一起”的存在者解释为是一种“上手的东西”。犹如人们在生活中面对无数的东西，但只有真正使用并关注的东西才是“上手的东西”；其他则为“在手的东西”，亦即此物尽管在手边但没有使用与关注，因而没有与其建立真正的关系。他将这种“上手的东西”说成是一种“因缘”。“上手的东西的存在性质就是因缘。在因缘中就包含着：因某种东西而缘，某种东西的结缘。”[1]这就是说人与自然在人的实际生存中结缘，自然是人的实际生存的不可或缺的组成部分，自然包含在“此在”之中，而不是在“此在”之外。这就是当代存在论提出的人与自然两者统一协调的哲学根据，标志着由主客二分到“此在与世界”以及由认识论到当代存在论的过渡。[2]

哈罗德·弗洛姆（Harold Fromm）指出：“必须在根本上将‘环境问题’视为一种关于当代人类自我定义的核心的哲学与本体论问题，而不是有些人眼中的一种围绕在人类生活周围的细微末节的问题。”[3]从哲学意义上说，城市生态美学的基本范畴是生态性存在。生态美即生态性存在。人在世界之中而不在世界之外，世界乃“人生一世之界限”，因而生态之美也在世界中。在生态性存在或生态美这个基本范畴之下，海德格尔还提出了世界、在场、栖居、天地神人四方游戏等范畴。

海德格尔指出，传统形而上学要么把“世界”等同于世内存在者的全体，要么把“世界”等同于自然，这两种做法中的任何一种都不着“世界”现象的边际。那么，由此在的在世性，是否可以把“世界”看做是此在的一种存在性质呢？这样做的结果是否会遇到一个无法克服的困难，即把“世界”变成了一种主观的东西呢？是否会解构我们全体身在其中的“共同世界”呢？海德格尔认为，必须从“世界性”或“世界化”（Weltlichkeit）的含义上来理解“世界是此在本身的一种性质”。这样说并非意味着排斥对世内存在者及其存在的研究，后者仍然是研究“世界”现象的必经途径。“在世以及因而连世界一道都应在平均的日常情况（作为此在的最切近的存在方式）的境域中成为分析的课题。”[4]为诠释的方便，海德格尔将此在当下在场的最切近的生存环境称之为“周围世界”，

[1]马丁·海德格尔：《存在与时间》，生活·读书·新知三联书店，1987年，第74、69、103页。

[2]曾繁仁：《当代生态美学观的基本范畴》，《文艺研究》，2007年第4期。

[3]Cheryll Glotfelty & Harold Fromm,eds.,*The Ecocriticism Reader:Landmarks in Literary Ecology*,Georgia:University of Georgia Press,1996,P.38.

[4]马丁·海德格尔：《存在与时间》，生活·读书·新知三联书店，1987年，第82页。

有时也简称为“世界”。海德格尔称“日常在世的存在”为“在世界中与世界内的存在者交往”，把此在与周围世界相牵相持之际前来照面的存在者命名为“用具”。但他又说，严格来讲，从未有过一件叫做“用具”的东西存在着，而只有作为整体的“用具”赋予各色各样的存在者以“用具性”，使之具有“作…之用”的存在结构，而具有由此“用具”导向彼“用具”的指引性。正是用具性使得一块石头、一段树枝、一根鱼刺成为史前人手中的用具，正是用具性使得一个洞穴、一间茅棚、一座广厦成为人类栖居之所。周围世界的存在者本无名称，亦无意义，既不为谁而存，亦不为谁而灭。此在与前来照面的存在者交往之际，总已经为之命名，总已经赋予意义，总已经定位排序。原始此在拿起一块石头进行锤击，随口命名其为“锤子”，于是，石头作为锤子前来照面；同样，树枝可以作为“棍子”，鱼刺可以作为“缝针”……纷纷前来照面。于是石头不再是石头，树枝不再是树枝，鱼刺不再是鱼刺，严格地说它们根本是无名者，它们只在此在的世界里有自己的名称，有自己的意义（目的性）。这就是所谓的“上手状态”（Zuhandenheit）。不仅如此，它们在此在的世界里还有自己的位序，由此构成了所谓的“指引网络”。海德格尔以制鞋为例：锤子、锥子和针指向皮革、麻线和钉子；皮革由生皮硝成，生皮指向畜养的牛羊；锤子、锥子和针同时也指向钢铁、矿石和木材，指向矿山和林场。从而“自然”也被命名，被赋予意义，“成为可通达者”。抛开“上手用具说”，此在同样可以为日月星辰命名，为花草虫鱼命名，赋予它们意义和定位排序；也可以为自己的生身父母命名（即开口叫“爸爸、妈妈”），为自己的至亲好友命名，为所有熟识者和陌生者命名、赋予意义和定位排序。总之，将所有前来照面的存在者纳入自己的世界。命名即是去蔽，即是领会，未被命名者是无世界的。当锤子不能锤时，斧子不能砍时，它们在确定的意义世界里只剩下一个“空名”。但就是这个空名也已经在此在的世界里占据了一个牢固的位置，不再是陌生者了。甚至当锤子或斧子根本缺失时，空名仍牢固地占据着它的位置。牵持（Besorge）以“一种残缺样式”让世内存在者世界性映现。不仅如此，于牵持全然无用甚至有碍的东西也必须命名，必须赋予“坏”的意义，必须为之排序，即在此在的世界中占据一个位置。存在者在此在的世界中找到了自己的位置，海德格尔称之为“因缘”。有世界才有因缘，无世界即无因缘。因缘的何所缘，即是存在者的目的性（意义），目的和秩序形成因缘链，链的一端指向此在的生存在世。了却因缘即是去蔽，即是命名，即是赋予意义，即是定位排序。海德格尔称世内存在者意义的整体关联为“意蕴”。

此在向来已经熟悉意蕴，换言之，此在的世界向来是一个有序世界，此在不仅向来领会这个世界，而且向来在用语言解释这个世界。世界秩序不能用函数来把握，作为秩序特例的混沌更不能用函数来把握。因缘指归于此在，而此在向来熟悉自己的世界，即使它未必能在理论上透视世界性的诸环节。世界和此在也就没有区别，此在和世界总已经共同在场。

人是这样一种特定的存在者：人的存在（如何生存）先于人的本质（人是什么）；人在生存中对之有所领会、有所作为的总是属己的存在；追问存在的意义这一活动本身就是人生的存在样式之一。海德格尔用Dasein，一个由da（这，那）和Sein（存在）合成的现成德语词汇，并赋予全新的现象学释义，来称呼这种特定存在者。人生在世谓之此在在世，似乎是不言自明的常识性真理。但康德说过，哲学家的事业正是追究所谓自明的东西。"在世"（In-der-Welt-sein，在世界之中存在）不是诸如水在杯中、衣在柜中之类的现成存在样式；不是一个叫做"此在"的存在者与另一个叫做"世界"的存在者比肩并列的关系。"在世"是此在当下"在场"的基本生存建构。此在无论以何种确定的生存方式"在场"，都意味着此在与世界之间有一种相缘相起、相构相成、相依相存、相牵相持的先天性关系。对此在来说，生存在世本来是不言而喻的，"认识世界"——即此在从自己的世界之内来照面存在者及从存在者身上来领会自身，也即从他者身上来领会自己的在世——不过是此在在世的一种样式。倘若把"认识世界"作为一种在世的首要样式，把它经验为人（主体）和世界（客体）这两种存在者之间的现成关系，所谓的知识论便上升为头号大问题。海德格尔认为，就认识本身作为此在的一种在世样式而言，对现成事物的观察式的规定性认识，不过是此在与世界相牵相持的活动的残断，不过是停留在同世内存在者打交道时发生的知觉上，然后把对某某东西的知觉变为规定，变成可陈述的句子，变成命题。不存在从主体到客体的超越，"此在本身就是作为认识着的'在世界之中'。"[1]海德格尔由此干脆利落地消解了人如何可能言说世界的问题。[2]

二、生生之谓美与生态城市审美关系

候朝立的《中国美学密码：生生之谓美与超人艺术论》和程相占的《文心三角文化美学：中国古代文心论的现代转化》这两部著作，都将中国美学概括为生生美学。生生美学以"生生之德"为价值定向，以天地大美为审美理想，以利生、优生为普世原则。这种普世原则是为所有地球人

[1]马丁·海德格尔：《存在与时间》，生活·读书·新知三联书店，1987年，第77页。

[2]杨国成：《此在与世界》，剑虹评论网（http://www.comment-cn.net），2006年2月16日。

肯定和支持的最低限度的共同的价值、标准和态度。

生生，是一个具有高度概括功能的概念。它把物的存在及物自身运动的最基本特征与最内在的秘密全都包容了进去，同时，又几乎与所有与生有关的概念和命题都发生了复杂而深刻的关联。《易传·系辞上》云："日新之谓盛德，生生之谓易。"这是"生生"观念最古老而又最经典的表述。《尚书·盘庚下》说："无总于货宝，生生自庸。"盘庚即位，迁都于殷之后，要求邦伯、师长、百执事之人，不能聚敛货物财宝，而应该带领治下百姓自行其力，自生自用，图谋生存。按照《说文解字》的解释，"庸，用也。从用、从庚。庚，更事也。"显然，"庸"也指示着富有动感的运动、变易与更化，说明"生生"始终处于动态的历史与过程之中。物在生生、涌现的过程中，能够始终把持住自己，维持自身的统一性与质的规定性，从而使自己成为属于自己的存在。物有内部，它自己的内在机制真实地构成了物的存在基础与生存动力。

生生即创造，即物的存在就它自身向着自身的不断创新。所以，生生即创生。梁漱溟曾说："中国古人儒家道家总认为宇宙总是向前生发的，万物欲生，即任其生，不加造作必能与宇宙契合，使全宇宙充满了生意春气。"在儒家和道家看来，整个宇宙就是一个创生不已、自强不息的环链性的大生命体，人则是这个大生命体环链中的一级。宇宙、天、自然的自然性或"道"的自在的、内在的、根本的本性是"生生"。"生生"是一种天地和宇宙自在的和内在的本性和精神，道家和儒家都主张人应当效仿和学习这种宇宙天地精神。如《周易·系辞下》所说："天地之大德曰生。"梁漱溟又指出："这一个'生'字是最重要的观念，知道这个就可以知道所有孔家的话。孔家没有别的，就是要顺着自然道理，顶活泼顶流畅地去生发。"[1]这种思想与西方的过程哲学和基督教相合。柏格森将万有存在的进化理解为创造性，而创造性是神圣的。怀特海将创造性看成某种终极实在，认为万有存在的实体都是现实的生成，都是永恒连续不断的创造性事件。人的本性要与终极实在保持和谐一致，就应理性自觉地服从和顺从其内在价值本性，而这种真正的顺从要通过创造性——最大的生命性体现出来。格里芬说："按照后现代观点，一切东西都是创造性的体现……现在与其说把上帝看成是创造性的，不如说创造性被看成是神圣性的。创造性不是超乎自然之上的，而是自然的本质……基督教伦理学应当是'创造伦理学'。"[2]格里芬认为，世界是由三种相位的经验性事件构成的，每一种经验性事件都有不同程度的创造力：一是从其环境中创造性地分别接受各种要素；二是通过把来自环境的这些影响创造性地综合为一

[1]梁漱溟：《梁漱溟教育论著选》，人民教育出版社，1994年，第17页。

[2]大卫·雷·格里芬：《后现代宗教》，中国城市出版社，2003年，第62—63页。

个经验统一体，而使自己现实化；三是对后续事件施加创造性影响。相应地，每个人身上都同样存在类似的三种创造力：一是接受他人的创造性所馈赠的能力（接受性能力，包括传统文化和同时代的人）；二是胜过（不同于）他人的力量和做出某种部分自主的回应（如宽恕）的能力（即自我的自由、自主创造性能力）；三是创造性影响他人的能力。条件是他人要对他那种"劝服"或"号召"的创造性能力给予充分的重视（即创造性能力的"劝服力"或"号召力"）。而创造性的本质乃是一种自我创造。格里芬认为，这个世界"可以看成是彻底的自我创造的，通过进化过程产生出创造性存在的越来越高级的形态"。[1]接受性创造价值、自我创造性价值和劝服性创造性价值都发生在高级形态的单元性创造性事件——人之中，而"至善"的终极精神实在，更是通过劝服力量创造了万有存在。"至善"的本性也是创造性，即一种终极性创造精神。人凭借着自身的自我、自由、自主的创造能力，向上发展接近这种终极精神实在。

[1]大卫·雷·格里芬：《后现代宗教》，中国城市出版社，2003年，第60页。

今人理解的"创造"指发明、制造出新的事物，强调事物的从无到有、人对对象世界（主要是自然界、自然物）的改造性。而创生则倾向于从旧事物、旧生命和精神中化生、生发出新的事物、生命和精神的行为和过程。它既包括自然演化的特性又包括人的生命和精神的一种理性的主体性的主动性、积极性。其一，从各自的行为施动者、发动者来看，创造行为的施动者、发动者指人，而创生的施动者、发动者则既可指人，又可指自然界、宇宙中一切具有新的生命发生、演化意义的事件的普遍性特性。其二，从行为的结果来看，创造的结果是人造物，具有工具性、机械性和无机性等特性，仅仅体现了创造物对创造主体的有用性，主体对此拥有排他性的占有性，主体与造物之间的关系是单向度线形主客、主从关系；而创生的结果则是新的生命和精神，是非工具性的，创造者与被造物之间是有机、关联、双向的关系。创造者的生命和精神在被造物的生命和精神中得到新的传承、发扬并获得新生。它们之间是互相分有、全息共生、继承与创新的关系。尽管新旧之间仍然存有否定因素，但否定是旧的获得新生、新的获得发展的必要的手段，它们是双方的共同的付出与奉献、共同的获得、分享与共生，超越了单向的效用性意义。其三，从时间意义来看，创造永远行进在朝向乐观的利我的目标，在直线性路途中不回头，时间的意义在于自我的占有性需要和冲动满足程度的进步；创生则超越了任何单向的工具价值意义，它的行进的路径是循环式的、全息式的，并不过分依赖时间。创生世界观的特征表现在：1. 创生意味着人与对象世界关系发展的"共生性"。创生精神旨在让万有生命和精神的内在价值获得增殖和发展。人对创生精神的体悟和自觉，意味着人向着人的本质的步步迈进、向上创造和翻新。创生性伦理指向的是个人、社会和自然之间的和谐精进关系，这种关系的实现需要每个人对自我、他人、社会、一切万物以及未来秉承和张扬贡献性、共生性、利生性、促生性伦理价值精神，而不是攫取性、占有性、排他性、用生性、害生性等自我利益至上的现代主义价值观。2. 创生意味着人对万有生命的差异性和个性之重视，即承认万有生命的差异性和个性，尊重万有生命的内在价值。阿尔贝特·史怀泽（Albert Schweitzer）指出："真正的伦理的人认为，一切生命都是神圣的，包括那些从人的立场来看显得低级的生命也是如此。"[1]现代人认识的万物价值大小、有无都是相对的、不确定的，也是现世主义的，因而并不能真正认识和尊重万有生命（包括人自身）的内在价值以及它们的差异性和个性。3. 创生意味着尊重人的个体生命精神发展的自由性。个体自由的状态是一种和谐的状态，是一种人与自我、社会和自然的关系的和谐体验。创生伦理精神不再仅仅致力于人外在的功利或消费竞争，而着眼于自我的创造、创生能力的发挥和发展，以与对象世界的关系和谐共生为宗旨。

[1]阿尔贝特·史怀泽：《敬畏生命》，上海社会科学院出版社，1992年，第132页。

目前已经被普遍使用的"生态"概念，一般具有两种词性。作为形容词，它的基本含义主要指：有利于生物体生存的、对一切生命存在有所帮助的。如在生态食品、生态住宅、生态社区、生态城市词汇中。而作为名词，"生态"则指环境、总体以及包括人在内的物与物的相互关系。如在自然生态、社会生态、生态环境、生态保护这些词汇中，"生态"指一种利生性的总体关联。值得指出的是，现代汉语的"生态"一词，与英文Ecology一词及其学科内容的传入有很大的关系。中国学界最早使用"生态"一词可能是受日本学者的影响。早在18世纪末，日本学者首先用汉字"生态"翻译了英文Ecology。但现在日本基本上已不再使用"生态"一词，而代之以片假名"イコロジ"。英文的Ecology还附有"环境适应""系统均衡"的含义。汉斯·萨克斯（Hans Sachssc）在《生态哲学》一书中指出，德文Ökologie（生态学）一词是从希腊语Oikos中衍生而来的，而希腊语Oikos的原意则为房子、家，蕴涵着整体、全部、系统的意思。Ökologie则似乎也可以译为"家务学"。[2]Ökologie还指涉"生物与环境之间的关系"。"生态"就像一个家，家始终不可能只是一套房子、几件家具摆设或者纯粹的人口组合。家首先是一种关系复合体，家里面蕴涵着深厚的并且难以被我们用知性认识的关系结构。人在本质上都是家的产物，它始终是一种离不开家的动物。

[2]汉斯·萨克斯：《生态哲学》，东方出版社，1991年，第1页。

现代汉语中的"生态"指涉事物存在的关系总体、整体的同时，也可以作“生的状态”“生生的状态”来理解。“生”是一个具有极强的亲和力和附着力的词汇。仅从组词规则上看，它便可以与不同的动词、名词、形容词、副词组合在一起而构成一个意义更为丰富、蕴涵更为深厚的新词。《广雅》曰：“生，出也。”生是一个必有所出的过程。《说文解字》曰：“生，进也。象草木生出土上，凡生之属皆从生。”这就是说，生指示着动态化的出、进，意味着物自身的呈现、涌现，是物由本体大道的存在论境域向现象世界的感性直观的延伸与迈进。《大戴礼记·本命》篇曾指出：“分于道，谓之命；形于一，谓之性；化于阴阳，象形而发，谓之生。”[1]因此，生是出、进、化、形、发的动力、原因、根据或基本存在方式。生生，作为一个汉语复合词，首先可以理解成一种动名词结构，指具有本体论性质的“生”能够产生出有生命或能生存的事物来。“生”由“生”所生，物在生中成为了事物。其次，又可以理解为一种双动词关系，“生”而接着又“生”，强调的是“生”作为一种生命活动或生存活动的不间断性。运动与运动之间永远是没有间隙的。再次，还可以理解成双名词结构，物物或物与物，亦即物存在，物以物为物，物以物的方式生存、存在；并且，物存在，是将生与生并列而让物自身自行呈现于世界之中。这实际上也是在强调物自身的内在联系以及物与物之间生态学意义上的统一性与连续性。又次，理解为双形容词结构，以强调每一个物都存在在来临的途中。它们因而都不是真实确凿的，毋宁是夹生的，永远都具有未完成性。最后，“生生”也可以理解为双副词结构，指物的存在情状——物始终“在生成的状态之中”、始终处于“生化变易的过程之中”。也就是说，物永远在运动着，不断地生成它自身。因为“生生”，世界才呈现为不断延续的过程整体。我们无法想象，一个物可以离开作为它存在的基本条件的“生生”而现实地形成它自己。事物的过程与历史应该由“生生”所造就。[2]

生生表达的也是一种主体间性。戴斯·贾丁斯（Joseph R. Des Jardins）指出：“根据群落模型，大自然被看做是社区或社会，部分与整体的关系就像公民与社区的关系或个人与其家庭的关系。不把变化看成是发展或增长，它更像是食物的交换。群落的不同成员扮演不同角色或职业来贡献于该群落总体的功能。在群落模型中，生态学的确是在研究大自然的家务事。”[3]利奥波德提出了生物公民概念，要求将道德的场域从人类内部扩展到整个生物共同体，承认人之外的生物公民的权利。[4]汤姆·里根（Tom Regan）也强调动物也是生命的主体（Subjects of Life），应该享有它们作为生命主体的权利。这里的公民或成员概念不仅仅是借用和隐喻，而有其

[1]王聘珍：《大戴礼记解诂》，中华书局，1983年，第250、251页。

[2]余治平：《万物都处于生生状态："生态"概念的存在论诠释》，《江海学刊》，2005年第6期。

[3]戴斯·贾丁斯：《环境伦理学》，北京大学出版社，2002年，第192—193页。

[4]奥尔多·利奥波德：《原荒记事》，科学出版社，1996年，第195页。

真实的所指。公民是权利和义务的主体。有机体被比喻为公民，实际上已经包含对其职责（功能）和权利的承认。彼得·辛格（Peter Singer）指出，人类将动物排除在道德考虑和权利体系之外的做法，与早年将黑人和妇女拒之于门外同样荒唐，因此，物种主义（Speciesism）必须与性别主义和种族主义一起被废除。[1]克里斯托弗·斯通 （Christopher Stone）甚至试图证明包括树在内的物种都应该享有法定权利。在展开自己的论证之前首先指出，黑人、华裔美国人、胎儿、女性都曾被否认有法律身份，理由都是他们在某些方面低于白人成年男性。既然黑人、华裔美国人、妇女、胎儿的权利都先后获得承认，那么，我们的权利概念为什么不能突破其人类学边界而与树木等自然物体结合呢？[2]受这种思潮的影响，美国在1973年通过《濒危物种条例》，将一些种族法律权利延伸到植物和动物种群，把生态主体性—权利理念落实到公共决策中。

[1]戴斯·贾丁斯：《环境伦理学》，北京大学出版社，2002年，第127—131页。

[2]Christine Pierce,Donald Van Deveer,*The Environmental Ethics And Policy Book,Philosophy,Ecology,Economics*, 1st eds.,New York and London: Wadsworth Publishing Company,1994,P.149.

奈斯的深生态学认为，作为生命之网上不同的结，人与其他物种是平等的伙伴。为了尊重所有生命形态平等的生存和发展权利，人就应该以“活且让他者活”原则代替“你死我活”的斗争逻辑。“活且让他者活”会增加生命、文化、经济的多样性，在人类内部和人类外部实现平等。奈斯又将深生态学原则总结为“所有存在的自我实现”和“将多样性最大化”“将共生最大化”“将复合性最大化”等基本规范。他在《平等，同一与权利》一文中提出具体的行动方案：1. 涉及个体生存和发展的权利时，建立价值的等级体系毫无意义，所有生命都有自我实现的相同权利；2. 人类在自我实现时既没有特权，也不处于低下的地位，与其他生命具有完全平等的权利，不多也不少；3. 在决定亲近性（Nearness）时，我们必须具有将自己等同于其他活的存在的能力，感同身受地体验他们的快乐和苦难。那么，当生命个体之间的同等权利发生冲突时，我们应该如何行动呢？他提出一种基本原则：在个体之间的权利发生冲突时，要先满足个体的关键利益。倘若冲突中的一方仅仅是要满足自己的非关键性需求而对方却处于生死攸关之时，那么，应该先满足后者。他以人蛇之争来说明自己的观点：一群毒蛇世世代代居住于某处，但这个地方现在却成为小孩子的游戏场所。相比于孩子的游戏权，蛇的生存权显然更为重要。应该如何做出抉择不言而喻。[3]

[3]George Sessions,*Deep Ecology for the 21st century*, Boston and London:Shambhala Publications,1995,P.221 224.

蕾切尔·卡逊（Rachel Carson）在其名著《寂静的春天》中指出：“我们必须与其他生物共同分享我们的地球，为了解决这个问题，我们发明了许多新的、富于想象力和创造性的方法；随着这一形势的发展，一个要反复提及的话题是：我们是在与生命——活的群体、它们经受的所有压力和反压力、它们的兴盛与衰败——打交道。只有认真地对待生命的这种力量，并小心翼翼地设法将这种力量引导到对人类有益的轨道上来，我们才能希望在昆虫群落和我们本身之间形成一种合理的协调。”[1]戈尔在《寂静的春天》序言中将《寂静的春天》与《汤姆叔叔的小屋》相提并论，认为两本珍贵的书都改变了我们的社会。不过他没有说出这两个事件共同中的不同：《汤姆叔叔的小屋》反对人对人的奴隶制，而《寂静的春天》则号召人们终结奴隶制在自然维度的延伸。卡逊意识到了人奴役自然的荒谬性，看见了危机并寻找消除危机的道路。[2]

[1]蕾切尔·卡逊：《寂静的春天》，吉林人民出版社，1997年，第262页。

[2]王晓华：《主体性、权利与生态文化：走出生态文化的误区》，《探索与争鸣》，2008年第6期。

三、延异与后过程审美

由自在性与自为性对人的不同规定，使得人与自然的关系所构成的世界图景呈现出不同的特征。其一，以自在性为原则建构世界关系，并将自在性提升为理想人格和终极存在方式。根据自在性原则，人性应该是物性的另一种表达。如果自我意识不能成为趋向自在性存在方式的基本动力，它就可能被视为人欲的膨胀，并进而成为规范和制约的对象。相对于物性，人性的唯一优势在于实现对自在性的自觉生成。在这里，世界的一体性呈现为通过“人的自然化”而实现的自在性统一。其二，以自为性为原则建构世界关系，并将自为性高扬为理想人格和终极存在方式。根据自为性原则，人性因为智慧而优越于物性。自我意识意味着对物性的改造，并实现为人性的扩张。在这里，世界的一体性表现为通过“自然的人化”而实现的自为性统一，人以主人的身份成为自然乃至世界秩序的立法者。比较而言，以自在性为原则建构世界关系是以人性的约束为前提的，而以自为性原则建构世界关系则必然导致人性的扩张。

中国有较好的农耕条件，古代中国人在自然经济支配下相信自在性是人性的最高理想和存在的终极依据，人生价值就在于通过自我约束的方式自觉地趋向天人合一。中国哲学的终极关怀就是成人，而人的最高境界就是通过自我约束而实现的天人合一。中国古典美学认为，人是个体性与社会性的统一，并以自在性作为最高原则。自在性也就是自然性、自然而然性。正是在这种意义上，儒道的区别并不在于是否承认自在性亦即自然性作为终极存在的问题，而只是实现自在性存在的基本策略的分歧。儒家看到了自我意识产生之后的个体性趋向于非自然性的现实，因而主张社会性的制衡作用，其极端的表现则导致由于对社会性的片面强调而消解了本来合于自然的个体性。道家看到了个体性合于自然的方面，不满意异化了的社会性对个体性的压抑，其极端的表现是对合于自然的社会性的破坏。一般说来，人作为个体性存在，个体性对自身而言总是自然的，对其他个体性则可能是不自然的；人作为社会性存在，社会性作为个体性的保障本来是自然的，但若构成对个体性的压抑则是不自然的。问题在于，极具“活性”的个体性与相对“惰性”的社会性总是相互矛盾的，这种矛盾性构成了人类的生存悖论。中国古典美学乐于以“比德”的方式自我约束、以“拟人”的方式观照万物，原出于对自在性的肯定，然而后来由此造就了一种移情的心理结构，却表现为以己度物的自为趋向。如果生存悖论突破了个体心灵的承受能力，则必然导致生存危机，而生存危机则是思想危机的前提。自在性亦即自然性是对自由人性的最高表达，作为最高原则，它意味着自在性是人的终极存在方式也就是美。中国古典美学中自然美的真实意味是自然而非人为才美。自然界因为没有人化的因素，自然无欲，所以自然理所当然就成为美的象征。因此，人乃至人的社会活动只有符合自然而然的标准的时候才能进入审美视界。其实，人脱离自然而成为人以后，也就是说自我意识产生之后，究竟哪些方面才是自然而然的，这是一个不容易掌握的标准。因此，自在性原则在贯彻的过程中总是困难重重。这种困难进一步导致儒道人生策略的分歧，并总是以不同的形式表现出反人道的特征。

西方文明的源头是美索不达米亚平原的苏美尔文明。美索不达米亚平原在中东地区两河流域，是一片位于底格里斯河及幼发拉底河之间的冲积平原。这一带是干旱区域，从事农耕困难较大，因而自然首先成为苏美尔人征服改造的对象，自为性成为其自由的基本表征和展开，改造自然的活动成为人类自我确证的基本形式，自由以突破外在自然的压迫而呈现。在这一过程中，人工制品既是类本质的积淀，也是自由的凝固，于是对人化了的自然的关注就成为必然。在西方文明中，审美活动就是审美主体面对审美对象（主要是人工制品）产生愉悦感受的活动。对象引起主体的关注是因为对象的形式或者这种形式所蕴藏的内容所呈现出的人类的本质力量。于是，对于那些与人类活动不直接发生关系的自然物就只能有两种处理方式，其一就是诉诸无序而加以贬低和排斥，并因而成为美的对立物。其二就是借用移情的方式，运用想象的手段使自然打上人类的印记。从柏拉图到黑格尔的西方古典美学基本采取第一种方式。比如，对于基督教而言，荒蛮的自然就是上帝惩罚人类的流放地。而在黑格尔那里，美学主要是艺术哲学，自然美是艺术美的附庸，而且这种来之不易的地位还是出于绝对理念自我循环的需要。在人类的童年时代，自然的强势迫使人以类的方式去面对它，并为自然对象打上类本质的印记而自豪，只有那些被人化了的自然物才能进入审美视界。西方古典美学反映出人类童年时代的基本诉求和自由本性的基本表征。它意味着，人更加在意的不是自由的呈现过程，而是对固化自由（人工制品）的静观，制成物特别是艺术就顺理成章地进入美学视界并成为美的典范和象征。当人们追问自然何以为美的时候，实际上是追问自然是在什么形式下被我们征服的。人们所要做的就是如何使自然人化。那些不能以实践的方式人化的自然就被迫以情感、想象等中介间接加以人化。于是，自然美的问题被悄悄置换为自然何以美的问题，自然作为对象性存在的形式特征必然成为关注的焦点。但是，当我们如此追问的时候，因缘于自由本性的人对自然的征服或者说人对自由的追求以及人的尊严的自我确证，自然美已经被置换为如何使自然对象的形式特征更加符合悦耳悦目的形式诉求，审美异化为一种对象性的存在方式。然而，美毕竟不是审美对象，不是一种对象性的存在，以二元对峙的方式追问美是不可能的。对象性的追问方式所能实现的只能是审美对象的追问，是美的发生学追问，而不是美的存在论呈现。美是以心灵自由为表征的绝对性存在方式，美不是一种对象性存在物。因此，美学的基本问题是心灵自由如何成为现实的问题，或者说是如何使有限的现实存在提升或者转换成无限的理想存在的问题。中国古典美学对自在性的关注和西方古典美学对自为性的高扬，都同时因缘于心灵自由，也指向心灵自由——一种来自于人类固有的自由本性的基本诉求。

中国古典美学以自在性为最高原则并不意味着否定自为性，只是自为性必须以自在性为标准并最终趋向自在性。因此，对于中国古典美学来说，美作为自由本性的呈现，首先不是一种对象化的在者，外在自然之所以被关注只是因为它的非人工性，自然因为自然而然而成为美的象征。西方古典美学以自为性为最高原则，自在性只是自为性自我确证的基础。因此，外在自然首先是一种异己的对象，一种有待于征服从而确证类本质的对象。这种意义的自然因为缺乏人为性因素而存在于西方人的审美视界之外，人和人类活动作为类本质的集中显现而成为西方古典美学的典型象征。20世纪的中国现代美学基本上是德国古典美学特别是黑格尔美学的中国化，不同的只是经过了马克思主义实践哲学的改造。中国当代美学仍然是在二元对峙的意义上面对自然的。关于美的本质的主观派、客观派或者各种形式的统一派，其哲学基础仍然是二元论的。在这种背景下，自然要成为审美对象仍然依赖于自然的人化。那些不能与人类直接发生关系的纯粹自然诸如月亮、野花等，美学家总是愿意依据人化自然的古老思路凭借想象、情感等中介寄托自己的理想。按照西方古典美学的思路，自然审美就是一个难题，甚至是一个威胁到西方古典美学范式的难题。而中国古典美学所采取的通向自由的方式具有非现实性，也就是对自我约束的方式，所以，自由绝大多数时候也只是以一种理想的方式存在，因而走向了同样的结局。由此，中西方古典美学由于对象性思维而终于走向了同样的结局。

生态危机所凸显的生存危机使人类开始认真而且深入地审视人与自然的关系。人类如何克服自己对自然的灼灼逼人的功利主义态度呢？其中一种普遍的做法就是给自然与人类一样的生命观照，这就是所谓泛灵论、物活论乃至生机论。人类试图建构人与自然之间的主体间性，同命相怜，希望以此来抑制和规范对自然的无情征服。但是，显然这仍然是一种古老的对象性思维方式。从美学角度而言，仍然是西方古典美学的翻版。把生态理解为一种对象性存在，哪怕冠以“人类的家园”的美名，也仍然只能走向悲剧命运。美是对自我的超越，是对对象性存在方式的超越。虽然以生机论为表征的生态显得不同于以机械论为表征的自然，但是，如果只是在生机论意义上谈论生态，这种方式与在机械论意义上谈论自然并不存在本质的区别，它们都是一种对象性思维，都是人类中心主义和功利主义的不同方式的表达。那么，生态美学在什么意义上是可能的？这种追问迫使我们必须寻找更开放而且更具张力的生态美学的存在论基础。如果仍然延续西方的思维方式，把生态理解为自然的扩展，并进而把生态美理解为自然美的扩展，甚至用生机论代替机械论，那么，就像自然美的命运一样，生态也仍然无法获得美学的认可。而且，生态问题虽然是因为自然被破坏而产生的反思，生态问题的解决也不能因此诉诸自然的反抗而引起的对自然的看护。因为，对自然的征服和对自然的看护同样出自一种基于人类自身功利主义诉求，这种功利主义诉求只能使生态的破坏以不同的方式重演。这就是一种在生态学繁荣昌盛的同时依然会出现对生态的连续不断破坏的奇异景观。生态美学的建构或者说生态向美学视界的迁移有待于寻找更加深刻而开放的存在论依据。美学意义上的生态，不能是任何形式和任何意义的对象性范畴，不能只是作为与人相对甚至是与人相互依存的生存环境，而还是一个自我被超越之后的无限的绝对性存在。佛教缘起论的意义不仅在于揭示在者之间的空间维度的依存性和时间维度的因果性，而且在于呈现在者基于缘起的无常无我的存在实相。宇宙是缘起缘灭的无穷过程，其中既没有绝对不变的实体性也没有彼此外在的二元性。包括人在内的宇宙万物由因缘而起，其性本空。[1]

[1]黄文杰：《生态美学的困境与存在论基础》，《江西社会科学》，2008年第7期。

后过程审美论是相对于怀特海、柏格森、尼采过程哲学的创新话语体系。怀特海把实在描述为事件及其关系。而过程作为一种构造中的实在，在它本身中设立了它的有限性然后又否定地与之联系，过程自身因此在有限地分化。经历这种构造过程的对立与否定，实在显现为一种自由与可能的无限。但这种自由与可能的无限是尚未实现的，一直在续后的过程中。因此，过程审美可以界定为：有限形式表现出的无限事物，或有限生命表现出的无限生命的可能，或有限经验实在表现出无限的超验自由。而过程生成、动态延异、活性衍生是后过程审美的实质表征。后过程审美范式是没有终结存在的过程多次元的活性构成范式，它包括主体过程的非终止性与客体自主发展演变过程的非定在性的交互转变而又统一进行的“后构成”合一。审美活动是一种过程活动的开放与发生性的历史展开，后过程审美则追求一种在变化中得以实现的可能性延展。审美或对美的感知，首先应该是对各种形式的构成性状态的生命力的感知，而这种形态的生命力必须依靠审美主体相应的生成性的动态发现。审美是创造与发现生命可能的形式化过程，是感知与体验生命事物或与生命观照相关事物的过程之真实。

存在的呈现是历史性的，审美创造是使一种过程进入存在的活动。艺术作品或自然自足性的源泉表现为一种不可重复存在的否定（或自由），它否定它本身的本质，而同时又建构着它的（新）本质，并处于总在超越的自为。这种意义上的自为是一种创造主体介入存在的流变（过程），自为的实在在其自身中包括了存在与否定而达到“为他存在”。而“为他存在”是以过程的方式实现的。从而，过程是否定的可能性，审美过程性在否定中又建立了新的可能性。这种作为过程否定而显现出来的自由是美学创造的先决条件。所以，审美态度表征为超越实在与非实在领域的不断生成的主体与客体互相反应的结果，审美是主客体互相作用而发生的“过程场”。这种“过程场”以互相派生新动态为前提条件，新动态指的是“间性”的创造。

现象界的结构以现实载体为表征形式，而审美精神界（主观界）的结构却以超越现实载体为表征形式。现实载体向超现实载体的生成转变构成了审美自体，审美自体必须以现实载体为发生的基轴，这种发生体现着现象与精神之间的延异关系。而“延异”（Différance）本质上是一种过程本体关系，它处于永远反预设、反同一的否定性联系中。现实载体的结构终需在超现实载体的解构过程中才能实现审美主体的介入，审美永远处于“在”与“非在”的延异或分延的生成过程中。延异把审美运行的总过程分解成若干“分量过程”的叠加与更新的再过程，指向了潜在的、可能的、非在而将在的对象世界。审美的主客体动态是一种超循环的活性结构，是一个开放的“非平均场”，它涵括每一时度、每一层面、每一维向的审美主体体验与每一物质结构的暂时性联系。

在西方形而上学中，存在总是被理解为在场，但存在自身并不就是在场。延异所要动摇的是“是什么”中的“是”，即存在的统治。德里达说，延异处处动摇和质问的是存在——作为在场或存在者整体（Étantité）的存在的统治。[1]正因为延异动摇的是存在，质问的是在场，所以我们就不能再用存在和在场来述谓延异：延异不存在或不是。它不是一个在场的存在者，无论这个存在者多么卓越、唯一、重要或超越，如人们希望的那样。而且，说延异不存在、不是在场者，也并不等于说延异是不在场者。因为即使是不在场者，也已经是了。但延异根本就不“是”，它不去“是”——它要动摇的恰恰就是这“是”的统治。或更严格地说，它总是在是的同时又涂抹是，让是成为踪迹。与踪迹一样，或毋宁说作为踪迹，延异超出于在场—不在场的对立之外。但同时，德里达也承认，延异对“作为在场或存在者整体的存在之统治”的动摇，恰恰是通过海德格尔所揭示的存在论差异才得以可能的。他说，如果存在与存在者之间的差异不在某种程度上被打开，这个问题就不会出现，也不会被理解。何以如此？因为延异动摇的是存在的统治，或作为在场的存在的统治。但如果没有海德格尔对存在—存在者或在场—在场者的存在论差异的打开，存在如何能重新被唤回？又如何能再去动摇它？所以延异正是通过存在论差异而可能的。

[1] Jacques Derrida: *Marges de la Philosophie*,Paris: Les dtions de Minuit,1975, c1972,P.22.

德里达指出：“或许我们必须尝试着思考这前所未闻的思想，这沉默的迹化（Tracement）：存在的历史——它的思想卷入到希腊——西方的逻各斯，一如它通过存在论的差异产生出来——只是diapherein（区分）的时代。因此，我们甚至就不再能够把延异的展开称作‘时代’（époque），时代性的概念属于作为存在历史之历史的内部的东西。既然存在除了把自己隐藏在存在者中之外，从来就没有一个‘意义’，从来没有被如此这般地思考和言说，那么，以某种极其陌异的方式，延异就比存在论差异或存在的真理还要‘古老’。正是在这个年代（âge），人们可以把它称为踪迹的游戏。这种踪迹不再属于存在的视域，但是它的游戏却带来存在的意义并为之划界：踪迹的游戏或延异，它没有意义且不存在……对于存在于其中游戏着的这个无底棋盘来说，没有持存，没有深度。”如是，延异就不是存在，也不是不存在，而是干脆别于存在。它比存在还要古老。当然这种古老并不是时间意义上的。其实它要说的或许就是：一切显现出来的存在，貌似坚实稳固的事情本身，其实早已经是踪迹，是踪迹的游戏的效果，是延异的效果。我们能把握到的只能是在场、存在，只能拥有关于存在的真理。延异处于存在时代之外，并非形而上学所能把握。然则我们该如何思考、如何命名这别于存在者、这处于外部者？问题或许首先是，它能否被命名？以延异之名思考的东西有其本己、固有、专有之性、之自身吗？没有！延异恰恰是对自身、本己的解构。然而，我们毕竟还是命名了。不是吗？我们不是以延异之名在思考它、言说它吗？而延异，作为名字，却已经是形而上学的了。正是在这个意义上，德里达才说延异既不是一个词、也不是一个概念。因为无论是词还是概念，都已经预设了某一个自身同一或统一的意义，已经预设了自身性、同一性——而这恰恰是延异所指的那回事要进行解构的。而存在之不在场证明，要说的是包括自然和人在内的世界古老性。一切都是这个古老东西的分延、延异。我们在与自然相待的过程中进行过程审美，延异在存在之外、在过程之外，是后过程的，但分延的根据在包括自然在内的古老的世界里面。德里达在《论文字学》一书中曾指出："植物成为社会的补充，不只是一场灾难。它简直是灾难中的灾难。因为在自然中，植物是最自然的东西。它是自然的生命。""这就是耻辱，这就是灾难。这种替补是自然和理性都无法容忍的。"[1]自然既与我们共构过程审美，又在分延中、在后过程审美中。

[1]雅克·德里达：《论文字学》，上海译文出版社，2005年，第216、217页。

伊恩·哈德（Ian Hodder）《解读过去》一书对新考古学进行了批判，指出其三方面的问题：普泛式的研究方法，忽视了文化的特殊意义；将个体的能动作用弃于社会理论之外；偏重于人类学分类式的研究，缺乏历史背景和长时段的观念。新考古学的代表人物路易斯·宾福德（Lewis Biufood）反对传统的注重归纳的经验主义研究方法，转而采用"假设—验证"的演绎方法，常常根据民族志和人类学的材料建立假设与考古材料之间的联系。这就是他所谓的"中程理论"（Middle-range Theory）。哈德指出，按照这种实证主义研究思路，必然会导致对人类行为与物质文化、原因与结果、事实与理论之间的文化、个体和历史因素等的忽视。他采纳罗宾·乔治·柯林武德（Robin George Collingwood）"一切历史都是思想史"的观点。柯林武德认为，历史是对过去思想的重演，历史学家的任务就是将过去的思想纳入到现在历史学家的思想中。文化的重建工作实际上就是将主观的意义植入到历史的背景中。因此，历史是被不断重写的。而历史的本质就是历史学家的"自我觉醒"。哈德引述柯林武德历史观的用意一则是反对中程理论跨文化普泛式的研究思路，告诫我们要充分关注切实的文化背景信息和对可供选择的理论保持批判的态度；更重要的是柯林武德通过强调历史的主客观联系，引导了我们去理解关于过去知识的社会结构，而这正是哈德所要继续深入讨论的问题。

哈德将考古研究的对象——物质文化当做是一本可以解读的书。对于这本“书”的意义，哈德从两个方面加以强调：第一，考古学家所能据此推断的文化意义并非是个体有意识的思维。相反，它们是一种在实践的日常生活中不断被再生产出来的社会观念。因此，它能够为考古学家所关注到，因为社会群体的制度化的实践活动必然会产生一定的秩序，由此它们会产生一种模式而被不断地重复。由于这种实践活动的重复性和人类认知结构的普遍性，考古学家能够深入到过去的情景中解读这本物质文化之书。物质符号与书面语言相比更具有连续性，对象征意义的表达也更加简单、直接，因此解读物质文化之书的背景比有字之书更为容易，也更加具体。那么我们又应该如何解读这本物质文化之书呢？哈德首先阐释了物质文化的意义是在相似与差异的对比过程中产生的，而这种对比所产生的意义是由考古遗存之间的时间、空间、堆积单位和类型四个方面的变量维度有机组合起来的。每一个具体的文化信息都存在着无限可辨识的相似与差异，其中对于确定物质遗存文化意义的背景真正有效的相似与差异，即相关的变量维度，才是我们所真正需要探询的。对后过程考古学来说，考古学的灵魂和特征是背景。一种物质文化因素的实际意义，因其在不同背景下的使用情况而不同。我们只有通过观察人工制品的背景而获得不同的意义。[1]

[1] Ian Hodder,eds., *The Archaeology of Contextual Meanings*,Cambridge:Cambridge University Press,1987.

哈德将他的理论与方法概括为一种“后过程主义考古学”（Post-processual Archaeology）。他的后过程主义考古学具有四个方面的价值：首先，突破了以往考古学的理论范式，将个体与规范、结构与过程、意识与物质、主观与客观整合到了一起，充分关注到了以往考古学理论方法中所忽视了的文化的象征意义、个体的能动作用和特殊的历史背景，是考古学理论与方法的一次革命。其次，是考古学家的考古学。通过对考古学的终极性反思，第一次将过去与现在有机地联系了起来，在过去的研究中引入了对考古学家自身背景更多的关注，即哈德所谓的“双重背景”，从而产生了一些新视角的所谓的本土考古学、女权主义考古学以及其他形式的考古学。再次，关注批评理论，主张采用一种批评式的研究，广泛借鉴其他学科的理论与方法，加强考古学的自身建设以及与其他学科间的有效联系。最后，是作为考古学的考古学。考古学由于对物质遗存文化背景的关注与古物学有着本质的不同，由于对物质文化之书解读的方法与历史文献有着很大的差别，由于考古学有助于使自身成为长时段人类文化行为的证据，考古学因此具有自身的特殊性，它能够为社会科学理论的发展作出独特的贡献，是作为考古学的考古学。戴维·克拉克（David Clarke）曾经在《考古学纯洁性的丧失》一文中指出，考古学科意识的扩展经历了由意识到自我意识再到批判的自我意识三个阶段。当考古学家开始思考自己的理论根源时，考古学也就进入到了批判的自我意识的新阶段。之所以会产生批判的自我意识，是因为考古学家认识到在他们所掌握的资料的基础上，在已有理论框架中，所能够获得的知识是有限的。哈德的后过程主义考古学的诸多概念是从人类学、社会学、历史学和哲学中借用来的。实际上，我们同时也看到这种借用所带来的学科新发展并没有使得考古学丧失其独特性，反而更加强化了作为考古学的考古学的理论基础。正如克拉克所言，考古学的进步是以丧失其纯洁性为代价的。[1]

后过程考古学指向社会生活的有意义的性质，肯定自然主义的不可能性。它对技术经验过程的扬弃，使考古学能从文化整体和文化批判方面研究历史问题。这种外过程性值得生态城市美学设计或研究借鉴。正如贝塔朗菲所言，任何范围广泛的理论都意味着是一种世界观，任何改变了我们对世界看法的科学的重大发现都是自然哲学。从根本上说，城市是一种自然过程和文化过程，生态文化是城市发展的最根本背景，城市最终要归于自然过程、归于生态文化性的建构，因此，后过程主义是生态城市美学可以采取的一种立场。

[1]张海：《后过程主义考古学的形成：读伊恩·哈德〈解读过去〉》，《东南文化》，2003年第11期。

主要参考文献

一、外文文献

Aldo Leopold, *A Sand County Almanac:With Essays on Conservation*, Oxford : Oxford University Press,2001.

Andrew Dobson,*Citizenship and the Environment*,Oxford: Oxford University Press,2003.

Arne Naess,The Shallow and the Deep,Long-Range Ecological Movement,*Inquiry*, 1973(16).

Arne Naess,The Deep Ecological Movement:Some Philosophical Aspects,*Philosophical Inquiry* , 1986(8).

Arne Naess,Spinoza and Ecology, *Philosophia*, 1977(7).

Alfred North Whitehead, *Process and Reality:An Essay in Cosmology*, New York:The MacMillan Company,1919.

A.Roe & G.G.Simpson,*Behavier and Evolution*,New Haven:Yale University Press,1958.

Barry Sadler & Allen Carlson,eds.,*Environmental Aesthetics:Essays in Interpretation*,Victoria,B.C.,Canada:Dept.of Geography,University of Victoria,1982.

Claire Colebrook,*Gilles Deleuze,* Lodon:Routledge,2002.

Cheryll Glotfelty & Harold Fromm,eds.,*The Ecocriticism Reader: Landmarks in Literary Ecology*,Georgia:University of Georgia Press,1996.

Christine Pierce,Donald Van Deveer,*The Environmental Ethics and Policy Book,Philosophy,Ecology,Economics*,1st eds.,New York and London:Wadsworth Publishing Company,1994.

Donald Kuspit,*The End of Art,*Cambridge:Cambridge University Press,2004.

Ernst Bloch,*Tuebingen Einleitung zur Philosophie*,Frankfurt/Main,1996.

Ernst Bloch,*Das Prinzip Hoffnung*,Frankfurt/Main,1973.

E.L.Miller & S.Pardal,*The Classic MeHarg*,An Interview,Published by CESUR,Technical University of Lisbon,1992.

Gilles Louis Réné Deleuze & Félix Guattari, *A Thousand Plateaus: Capitalism and Schizophrenia*, London:University of Minnesota Press,2000.

Gilles Louis Réné Deleuze & Félix Guattari, *Anti-Oedipus,Vol.1 of Capitalism and Schizophrenia*, Minneapolis:University of Minnesota Press,1983.

G.W.Flake, *The Computational Beauty of Nature*, A Bradford Book,The MIT Press,2001.

George Sessions,*Deep Ecology for the 21st Century*,Boston and London: Shambhala Publications,1995.

Henri Lefebvre,*The Production of Space*,Oxford:Wiley-Blackwell,1992.

Ian Hodder,eds.,*The Archaeology of Contextual Meanings*,Cambridge: Cambridge University Press,1987.

Jacques Derrida, *Marges de la philosophie*,Paris:Les Édtions de Minuit,1975,c1972.

Jean-Francois Lyotard, *The Postmodern Condition:A Report on Knowledge*, Minneapolis:University of Minnesota,1984.

Jusuck Koh,An Ecological Aesthetic, *Landscape Journal,* 1988,7(2).

James Lovelock,*The Ages of Gaia:A Biography of Our Living Earth*,New York:Bantan Books,1990.

Joseph W.Meeker,*The Comedy of Survival:Studies in Literary Ecology*,New York:Charles Scribner's Sons,1974.

Joseph R.Des Jardins,*Environmental Ethics:An Introduction to Environmental Philosophy*, Belmont,CA:Wadsworth Publishing Company,2000.

John Stuart Mill, *Principle of Political Economy*, London:John W.Parker and Son,1857.

Karla Armbruster & Kathleen R.Wallace,*Beyond Nature Writing:Expanding the Boundaries of Ecocriticism*,Charlottesville:University Press of Virginia,2001.

Karl Kroeber, *Ecological Literary Criticism:Romantic Imagining and the Biology of Mind*, New York:Columbia University Press,1994.

Laurence Coupe,*The Green Studies Reader:From Romanticism to Ecocriticism*,London and New York:Routledge,2000.

Martin Heidegger,*Davos Disputation Between Ernst Cassier and Martin Heidegger:Kant and the Problem of Metaphysics*, Indiana:Indiana University Press,1997.

Martin Heidegger,*Poetry,Language,Thought*,New York:Harper & Row,Publishers,Inc.,1975.

Martin Heidegger, *Phenomenological Interpretation of Kant's Critique of Pure Reason*, Indiana:Indiana University Press,1997.

Martin Heidegger,*What Is a Thing?* Chicago:Regnery/Gateway,Inc,1967.

M.Weatherston,*Heidegger's Interpretation of Kant:Categories, Imagination and Temporality*, Lodon:Palgrave Macmillan,2002.

Richard Kerridge & Neil Sammells,*Writing the Environment:Ecocriticism and Literature*,London and New York:Zed Books Ltd,1995.

S.Bodians,*Simple in Means,Rich in Ends:A Conversation with Arne Naess Ten Directions*,California:Institute for Transcultural & Studies,1982.

Stephen Priest, *Merleau-Ponty,* London:Routledge,1998.

Will Kymlicka & Wayre Norman,Return of the Citizen:A Survey of Recent Work on Citizenship Theory,*Ethics,*Vol.104,No.2(January 1994).

二、中文专著

柏拉图：《柏拉图全集》，人民出版社，2003年。

伊曼努尔·康德：《纯粹理性批判》，人民出版社，2004年。

伊曼努尔·康德：《判断力批判》，人民出版社，2002年。

伊曼努尔·康德：《历史理性批判文集》，商务印书馆，1990年。

格奥尔格·威廉·弗里德里希·黑格尔：《美学》，商务印书馆，1979年。

亚瑟·叔本华：《作为意志和表象的世界》，商务印书馆，1982年。

埃德蒙德·古斯塔夫·阿尔布雷希特·胡塞尔：《笛卡尔式的沉思》，中国城市出版社，2002年。

马丁·海德格尔：《存在与时间》，生活·读书·新知三联书店，

1987年。
马丁·海德格尔：《海德格尔选集》，上海三联书店，1996年。
马丁·海德格尔：《路标》，商务印书馆，2001年。
马丁·海德格尔：《林中路》，上海译文出版社，2004年。
马丁·海德格尔：《荷尔德林诗的阐释》，商务印书馆，2000年。
让—保罗·萨特：《想象心理学》，光明日报出版社，1988年。
卡尔·雅斯贝尔斯：《当代的精神处境》，生活·读书·新知三联书店，1992年。
雅克·德里达：《论文字学》，上海译文出版社，2005年。
米盖尔·杜夫海纳：《美学与哲学》，中国社会科学出版社，1985年。
索伦·阿拜·克尔凯郭尔：《一个诱惑者的日记》，生活·读书·新知三联书店，1992年。
吉尔·德勒兹：《德勒兹论福柯》，江苏教育出版社，2006年。
吉尔·德勒兹：《哲学与权力的谈判：德勒兹访谈录》，商务印书馆，2000年。
陈永国编译：《游牧思想：吉尔·德勒兹、费利克斯·瓜塔里读本》，吉林人民出版社，2003年。
丹尼尔·贝尔：《资本主义文化矛盾》，生活·读书·新知三联书店，1989年。
迈克尔·J. 迪尔：《后现代都市状况》，上海教育出版社，2004年。
让—弗朗索瓦·利奥塔：《后现代性与公正游戏：利奥塔访谈录》，上海人民出版社，1997年。
大卫·雷·格里芬：《后现代精神》，中央编译出版社，1998年。
大卫·雷·格里芬：《后现代科学：科学魅力的再现》，中央编译出版社，1995年。
大卫·雷·格里芬：《后现代宗教》，中国城市出版社，2003年。
大卫·雷·格里芬：《超越解构：建设性后现代哲学的奠基者》，中央编译出版社，2002年。
约翰·B. 科布、大卫·雷·格里芬：《过程神学》，中央编译出版社，1999年。
查伦·斯普瑞特奈克：《真实之复兴：极度现代的世界中的身体、自然和地方》，中央编译出版社，2001年。
赫伯特·马尔库塞：《审美之维》，广西师范大学出版社，2001年。
H. 吉纳·布洛克：《美学新解》，辽宁人民出版社，1987年。

莫里斯·梅洛—庞蒂：《知觉现象学》，商务印书馆，2001年。

莫里斯·梅洛—庞蒂：《眼与心》，商务印书馆，2007年。

阿尔弗雷德·诺思·怀特海：《过程与实在》，中国城市出版社，2003年。

阿尔弗雷德·诺思·怀特海：《教育的目的》，上海三联书店，2002年。

阿尔弗雷德·诺思·怀特海：《思维方式》，商务印书馆，2004年。

冈特·绍伊博尔德：《海德格尔分析新时代的技术》，中国社会科学出版社，1998年。

迈克·费瑟斯通：《消费文化与后现代主义》，译林出版社，2005年。

汉斯·萨克斯：《生态哲学》，东方出版社，1991年。

奥尔多·利奥波德：《沙乡年鉴》，吉林人民出版社，1997年。

奥尔多·利奥波德：《原荒记事》，科学出版社，1996年。

马克斯·舍勒：《人在宇宙中的地位》，贵州人民出版社，2000年。

唐纳德·沃斯特：《自然的经济体系：生态思想史》，商务印书馆，1999年。

克莱夫·庞廷：《绿色世界史：环境与伟大文明的衰落》，上海人民出版社，2002年。

克莱夫·庞廷：《环境与伟大文明的衰落》，上海人民出版社，2002年。

罗德里克·弗雷泽·纳什：《大自然的权利》，青岛出版社，1999年。

霍尔姆斯·罗尔斯顿：《哲学走向荒野》，吉林人民出版社，2000年。

霍尔姆斯·罗尔斯顿：《环境伦理学》，中国社会科学出版社，2000年。

戴斯·贾丁斯：《环境伦理学》，北京大学出版社，2002年。

彼得·S. 温茨：《现代环境伦理》，上海人民出版社，2007年。

汉斯·昆：《世界伦理构想》，生活·读书·新知三联书店，2002年。

巴特·范·斯廷博根：《公民身份的条件》，吉林出版集团有限责任公司，2007年。

彼得·辛格：《一个世界：全球化伦理》，东方出版社，2005年。

蕾切尔·卡逊：《寂静的春天》，吉林人民出版社，1997年。

卡路林·麦茜特：《自然之死》，吉林人民出版社，1999年。

Ю. Г .马尔科夫：《社会生态学》，中国环境科学出版社，1989年。

阿尔贝特·史怀泽：《敬畏生命》，上海社会科学院出版社，1992年。

伊恩·伦诺克斯·麦克哈格：《设计结合自然》，中国建筑工业出版社，1992年。

安格斯·麦迪森：《世界经济千年史》，北京大学出版社，2003年。

安格斯·麦迪森：《世界经济二百年回顾》，改革出版社，1997年。

阿尔·戈尔：《濒临失衡的地球：生态与人类精神》，中国翻译出版社，1997年。

何塞·卢岑贝格：《自然不可改良》，生活·读书·新知三联书店，1999年。

赫尔曼·E. 戴利：《超越增长：可持续发展的经济学》，上海译文出版社，2001年。

赫尔曼·E. 戴利、肯尼思·N. 汤森：《珍惜地球：经济学、生态学、伦理学》，商务印书馆，2001年。

理安·艾斯勒：《国家的真正财富：创建关怀经济学》，社会科学文献出版社，2009年。

理安·艾斯勒：《圣杯与剑：我们的历史，我们的未来》，社会科学文献出版社，2009年。

理安·艾斯勒：《神圣的欢爱：性、神话与女性肉体的政治学》，社会科学文献出版社，2009年。

阿诺德·伯林特主编：《环境与艺术：环境美学的多维视角》，重庆出版社，2007年。

伊塔洛·卡尔维诺：《看不见的城市》，译林出版社，2006年。

弗里特乔夫·卡普拉：《转折点：科学、社会、兴起中的新文化》，中国人民大学出版社，1989年。

弗兰克·G. 戈布尔：《第三思潮：马斯洛心理学》，上海译文出版社，1987年。

彼得·罗素：《地球脑的觉醒：进化的下一次飞跃》，黑龙江人民出版社，2004年。

阿瑟·C. 丹托：《艺术的终结》，江苏人民出版社，2001年。

安东尼·奥罗姆、陈向明：《城市的世界：对地点的比较分析和历史分析》，上海人民出版社，2005年。

克劳斯·迈因策尔：《复杂性科学》，中央编译出版社，1999年。

赫尔曼·哈肯：《协同学引论》，原子能出版社，1984年。

赫尔曼·哈肯：《协同学：大自然构成的奥秘》，上海译文出版社，1995年。

赫尔曼·哈肯：《协同学：理论与应用》，中国科学技术出版社，1990年。

诺伯特·维纳：《维纳著作选》，上海译文出版社，1978年。

诺伯特·维纳：《人有人的用处：控制论和社会》，商务印书馆，1978年。

欧文·拉兹洛：《用系统论的观点看世界》，中国社会科学出版社，1985年。

尼古拉斯·尼葛洛庞帝：《数字化生存》，海南出版社，1997年。

汪民安、陈永国编：《尼采的幽灵：西方后现代语境中的尼采》，社会科学文献出版社，2001年。

潘于旭：《断裂的时间与“异质性”的存在：德勒兹〈差异与重复〉的文本解读》，浙江大学出版社，2007年。

张尧均：《隐喻的身体：梅洛—庞蒂身体现象学研究》，中国美术学院出版社，2006年。

姜宇辉：《德勒兹身体美学研究》，华东师范大学出版社，2007年。

宗白华：《美学与意境》，人民出版社，1987年。

朱光潜：《文艺心理学》，复旦大学出版社，2005年。

李醒尘：《西方美学史教程》，北京大学出版社，1997年。

梁漱溟：《梁漱溟教育论著选》，人民教育出版社，1994年。

曾繁仁：《生态存在论美学论稿》，吉林人民出版社，2003年。

徐恒醇：《生态美学》，陕西人民教育出版社，2000年。

章海荣：《生态伦理与生态美学》，复旦大学出版社，2005 年。

鲁枢元：《生态批评的空间》，华东师范大学出版社，2006年。

鲁枢元：《生态文艺学》，陕西人民教育出版社，2000年。

鲁枢元主编：《自然与人文：生态批评学术资源库》，学林出版社，2006年。

余谋昌：《生态哲学》，陕西人民教育出版社，2000年。

余谋昌：《生态伦理学》，首都师范大学出版社，1999年。

张华：《生态美学及其在当代中国的建构》，中华书局，2006年。

王诺：《欧美生态文学》，北京大学出版社，2005年。

袁鼎生：《审美场论》，广西教育出版社，1995年。

袁鼎生：《审美生态学》，中国大百科全书出版社，2002年。

袁鼎生：《生态艺术哲学》，商务印书馆，2007年。

袁鼎生：《民族生态审美学》，民族出版社，2004年。

袁鼎生：《生态学视域中的比较美学》，人民出版社，2005年。

黄秉生、袁鼎生主编：《生态美学探索》，民族出版社，2005年。

韩德信：《中国文艺学的历史回顾与向生态文艺学的转向》，人民出版社，2007年。

盖光：《文艺生态审美论》，人民出版社，2007年。

岳友熙：《生态环境美学》，人民出版社，2007年。

张艳梅、蒋学杰、吴景明：《生态批评》，人民出版社，2007年。

王立、沈传河、岳庆云：《生态美学视野中的中外文学作品》，人民出版社，2007年。

王茜：《生态文化的审美之维》，上海人民出版社，2007年。

覃新菊：《与自然为邻：生态批评与沈从文研究》，湖南师范大学出版社，2006年。

黄小寒：《“自然之书”解读：科学诠释学》，上海译文出版社，2002年。

潘知常：《我爱故我在：生命美学的视界》，江西人民出版社，2009年。

俞孔坚、李迪华：《景观设计：专业、学科与教育》，中国建筑工业出版社，2003年。

俞孔坚、李迪华、刘海龙：《“反规划”途径》，中国建筑工业出版社，2005年。

周膺：《现代城市美学》，当代中国出版社，2001年。

周膺：《后现代城市美学》，当代中国出版社，2009年。

何炳棣：《明初以降人口及其相关问题：1368—1958》，生活·读书·新知三联书店，2000年。

杨友三：《全球脑》，http://www.globalbrain.cn，2009年1月11日。

刘悦笛：《艺术终结之后：艺术绵延的美学之思》，南京出版社，2006年。

黄海澄：《系统论、控制论、信息论：美学原理》，湖南人民出版社，1986年。

乌杰：《系统哲学》，人民出版社，2008年。

曾健、张一方：《社会协同学》，科学出版社，2000年。

王聘珍：《大戴礼记解诂》，中华书局，1983年。

三、中文论文

让—弗朗索瓦·利奥塔：《重写现代性》，《国外社会科学》，1996年第2期。

米歇尔·福柯：《什么是启蒙》，《国外社会科学》，1997年第6期。

米歇尔·福柯：《〈反俄狄浦斯〉序言》，《国外理论动态》，2003

年第7期。

约翰·B. 柯布：《建构性的后现代主义》，《广西师范大学学报》（哲学社会科学版），2006年第2期。

J. M. 费里：《现代化与协商一致》，《国外社会科学》，1987年第6期。

阿恩·奈斯：《深生态学与生活方式》，http://www.eyii.com，2009年3月18日。

吉尔·路易斯·勒内·德勒兹、费里克斯·伽塔里：《从混沌到思想》，《世界哲学》，2006年第4期。

费里克斯·伽塔里：《重建社会实践》，《世界哲学》，2006年第4期。

阿诺德·伯林特：《审美生态学与城市环境》，《学术月刊》，2008年第3期。

查伦·斯普瑞特奈克：《中国：生态后现代势在必行》，第二届建构性后现代主义和中国现代化国际会议论文，http://www.postmodernchina.org/cgi/show_item_article_content.php?item=forum&item_article_id=2&item_article_content_id=19.

保罗·泰勒：《尊重自然》，《自然辩证法研究》，1993年第1期。

J. B. 科布：《怀特海哲学和建设性的后现代主义》，《世界哲学》，2003年第1期。

赫尔曼·F. 格林：《托马斯·柏励和他的“生态纪”》，《求是学刊》，2002年第3期。

赫尔曼·哈肯：《协同学及其最新应用领域》，《自然杂志》，1982年第6期。

A. 德雷森：《关于阿恩·奈斯、深生态运动及个人哲学的思考》，《世界哲学》，2008年第4期。

余平：《海德格尔的栖居之思》，《四川大学学报》（哲学社会科学版），2004年第4期。

谢亚洲：《海德格尔对康德范畴思想的存在论解读》，《兰州大学学报》（社会科学版），1982年第2期。

史风华：《荷尔德林诗歌之“自然的复魅”》，《华南师范大学学报》（社会科学版），2006年第4期。

赵奎英：《从“存在与时间”到“栖居与空间”：海德格尔后期哲学的空间化转向及其生态美学意义》，《厦门大学学报》（哲学社会科学版），2009 年第2 期。

傅松雪：《试论生态美学的存在论维度》，《人文杂志》，2009年第1期。

黄文杰：《生态美学的困境与存在论基础》，《江西社会科学》，2008年第7期。

杨国成：《此在与世界》，剑虹评论网（http://www.comment-cn.net），2006年2月16日。

余治平：《万物都处于生生状态："生态"概念的存在论诠释》，《江海学刊》，2005年第6期。

麦永雄：《德勒兹：生成论的魅力》，《文艺研究》，2004年第3期。

栾栋：《德勒兹及其哲学创造》，《世界哲学》，2006年第4期。

麦永雄：《光滑空间与块茎思维：德勒兹的数字媒介诗学》，《文艺研究》，2007年第12期。

夏光：《德鲁兹和伽塔里的精神分裂分析学》，《国外社会科学》，2007年第2、3期。

黄文前：《德勒兹和加塔利精神分裂分析的基本概念及其特点》，《国外理论动态》，2007年第10期。

关宝艳：《一帖救世的处方：关于伽塔里的〈重建社会实践〉》，《世界哲学》，2006年第4期。

张文初：《将身体借给世界：读梅洛—庞蒂〈眼与心〉》，《湖南师范大学社会科学学报》，2008年第5期。

廿一行：《游牧、生成与创造性暴力：德勒兹的美学观》，北大中文论坛（http://www.pkucn.com），2008年7月1日。

刘小枫：《舍勒现象学中的身体》，中国现象学网（http://www.cnphenomenology.com），2004年8月22日。

张一帅、贾珺、梅雪芹、夏明方：《沙尘暴、〈尘暴〉与环境史："唐纳德·沃斯特的〈尘暴〉与环境史研究"座谈会纪要》，史学评论网（http://historicalreview.jianwangzhan.com），2004年1月12日。

高国荣：《美国著名环境史学家唐纳德·沃斯特教授访谈录》，《世界历史》，2008年第5期。

张海：《后过程主义考古学的形成：读伊恩·哈德〈解读过去〉》，《东南文化》，2003年第11期。

王巧慧：《"魅"之视野下的自然观》，《科学技术与辩证》，2006年第4期。

肖显静、赵伟：《自然返魅的新途径：从科学发展的角度看》，《山东科技大学学报》（社会科学版），2003年第4期。

陈望衡：《审美历史演化中的身体境遇：试论身体美学何以成立》，《西北师范大学学报》（社会科学版），2007年第2期。

邢荣：《现代性的内在矛盾》，《哲学动态》，2002年第5期。

刘宏勋：《后现代返魅哲学的创见与局限》，《首都师范大学学报》（社会科学版），2001年第2期。

汪振军、马桂玲：《后现代主义与当代美学的发展趋向》，《洛阳师专学报》（社会科学版），1997年第4期。

扈志东：《后现代主义视野中的人与自然》，《洛阳师范学院学报》，2007年第1期。

王慧博：《后现代社会理论的发展观》，《黑龙江社会科学》，2006年第2期。

王学义：《生态环境问题的后现代主义视野：基于工业化、现代化过程中的生态与经济》，《生态经济》，2006年第9期。

程文晋：《后现代精神对现代经济精神的反思》，《南京政治学院学报》，2005 年第1 期。

刘涛：《全球生态公民身份的识别与建构：公共外交视域下的国家形象传播》，《中国社会科学报》，2009年7月2日。

赵玉珊：《从体验哲学角度解析身体隐喻的构词理据》，《枣庄学院学报》，2008年第3期。

曾繁仁：《生态美学：后现代语境下崭新的生态存在论美学观》，《陕西师范大学学报》（哲学社会科学版），2003年第3期。

曾繁仁：《论生态美学与环境美学的关系》，《探索与争鸣》，2008年第9期。

曾繁仁：《当代生态美学观的基本范畴》，《文艺研究》，2007年第4期。

王晓华：《后现代主义话语谱系中的生态批评》，《文艺理论研究》，2007年第1期。

王晓华：《身体美学：回归身体主体的美学——以西方美学史为例》，《江海学刊》，2005年第3期。

王晓华：《主体性、权利与生态文化：走出生态文化的误区》，《探索与争鸣》，2008年第6期。

王晓华：《生态主义与人文主义的和解之路》，《深圳大学学报》（社会科学版），2006年第5期。

王茜：《生态美学研究的困境与边界》，《华东师范大学学报》（哲学社会科学版），2007年第3期。
刘精科：《国内生态美学研究综述》，《中州大学学报》，2004年第4期。
叶知秋：《“生态美学”的性质及可能性考察》，《甘肃联合大学学报》（社会科学版），2006年第5期。
罗卫平：《国内生态美学研究中存在的几个问题》，《湘潭大学学报》（哲学社会科学版），2005年第2期。
马驰：《对生态美学研究的再思考》，《社会科学》，2008年第2期。
余谋昌：《环境哲学的使命：为生态文化提供哲学基础》，《深圳大学学报》（人文社会科学版），2007年第3期。
高中华：《生态美学：理论背景与哲学观照》，《江苏社会科学》，2004年第2期。
毛萍：《论美学的生态关怀：兼论生态美学何以可能》，《江汉大学学报》（人文科学版），2008年第1期。
薄景昕：《“生态关怀”与“生命关照”：试论当代中国生态美学研究的价值及其局限》，《东北师大学报》（哲学社会科学版），2008年第6期。
鲁枢元：《文学艺术史：生态演替的启示——〈生态文艺学〉论稿》，《海南大学学报》（人文社会科学版），2000年第4期。
盖光：《论生态审美体验》，《学术研究》，2007年第3期。
雷毅：《生态文化的深层建构》，《深圳大学学报》（人文社会科学版），2007年第3期。
彭锋：《从普遍联系到完全孤立：兼谈生态美学如何可能》，《江苏大学学报》（社会科学版），2005年第7期。
张福永：《从人与自然的关系看生态美学对实践美学的继承与发展》，《时代文学》，2008年第2期。
曾永成：《生态美学思维场的多维两极张力》，《成都大学学报》（社会科学版），2009年第2期。
刘悦笛：《存在主义东渐与中国生命论美学建构》，《山西大学学报》，2005年第4期。
刘悦笛：《当代“大地艺术”的自然审美省思》，《哲学研究》，2005年第8期。
栾贻信、范爱贤：《生态美学的双重视角与结构层次：从生态哲学角度审视生态美学》，《社会科学辑刊》，2009年第1期。

赵婷：《生态美学研究的现状、问题与出路》，兰州大学硕士学位论文，2007年。

朱艳雯：《生态美学的哲学思考》，华中师范大学硕士学位论文，2008年。

乔沙：《生态美学的性质探讨》，东北师范大学硕士学位论文，2006年。

王志军：《论美学的生态存在论转向及其深度审美诉求》，曲阜师范大学硕士学位论文，2006年。

陈鹏飞：《生态美学：理论基础及其意义》，广西师范大学硕士学位论文，2007年。

张武桥：《生态美学在当代语境下的理论建构》，《重庆社会科学》，2009年第1期。

于文秀：《生态后现代主义：一种崭新的生态世界观》，《学术月刊》，2007年第6期。

刘蓓：《生态批评的“环境文本”建构策略》，《云南社会科学》，2008年第4期。

刘蓓、李衍柱：《“浪漫生态学”何为》，《长江学术》，2007年第1期。

刘蓓：《“文本内外的自然”之辩：生态批评与后结构主义文论的合与分》，《文史哲》，2006年第4期。

杨春时：《论生态美学的主体间性》，《贵州师范大学学报》（社会科学版），2004年第1期。

陈立群：《生态美的命名与生态美学的建构》，《贵州社会科学》，2002年第3期。

张念红、王诺：《〈生态批评读本〉述评》，《江苏大学学报》（社会科学版），2008年第4期。

王诺、宋丽丽、韦清琦：《生态批语三人谈》，《三峡大学学报》（人文社会科学版），2006年第3期。

叶峻：《从自然生态学到社会生态学》，《西安交通大学学报》（社会科学版），2006年第6期。

彭锋：《环境美学审美模式分析》，《郑州大学学报》（哲学社会科学版），2006年第6期。

程相占：《美国生态美学的思想基础与理论进展》，《文学评论》，2009年第1期。

季芳：《以“审美场”为纲的生态美学建构》，《南方文坛》，2005

年第6期。

蒋美荣：《中国当代审美场研究综论：兼评袁鼎生〈审美场论〉》，《钦州师范高等专科学校学报》，2000年第3期。

宋丽丽、王宁：《生态批评：向自然延伸的文学批评视野》，《江苏大学学报》（社会科学版），2006年第1期。

龚举善：《全球化语境下生态批评的文学观照》，《江汉大学学报》（人文科学版），2006年第6期。

向益红：《佩珀对生态社会主义的诠释》，《南京林业大学学报》（人文社会科学版），2006年第3期。

雷毅：《深层生态学：一种激进的环境主义》，《自然辩证法研究》，1999年第2期。

杨通进：《深层生态学的精神资源与文化根基》，《伦理学研究》，2005年第3期。

杨通进：《生态公民论纲》，《南京林业大学学报》（人文社会科学版），2008年第3期。

孟薇：《从微观到深生态：产业研究范式的演进》，《科技进步与对策》，2009年第6期。

包庆德、夏承伯：《生态创新之维：深层生态学思想研究述评》，《南京林业大学学报》（人文社会科学版），2008年第3期。

胡晓兵：《深层生态学及其后现代主义思想》，《东北大学学报》（社会科学版），2003年第5期。

王岳川：《深生态学的文化张力与人类价值》，《江苏行政学校学报》，2009年第1期。

范竹华、法永乐、李梅、解瑞清、郑泽玉：《生态演替理论探析》，《农业与技术》，2005年第1期。

肖广岭：《盖亚假说：一种新的地球系统观》，《自然辩证法通讯》，2001年第1期。

王震国：《人类第四文明与城市第五生态》，《上海城市管理职业技术学院学报》，2008年第1期。

李哲：《生态城市美学的理论建构与应用性前景研究》，天津大学博士学位论文，2005年。

李哲、曾坚、肖蓉：《生态城市美学研究的系统建构》，《现代城市研究》，2007年第10期。

马交国、杨永春：《生态城市理论研究综述》，《兰州大学学报》

（社会科学版），2004年第5期。

杨志峰、胡廷兰、苏美蓉：《基于生态承载力的城市生态调控》，《生态学报》，2007年第8期。

俞孔坚、李迪华、韩西丽：《论“反规划”》，《城市规划》，2005年第9期。

卢丹梅：《城市生态设计的后现代思想》，《规划师》，2004年第7期。

王世福、薛颖：《城市设计中的美学控制》，《新建筑》，2004年第3期。

马传栋：《论城市生态经济学的几个基本理论问题》，《东岳论丛》，1987年第1期。

周向频：《全球化与景观规划设计的拓展》，《城市规划汇刊》，2001年第3期。

郭志仪、李娟：《世界人口城市化现状及存在的问题》，《西北人口》，2008年第6期。

曲跃厚：《过程哲学：当代哲学发展的一个新生长点——科布教授访谈录》，《哲学动态》，2002年第8期。

李世雁、曲跃厚：《论过程哲学》，《清华大学学报》（哲学社会科学版），2004年第2期。

李世雁：《过程哲学与生态危机》，《自然辩证法研究》，2002年第3期。

陈虹、李世雁：《生态伦理与生态审美的过程哲学解析》，《华中科技大学学报》（社会科学版），2006年第1期。

杨通进：《后京都时代的国际环境正义》，《中国社会科学报》，2009年7月1日。

刘宝福：《生态文明语境下的怀特海过程哲学浅析》，《齐齐哈尔大学学报》（哲学社会科学版），2009年第3期。

蔡仲：《科学、宗教与科学危机：过程哲学视野中的融合》，《江苏社会科学》，2006年第4期。

梦海：《自然是过程：论恩斯特·布洛赫的自然过程哲学概念》，《福建论坛》（人文社会科学版），2007年第4期。

王达敏、丁莉兰：《稳态学与绿色美学》，《合肥工业大学学报》（社会科学版），1995年第2期。

陈军、成金华、傅宏：《稳态经济略论》，《湖北社会科学》，2004年第12期。

夏频、杨虎涛：《重读稳态经济：循环经济热的冷思考》，《中国人口·资源与环境》，2007年第3期。

胡晓兵、陈凡：《经济增长癖困境刍议》，《哈尔滨工业大学学报》（社会科学版），2006年第2期。

曹东勃：《大量生产、大量消费: 现代经济增长癖的形成》，《社会科学战线》，2008年第11期。

程福祜：《生态经济学源流考索》，《环境科学与技术》，2004年第1期。

程福祜：《国外生态经济学术观点评介》，《生态经济》，1985年第2期。

程福祜：《国外生态经济学术观点评介》（续），《生态经济》，1986年第1期。

孙桂娟、叶峻：《社会·生态·经济复合系统解析》，《社会科学研究》，2008年第3期。

杨虎涛：《两种不同的生态观：马克思生态经济思想与演化经济学稳态经济理论比较》，《武汉大学学报》（哲学社会科学版），2006年第6期。

李涛、岳兴懋、范例：《赫尔曼·戴利及其生态经济理论评述》，《中国人口·资源与环境》，2006年第2期。

刘思华：《论经济思想和理论的生态革命》，《西北大学学报》（哲学社会科学版），2005年第2期。

杨少俊、刘孝富、舒俭民：《城市土地生态适宜性评价理论与方法》，《生态环境学报》，2009年第1期。

杨得福：《试论城市生态演替》，《泰安师专学报》，2001年第3期。

王浒、李琦、承继成：《数字城市与城市可持续发展》，《中国人口·资源与环境》，2001年第2期。

项秉仁：《面对数字化时代的建筑学思考》，《新建筑》，2001年第6期。

胡义成：《审美控制论论纲》，《西北大学学报》（哲学社会科学版），1988年第4期。

钱学森：《一个科学新领域：开放的复杂巨系统及其方法论》，《城市发展研究》，2005年第5期。

乌杰：《系统科学方法论与科学发展观》，《系统辩证学学报》，2005年第3期。

涂途：《熵、反馈、模拟与美的规律：控制论美学研究的几个问题》，《湖北社会科学》，1989年第3期。

张冬夏：《论信息时代公共领域的结构与功能》，《医学动物防制》，2007年第3期。

张伟：《协同学与地球表层系统》，《湖北大学学报》（自然科学版），2006年第2期。

图书在版编目（CIP）数据

生态城市美学 / 周膺，吴晶著. —杭州：浙江大学出版社，2009.10
ISBN 978-7-308-07098-0

Ⅰ.生… Ⅱ.①周… ②吴… Ⅲ.城市学：美学—研究 Ⅳ.B834.2

中国版本图书馆CIP数据核字（2009）第176789号

生态城市美学
周 膺 吴 晶 / 著

责任编辑 葛玉丹
装帧设计 周 膺
出版发行 浙江大学出版社
（杭州市天目山路148号 邮政编码 310028）
（网址：http://www.zjupress.com）
排版印刷 杭州电子工业学院印刷厂
开 本 787mm×1092mm 1/16
印 张 13.5
字 数 320千字
版 印 次 2009年10月第1版 2009年10月第1次印刷
书 号 ISBN 978-7-308-07098-0
定 价 36.00元

浙江大学出版社发行部邮购电话（0571）88925591